中国工程院咨询研究报告

中国煤炭清洁高效可持续开发利用战略研究

谢克昌／主编

第 2 卷

煤炭安全、高效、绿色开采技术与战略研究

谢和平 等／著

科学出版社

北京

内 容 简 介

本书是《中国煤炭清洁高效可持续开发利用战略研究》丛书之一。
本书由煤炭的战略地位，煤炭资源开发存在的问题、现状及出路，我国现有煤炭科学产能分析，实现科学产能的科技支撑与开发战略，实现科学产能的经济成本分析，实现科学产能的保障措施和政策建议共6章组成，从我国煤炭行业现状出发，深入研究了煤炭行业与国民经济和社会发展的关系，定量分析了新中国成立以来特别是近10年来煤炭开发对我国GDP的贡献率，系统分析了煤炭行业存在的问题及面临的挑战，创造性地提出了煤炭行业转变经济发展方式的根本途径。同时，本书提出了建立科学开采理念与机制的重要性和必要性，并从国家政策、科技支撑、战略新兴产业、人才教育、煤炭价格机制、管理体制等方面提出了切实可行的建议。
本书适合政府、煤炭领域企业和研究机构中的高层管理人员和研究人员，大专院校煤炭相关专业师生，以及其他对我国煤炭问题感兴趣的人士阅读。

图书在版编目（CIP）数据

煤炭安全、高效、绿色开采技术与战略研究/谢和平等著. —北京：科学出版社，2014.10
（中国煤炭清洁高效可持续开发利用战略研究/谢克昌主编；2）
"十二五"国家重点图书出版规划项目　中国工程院重大咨询项目
ISBN 978-7-03-040333-9

Ⅰ. 煤…　Ⅱ. 谢…　Ⅲ. 煤矿开采-研究-中国　Ⅳ. TD82

中国版本图书馆CIP数据核字（2014）第063544号

责任编辑：李　敏　王　倩　张　震／责任校对：郑金红
责任印制：徐晓晨／封面设计：黄华斌

科学出版社 出版
北京东黄城根北街16号
邮政编码：100717
http://www.sciencep.com

北京教图印刷有限公司 印刷
科学出版社发行　各地新华书店经销

*

2014年10月第 一 版　　开本：787×1092　1/16
2015年 1 月第 二次印刷　印张：12 1/2
字数：300 000

定价：150.00元
（如有印装质量问题，我社负责调换）

中国工程院重大咨询项目

中国煤炭清洁高效可持续开发利用战略研究 项目顾问及负责人

项目顾问

  徐匡迪 中国工程院 十届全国政协副主席、中国工程院主席团名誉主席、原院长、院士

  周 济 中国工程院 院长、院士

  潘云鹤 中国工程院 常务副院长、院士

  杜祥琬 中国工程院 原副院长、院士

项目负责人

  谢克昌 中国工程院 副院长、院士

课题负责人

第1课题	煤炭资源与水资源	彭苏萍
第2课题	煤炭安全、高效、绿色开采技术与战略研究	谢和平
第3课题	煤炭提质技术与输配方案的战略研究	刘炯天
第4课题	煤利用中的污染控制和净化技术	郝吉明
第5课题	先进清洁煤燃烧与气化技术	岑可法
第6课题	先进燃煤发电技术	黄其励
第7课题	先进输电技术与煤炭清洁高效利用	李立涅
第8课题	煤洁净高效转化	谢克昌
第9课题	煤基多联产技术	倪维斗
第10课题	煤利用过程中的节能技术	金 涌
第11课题	中美煤炭清洁高效利用技术对比	谢克昌
综合组	中国煤炭清洁高效可持续开发利用	谢克昌

本卷研究组成员

顾　问
　　濮洪九　　中国煤炭工业协会　　　　　　　　　名誉会长
　　钱鸣高　　中国矿业大学　　　　　　　　　　　院士
　　周世宁　　中国矿业大学　　　　　　　　　　　院士
　　宋振骐　　山东科技大学　　　　　　　　　　　院士
　　洪伯潜　　中国煤炭科工集团有限公司　　　　　院士
　　胡省三　　中国煤炭学会　　　　　　　　　　　原常务副理事长
　　卢鉴章　　煤炭科学研究总院　　　　　　　　　教授级高工

组　长
　　谢和平　　四川大学　　　　　　　　　　　　　校长、院士

副组长
　　王金华　　中国煤炭科工集团有限公司　　　　　董事长、党委书记、研究员
　　彭苏萍　　中国矿业大学（北京）　　　　　　　院士
　　袁　亮　　淮南矿业（集团）有限责任公司　　　副总经理、院士

成　员
　　张玉卓　　神华集团有限责任公司　　　　　　　院士、董事长
　　李晓红　　武汉大学　　　　　　　　　　　　　校长、院士
　　何满潮　　中国矿业大学（北京）　　　　　　　院士
　　谢广祥　　安徽理工大学　　　　　　　　　　　安徽省人民政府副省长、教授
　　葛世荣　　中国矿业大学　　　　　　　　　　　校长、教授
　　宁　宇　　中国煤炭科工集团有限公司　　　　　副总经理、研究员
　　潘一山　　辽宁工程技术大学　　　　　　　　　党委书记、教授
　　王继仁　　辽宁工程技术大学　　　　　　　　　校长、教授
　　程　桦　　安徽大学　　　　　　　　　　　　　校长、教授
　　缪协兴　　中国矿业大学　　　　　　　　　　　副校长、教授
　　秦　勇　　中国矿业大学　　　　　　　　　　　副校长、教授
　　孙继平　　中国矿业大学（北京）　　　　　　　副校长、教授
　　王双明　　陕西省地质调查院　　　　　　　　　院长、教授级高工
　　顾大钊　　神华集团有限责任公司　　　　　　　总经理助理、教授级高工
　　申宝宏　　中国煤炭科工集团有限公司　　　　　副总工、研究员
　　张　勇　　中国煤炭机械工业协会　　　　　　　理事长、教授级高工
　　康红普　　天地科技股份有限公司开采设计事业部　副总经理、研究员
　　王建国　　中国煤炭科工集团沈阳研究院　　　　董事长、研究员

姓名	单位	职务/职称
郑行周	国家煤矿安全监察局科技装备司	监察专员、研究员
贺佑国	中国煤炭工业发展研究中心	主任、研究员
范京道	陕西黄陵矿业集团	党委书记、董事长、教授级高工
程远平	中国矿业大学	教授
武　强	中国矿业大学（北京）	教授
周宏伟	中国矿业大学（北京）	副院长、教授
王　佟	中国煤炭地质总局	副总工、教授级高工
何学秋	华北科技学院	书记、教授
刘建功	冀中能源集团有限责任公司	副董事长、教授级高工
李　伟	淮北矿业（集团）有限责任公司	副总经理
李全生	神华集团有限责任公司科技发展部	副总经理、教授级高工
张　群	中国煤炭科工集团西安研究院	副院长、研究员
胡千庭	中国煤炭科工集团重庆研究院	副院长、研究员
刘见中	中国煤炭科工集团科技发展部	副部长、研究员
吴立新	煤炭科学研究总院煤化工分院	所长、研究员
任怀伟	天地科技股份有限公司开采设计事业部	高工、博士
姜鹏飞	天地科技股份有限公司开采设计事业部	高工、博士
关北锋	煤炭科学研究总院煤化工分院	高工
刘　虹	国家发展和改革委员会能源研究所	副研究员
罗　腾	煤炭科学研究总院煤化工分院	高工、博士
冯　宏	中国煤炭科工集团西安研究院	处长、研究员
黄国良	中国矿业大学	副院长、教授
李　强	中国矿业大学	副教授
高燕燕	中国矿业大学	博士
郑爱华	中国矿业大学	教授、博士
王国法	天地科技股份有限公司开采设计事业部	所长、研究员
陈金华	中国煤炭科工集团重庆研究院	副研究员、博士
鞠文君	天地科技股份有限公司开采设计事业部	副总经理、研究员
李瑞峰	中国煤炭科工集团煤炭工业规划设计研究院	总经理、教授级高工
郭俊生	中国煤炭科工集团煤炭工业规划设计研究院	副总工、教授级高工
吴　刚	四川大学	助理研究员
余玉江	四川煤炭产业集团公司	副主任、教授级高工
李绪国	中国煤炭工业协会	高工
陈佩佩	天地科技股份有限公司开采设计事业部	研究员

序 一

近年来，能源开发利用必须与经济、社会、环境全面协调和可持续发展已成为世界各国的普遍共识，我国以煤炭为主的能源结构面临严峻挑战。煤炭清洁、高效、可持续开发利用不仅关系我国能源的安全和稳定供应，而且是构建我国社会主义生态文明和美丽中国的基础与保障。2012年，我国煤炭产量占世界煤炭总产量的50%左右，消费量占我国一次能源消费量的70%左右，煤炭在满足经济社会发展对能源的需求的同时，也给我国环境治理和温室气体减排带来巨大的压力。推动煤炭清洁、高效、可持续开发利用，促进能源生产和消费革命，成为新时期煤炭发展必须面对和要解决的问题。

中国工程院作为我国工程技术界最高的荣誉性、咨询性学术机构，立足我国经济社会发展需求和能源发展战略，及时地组织开展了"中国煤炭清洁高效可持续开发利用战略研究"重大咨询项目和"中美煤炭清洁高效利用技术对比"专题研究，体现了中国工程院和院士们对国家发展的责任感和使命感，经过近两年的调查研究，形成了我国煤炭发展的战略思路和措施建议，这对指导我国煤炭清洁、高效、可持续开发利用和加快煤炭国际合作具有重要意义。项目研究成果凝聚了众多院士和专家的集体智慧，部分研究成果和观点已经在政府相关规划、政策和重大决策中得到体现。

对院士和专家们严谨的学术作风和付出的辛勤劳动表示衷心的敬意与感谢。

徐匡迪
2013年11月6日

序 二

煤炭是我国的主体能源，我国正处于工业化、城镇化快速推进阶段，今后较长一段时期，能源需求仍将较快增长，煤炭消费总量也将持续增加。我国面临着以高碳能源为主的能源结构与发展绿色、低碳经济的迫切需求之间的矛盾，煤炭大规模开发利用带来了安全、生态、温室气体排放等一系列严峻问题，迫切需要开辟出一条清洁、高效、可持续开发利用煤炭的新道路。

2010 年 8 月，谢克昌院士根据其长期对洁净煤技术的认识和实践，在《新一代煤化工和洁净煤技术利用现状分析与对策建议》(《中国工程科学》2003 年第 6 期)、《洁净煤战略与循环经济》(《中国洁净煤战略研讨会大会报告》，2004 年第 6 期) 等先期研究的基础上，根据上述问题和挑战，提出了《中国煤炭清洁高效可持续开发利用战略研究》实施方案，得到了具有共识的中国工程院主要领导和众多院士、专家的大力支持。

2011 年 2 月，中国工程院启动了"中国煤炭清洁高效可持续开发利用战略研究"重大咨询项目，国内煤炭及相关领域的 30 位院士、400 多位专家和 95 家单位共同参与，经过近两年的研究，形成了一系列重大研究成果。徐匡迪、周济、潘云鹤、杜祥琬等同志作为项目顾问，提出了大量的指导性意见；各位院士、专家深入现场调研上百次，取得了宝贵的第一手资料；神华集团、陕西煤业化工集团等企业在人力、物力上给予了大力支持，为项目顺利完成奠定了坚实的基础。

"中国煤炭清洁高效可持续开发利用战略研究"重大咨询项目涵盖了煤炭开发利用的全产业链，分为综合组、10 个课题组和 1 个专题组，以国内外已工业化和近工业化的技术为案例，以先进的分析、比较、评价方法为手段，通过对有关煤的清洁高效利用的全局性、系统性、基础性问题的深入研究，提出了科学性、时效性和操作性强的煤炭清洁、高效、可持续开发利用战略方案。

《中国煤炭清洁高效可持续开发利用战略研究》丛书是在 10 项课题研究、1 项专题研究和项目综合研究成果基础上整理编著而成的，共有 12 卷，对煤炭的开发、输配、转化、利用全过程和中美煤炭清洁高效利用技术等进行了系统的调研和分析研究。

综合卷《中国煤炭清洁高效可持续开发利用战略研究》包括项目综合报告及 10 个课题、1 个专题的简要报告，由中国工程院谢克昌院士牵头，分析了我国煤炭清洁、高效、可持续开发利用面临的形势，针对煤炭开发利用过程中的一系列重大问题进行了分析研究，给出了清洁、高效、可持续的量化指标，提出了符合我国国情的煤炭清洁、高效、可持续开发利用战略和政策措施建议。

第1卷《煤炭资源与水资源》，由中国矿业大学（北京）彭苏萍院士牵头，系统地研究了我国煤炭资源分布特点、开发现状、发展趋势，以及煤炭资源与水资源的关系，提出了煤炭资源可持续开发的战略思路、开发布局和政策建议。

第2卷《煤炭安全、高效、绿色开采技术与战略研究》，由四川大学谢和平院士牵头，分析了我国煤炭开采现状与存在的主要问题，创造性地提出了以安全、高效、绿色开采为目标的"科学产能"评价体系，提出了科学规划我国五大产煤区的发展战略与政策导向。

第3卷《煤炭提质技术与输配方案的战略研究》，由中国矿业大学刘炯天院士牵头，分析了煤炭提质技术与产业相关问题和煤炭输配现状，提出了"洁配度"评价体系，提出了煤炭整体提质和输配优化的战略思路与实施方案。

第4卷《煤利用中的污染控制和净化技术》，由清华大学郝吉明院士牵头，系统研究了我国重点领域煤炭利用污染物排放控制和碳减排技术，提出了推进重点区域煤炭消费总量控制和煤炭清洁化利用的战略思路和政策建议。

第5卷《先进清洁煤燃烧与气化技术》，由浙江大学岑可法院士牵头，系统分析了各种燃烧与气化技术，提出了先进、低碳、清洁、高效的煤燃烧与气化发展路线图和战略思路，重点提出发展煤分级转化综合利用技术的建议。

第6卷《先进燃煤发电技术》，由东北电网有限公司黄其励院士牵头，分析评估了我国燃煤发电技术及其存在的问题，提出了燃煤发电技术近期、中期和远期发展战略思路、技术路线图和电煤稳定供应策略。

第7卷《先进输电技术与煤炭清洁高效利用》，由中国南方电网公司李立浧院士牵头，分析了煤炭、电力流向和国内外各种电力传输技术，通过对输电和输煤进行比较研究，提出了电煤输运构想和电网发展模式。

第8卷《煤洁净高效转化》，由中国工程院谢克昌院士牵头，调研分析了主要煤基产品所对应的煤转化技术和产业状况，提出了我国煤转化产业布局、产品结构、产品规模、发展路线图和政策措施建议。

第9卷《煤基多联产技术》，由清华大学倪维斗院士牵头，分析了我国煤基多联产技术发展的现状和问题，提出了我国多联产系统发展的规模、布局、发展战略和路线图，对多联产技术发展的政策和保障体系建设提出了建议。

第 10 卷《煤炭利用过程中的节能技术》，由清华大学金涌院士牵头，调研分析了我国重点耗煤行业的技术状况和节能问题，提出了技术、结构和管理三方面的节能潜力与各行业的主要节能技术发展方向。

第 11 卷《中美煤炭清洁高效利用技术对比》，由中国工程院谢克昌院士牵头，对中美两国在煤炭清洁高效利用技术和发展路线方面的同异、优劣进行了深入的对比分析，为中国煤炭清洁、高效、可持续开发利用战略研究提供了支撑。

《中国煤炭清洁高效可持续开发利用战略研究》丛书是中国工程院和煤炭及相关行业专家集体智慧的结晶，体现了我国煤炭及相关行业对我国煤炭发展的最新认识和总体思路，对我国煤炭清洁、高效、可持续开发利用的战略方向选择和产业布局具有一定的借鉴作用，对广大的科技工作者、行业管理人员、企业管理人员都具有很好的参考价值。

受煤炭发展复杂性和编写人员水平的限制，书中难免存在疏漏、偏颇之处，请有关专家和读者批评、指正。

2013 年 11 月

前　　言

要实现煤炭工业的科学与可持续发展，首要的当属转变观念和发展模式，应该以科学开采为理念、以科学产能为依据、以提高资源回收率为目标，推进资源开发与环境保护一体化，以最小的生态环境扰动获得最大的资源回收和经济社会效益。为了改变我国煤炭生产"以需定产"，甚至"以产定销"的发展模式，从根本上扭转我国煤炭工业"高危、污染、粗放、无序"的行业形象，实现我国煤炭由被动的保障供应模式向积极的科学供给模式的转变，必须建立以科学产能为主线的煤炭科学开采体系，提供煤炭安全、高效、绿色开采的近、中期（2020 年前后）解决方案，形成相关政策建议及政策导向，以全面提升煤炭勘探、开发的技术和装备水平，形成科学、先进、安全的开采理念与技术，消除开采对生态环境的影响，利用现代化矿井建设与生产技术和装备，为矿工创造安全、健康的工作环境，培养精干的科技和管理人员队伍，使煤炭行业健康发展，适应煤炭行业应该取得的经济和社会地位的要求。

党中央、国务院高度重视国家能源特别是煤炭工业的发展问题，中央领导同志要求中国工程院就有关煤炭的战略问题开展深入研究。为此，2011 年中国工程院设立了"中国煤炭清洁高效可持续开发利用战略研究"重大咨询项目，项目共设置 10 个课题，其中第 2 课题"煤炭安全、高效、绿色开采技术与战略研究"重点研究煤炭的开发战略，成立了以谢和平院士为组长，王金华研究员、彭苏萍院士、袁亮院士为副组长，李晓红院士、张玉卓院士等 50 余位院士和专家为成员的课题组；并邀请濮洪九同志、钱鸣高院士为总顾问，周世宁院士、宋振骐院士、洪伯潜院士、胡省三教授级高工、卢鉴章教授级高工为顾问指导课题的研究。课题共分为煤炭的战略地位、煤炭科学开采的必要性和紧迫性、煤炭科学产能分析、实现科学产能的科技支撑与开发战略、实现科学产能的经济成本分析、保障措施和政策建议 6 部分，分别由中国煤炭科工集团、四川大学、中国矿业大学（北京）、中国矿业大学、国家发展和改革委员会能源研究所等单位承担，中国煤炭工业协会、冀中能源集团、神华集团、川煤集团、中国煤炭地质总局、天地科技股份有限公司等单位也参与了课题研究。

课题组经过两年半的调研并广泛征求各方面专家的意见，形成了课题研究报告和研究要点。课题以科学发展观为引领，以实现煤炭科学开采为目标，从我国煤炭行业现状出发，深入研究了煤炭行业与国民经济和社会发展的关系，定量分析了新中国成立以来特别是近10年来煤炭开发对我国GDP的贡献率；系统分析了煤炭行业存在的问题及面临的挑战；创造性地提出了煤炭行业转变经济发展方式的根本途径；首次提出了科学产能理念下3个量化度的内涵和评价指标，特别是定量地建立了科学产能的综合评价指标体系，分析得出煤炭行业现有科学产能仅占全国煤炭产量的1/3左右的结论，同时全面分析了全国及西方发达国家煤炭开发的科学化水平，指出我国煤炭科学产能平均为42.58分，而西方发达国家的科学产能均在90分以上；系统提出了全国五大区域实现科学产能的首要制约因素、技术与装备发展重点和技术路线图，完善和丰富了煤炭生产完全成本的新概念，预测了未来20年煤炭价格走向；提出了科学产能发展的情景分析方法，分析得出3种情景模式下2015年、2020年和2030年可实现科学产能数值及相应的投入增加值；提出了建立科学开采理念与机制的重要性和必要性，并从国家政策、科技支撑、战略性新兴产业、人才教育、煤炭价格机制、管理体制等方面提出了切实可行的建议。

  本书第1章由关北锋、刘虹、吴立新、张勇、董德彪编写，第2章由李绪国、王佟、关北锋、郭俊生、周宏伟、冯宏、罗腾编写，第3章由谢和平、姜鹏飞、康红普、王国法、胡千庭、周宏伟、薛俊华、李全生、余玉江编写，第4章由王金华、任怀伟、刘见中、王国法、陈金华、胡千庭、鞠文君、李瑞峰编写，第5章由黄国良、李强、高燕燕、郑爱华编写，第6章由申宝宏、刘见中、吴立新、李绪国、周宏伟编写。谢和平、王金华、申宝宏、刘见中、卢鉴章、周宏伟担任报告总审人。

  本书是煤炭安全、高效、绿色开采技术与战略研究的最新成果。课题研究得到了中国煤炭工业协会、中国煤炭学会、冀中能源集团、川煤集团、中国煤炭地质总局、神华集团、淮南矿业集团、淮北矿业集团等单位的大力支持，在此深表谢意。对于本书存在的不足和纰漏之处，敬请各界及时指正，以便在再版时补充和修正。

作　者
2013年12月

目 录

第1章 煤炭的战略地位 (1)
  1.1 煤炭在国际能源格局中的战略地位 (1)
  1.2 煤炭在中国能源安全中的战略地位 (2)
  1.3 煤炭对国民经济发展的贡献 (4)
  1.4 煤炭在社会稳定中的战略地位 (15)
  1.5 煤炭在战略性新兴产业中的战略地位 (16)
  1.6 小结 (19)

第2章 煤炭资源开发存在的问题、现状及出路 (21)
  2.1 中国煤炭开发历史沿革 (21)
  2.2 煤炭生产区域及开采条件 (23)
  2.3 煤炭资源储量及主要特点 (34)
  2.4 中国煤炭开发现状 (37)
  2.5 煤炭开发存在的问题 (39)
  2.6 煤炭开发面临的挑战 (44)
  2.7 煤炭科学开采的必要性 (46)
  2.8 小结 (54)

第3章 中国现有煤炭科学产能分析 (56)
  3.1 煤炭需求预测与产能分析 (56)
  3.2 煤炭科学开采概念及内涵 (58)
  3.3 煤炭科学产能概念及内涵 (58)
  3.4 煤炭科学产能综合评价指标体系 (60)
  3.5 科学产能评价标准 (69)
  3.6 科学产能约束条件与五大矿区分析 (69)
  3.7 中国现有煤炭科学产能分析 (73)
  3.8 世界先进采煤国煤炭科学产能对比 (97)
  3.9 小结 (98)

第4章 实现科学产能的科技支撑与开发战略 (100)
  4.1 科学产能情景分析 (100)
  4.2 五大区科学产能分析预测 (102)
  4.3 科学产能发展的战略目标 (125)
  4.4 五大区科学产能的技术与装备发展路线图 (126)
  4.5 全国科学产能的技术与装备发展重点及路线图 (148)
  4.6 五大区科学产能开发布局 (151)

4.7 小结 ……………………………………………………………………… (155)
第5章 实现科学产能的经济成本分析 ………………………………………… (156)
5.1 中国煤炭成本构成存在的主要缺陷 ………………………………… (156)
5.2 国外煤炭成本现状及经验 …………………………………………… (158)
5.3 实现科学产能的煤炭成本体系 ……………………………………… (161)
5.4 实现科学产能的煤炭成本预测 ……………………………………… (163)
5.5 实现科学产能的煤炭成本补偿机制 ………………………………… (170)
5.6 小结 ……………………………………………………………………… (177)
第6章 实现科学产能的保障措施和政策建议 ………………………………… (179)
6.1 将煤炭科学开采作为煤炭开发的基本国策 ………………………… (179)
6.2 以科学产能指标体系为依据确保长期性 …………………………… (179)
6.3 加大科研力度，形成科学产能支撑保障体系 ……………………… (179)
6.4 建立煤炭安全高效绿色开采体系，提升煤炭开发的科学化水平 ……… (180)
6.5 建立统一、权威、高效的行业管理体制和运行机制 ……………… (180)
6.6 完善煤炭完全成本体系，改革煤炭价格形成机制 ………………… (180)
参考文献 ……………………………………………………………………………… (181)

第1章　煤炭的战略地位

1.1　煤炭在国际能源格局中的战略地位

1.1.1　煤炭在世界能源结构中占有重要地位

BP（British Petroleum，英国石油集团公司）发布的《2011世界能源统计报告》的研究数据表明，在2010年世界化石能源探明储量构成中，煤炭、石油、天然气分别占54.78%、24.12%、21.10%，储采比分别为118、46.2、58.6，说明煤炭依然是最丰富的化石燃料。该报告还指出，在2010年世界化石能源生产构成中，煤炭、石油、天然气分别占35.45%、37.18%、27.37%，同年的消费构成中，煤炭、石油、天然气分别占34.05%、38.58%、27.37%，煤炭生产和消费的比例仅次于石油，但明显高于天然气，地位依然非常突出。2010年世界化石能源探明储量、生产及消费构成如图1-1所示。新能源与可再生能源将快速发展，但受核心技术、成本及安全等因素的多重制约，大规模推广应用还需要较长时间，只能作为常规能源的少量补充。

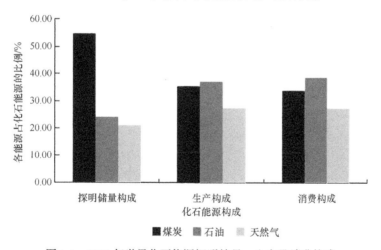

图1-1　2010年世界化石能源探明储量、生产及消费构成

1.1.2　中国煤炭生产和消费对稳定世界能源安全具有重要作用

中国煤炭资源在全球煤炭资源中占有举足轻重的地位。煤炭资源量和探明储量均位居世界前列。近10年来，与经济高速发展相适应，中国煤炭的生产和消费量呈持续快速增长趋势，中国成为世界第一煤炭生产和消费大国。其中，BP公布的2010年中国煤

炭产量为 25.71 亿 tce（中国国家统计局数据为原煤产量 32.4 亿 t，折合 23.2 亿 tce），约占世界煤炭产量的 48.3%；煤炭消费量为 24.49 亿 tce，占世界煤炭消费量的 48.2%[①]（表 1-1）。

表 1-1 世界与中国、美国的煤炭生产和消费量

生产与消费	项目	2000 年	2005 年	2006 年	2007 年	2008 年	2009 年	2010 年
生产	中国/亿 tce	10.90	18.60	20.09	21.44	22.24	23.60	25.71
	美国/亿 tce	8.14	8.29	8.50	8.40	8.53	7.73	7.89
	世界/亿 tce	33.61	43.77	46.24	48.03	49.57	50.17	53.30
	中国占世界比例/%	32.43	42.49	43.44	44.65	44.87	47.04	48.30
消费	中国/亿 tce	10.53	17.41	19.20	20.54	21.13	22.24	24.49
	美国/亿 tce	8.13	8.20	8.09	8.19	8.06	7.10	7.50
	世界/亿 tce	34.29	43.04	45.21	47.23	47.74	47.23	50.80
	中国占世界比例/%	30.71	40.46	42.46	43.50	44.25	47.10	48.20

资料来源：据 BP《2011 世界能源统计报告》数据整理得出。由于统计口径不一，数据计算有细微差距，忽略不计。下同

中国以煤炭为主的能源消费格局有助于降低其对进口石油的高依赖度，有助于维持世界能源供需平衡，保障世界能源安全。中国煤炭产业的可持续健康发展对稳定世界能源安全的作用日益凸显，国际战略地位日益重要。

1.2 煤炭在中国能源安全中的战略地位

1.2.1 煤炭在中国能源结构中占主导地位

煤炭行业是我国国民经济的支柱产业，是关系国计民生的基础性行业，在国民经济中占有重要的战略地位。作为中国工业化进程的主要基础能源，煤炭对全国经济发展具有举足轻重的作用。

我国能源资源特点决定了煤炭在我国能源结构中的主导地位。国土资源部数据显示：中国煤炭储量居世界第三位，2010 年探明储量为 1.341 万亿 t，占世界总探明储量的 15.6%。此先决条件决定了中国以煤炭为主的一次能源生产和消费结构在未来很长时间内难以改变。

目前，中国煤炭消费量占一次能源消费量的 70% 左右。2008 年、2009 年和 2010 年中国一次能源消费量分别为 29.1 亿 tce、30.7 亿 tce 和 32.5 亿 tce（中国工程院项目组，2011），其中煤炭消费量分别占 70.3%、70.4% 和 68.6%。

随着新能源发展和节能减排政策的强制执行，未来煤炭消费总量的比重将呈缓慢下降趋势，但国民经济的稳定健康发展使得对煤炭的需求总量仍将保持平稳增长，预计 2020 年煤炭总消费量将达到 35 亿~40 亿 t，仍占能源消费总量近 60%。中国分品种能源消费预测如图 1-2 所示。

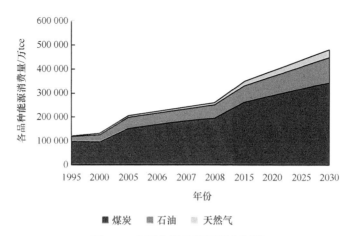

图 1-2 中国分品种能源消费预测

资料来源：历年《中国统计年鉴》，中国工程院、国际能源署（International Energy Agency，IEA）等的预测数据

1.2.2 新能源产业短期内难以取代煤炭的主导地位

2010年发布的《国务院关于加快培育和发展战略性新兴产业的决定》将新能源产业作为战略性新兴产业。开发核能、风能、太阳能等清洁能源，发展可再生能源产业等支持新能源产业发展的方针，被明确写进了政府工作报告。到"十二五"末期，非化石能源占一次能源消费的比重将达11.4%，并作为约束性指标被写入国家"十二五"规划。

（1）核电

根据中国电力企业联合会（以下简称中电联）统计信息部对全国核电装机容量的统计数据：截止到2009年年底，我国已建成核电装机容量为907.82万kW，占电力总装机容量的1.1%，发电量占电力总发电量的2.2%。按照国家能源局即将发布的《新能源产业发展规划》，2020年我国核电装机规模总目标为8600万kW，核电占中国电力供应的比例有可能达到5%。

安全问题是困扰核电发展的关键因素，尤其在日本大地震导致福岛核电站核泄漏危机后，核电安全引起了世界主要核电国家的高度关注。受此影响，中国政府有可能调整核能发展计划[①]，但中国发展核能的整体目标不变。

（2）风电

按照中国资源综合利用协会可再生能源专业委员会、国际环保组织"绿色和平"等机构联合发布的《中国风电发展报告2010》，截至2010年年底，中国风力发电累计装机容量达4182.7万kW，首次超过美国，跃居世界第一；并预测2020年，中国风电累计装机可以达到2.3亿kW，占电力总装机容量的12.1%，总风力发电量可达到4649亿kW·h。国家能源局即将发布的《新能源产业发展规划》则设定2020年风电装机规

---

① 见2011年3月解振华在澳大利亚堪培拉中澳首届气候变化论坛上的讲话。

模为1.5亿kW。

目前,风电装备质量偏低、并网容量较小、脱网事件频发等问题仍制约着风电的进一步发展。

(3) 太阳能

太阳能分为热能利用和光伏发电两大领域。其中前者在国内发展成熟,已形成较为完整的产业体系,核心技术达世界先进水平,自主知识产权率高于95%;而后者发展时间短、经验不足,落后于国际水平。据中国太阳能学会统计数据,2010年我国光伏发电装机容量为0.89GW。另据国家能源局即将发布的《新能源产业发展规划》,2020年我国太阳能发电装机容量设定为20GW。

制约我国光伏发电产业发展的主要因素来自技术层面。目前,国内的光伏发电企业承担着全球产业链中污染高、能耗高的生产环节,利润微薄。同时,光伏产业上游原料的技术壁垒高,主要由美、日等国家控制,获取技术困难,导致电池组件成本过高,比国际同类产品高30%左右。因此,中国的光伏发电产业规模短期内尚难以实现有效突破。

(4) 生物质能

生物质能的主要利用形式有生物柴油、生物乙醇、生物质发电、沼气等。中国目前主要生物质资源可以转化能源的潜力合计为每年8亿~10亿tce,但利用规模和技术水平整体偏低。据中国煤炭工业协会和中国资源综合利用协会可再生能源专业委员会等渠道统计,截至2010年年底,中国生物质能产量达到22TW·h,生物质发电装机容量为5.5GW,占全国总发电量的0.78%。另外,根据国家发展和改革委员会(以下简称国家发改委)《"十二五"国家战略性新兴产业发展规划》及国家能源局《能源发展"十二五"规划》,到2015年我国生物质发电装机规模达到1300万kW。

制约我国生物质能利用产业发展的因素主要有资源短缺且分散、收集利用难度较大,技术产业化基础薄弱,生物燃油产品竞争力差,政策和市场环境不完善等。上述因素在一定程度上影响了我国生物质能利用规模的迅速扩大。

受制于核心技术水平、安全问题、经营成本及政策机制等因素,新能源产业发展规模难以较快取得质的突破,核能、风能、太阳能等新能源在中国能源消费结构中大规模推广应用还需要时间,近、中期只能作为常规能源的补充。

1.3 煤炭对国民经济发展的贡献

长期以来,煤炭不仅作为我国的主导能源,同时作为一种重要的工业原料,被直接或间接地应用于国民经济各个部门和行业。国民经济与煤炭自始至终保持着一种唇齿相依的密切关系。煤炭开发和煤炭生产及利用相关行业的发展,保障了国家经济发展对能源资源的大量需求,支撑了国民经济的快速发展,为我国国民经济建设做出了卓越的贡献(崔瑛,1998)。本节将以国家公布的国民经济统计数据为基础,采用定量分析方法,对以往我国煤炭与国民经济发展经济指标的相互关系,以及煤炭对国民经济的贡献率进行详细计算。

1.3.1 煤炭在全国经济发展中的战略地位

1.3.1.1 经济增长和煤炭生产与消费之间的相关性

通过对新中国成立以来我国经济增长和煤炭生产与消费增长全过程的关联性分析，不难发现国民经济与煤炭的增速指标变化趋势非常接近，波动周期也基本保持一致，具有较大的关联特征，如图1-3所示。

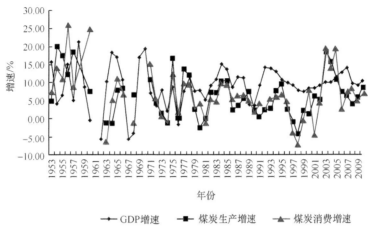

图1-3 我国历年GDP增速和煤炭生产与消费增速发展趋势
注：因为1961年数据缺失，故这一年的连线断开。

对GDP增速与煤炭消费增速这两组历史数据进行相关性分析计算，结果表明：1953~2010年，我国经济增长与煤炭消费之间的相关系数平均约为0.50。在"一五"时期，由于我国煤炭消费占能源消费的比重高达95%以上，国民经济的发展与煤炭消费相关性极大，相关系数高达0.84，国民经济对煤炭的依赖性很强。进入20世纪90年代后，经济增长与煤炭消费之间的相关系数降低到0.50（谢和平等，2012）。这一时期，由于产业技术进步、经济结构优化、节能工作加强、能源结构调整力度加大，我国煤炭消费在能源消费中的比重逐步下降，石油和天然气消费比重开始增大，经济增长对煤炭消费的依赖逐渐减弱。21世纪以来，我国经济发展进入前所未有的高速发展时期，由于我国汽车产业、房地产业、重化工业、电力工业出现了突飞猛进的发展态势，加之随之而来的城镇设施建设的加快，助长了高耗能行业的发展，以煤炭为主的粗放型能源消费模式再次升温，经济增长与煤炭消费之间的相关系数开始变大，2000~2005年达到最大值，超过0.90，反映出我国经济发展对煤炭的高度依赖特征。"十一五"期间，节能减排工作力度持续加大，把实现GDP能耗强度降低20%的目标纳入国民经济发展运行当中。同时，我国加大了对煤炭行业的优化调整和重组并购工作，实行煤炭集约型发展。由于煤炭行业整体效率提高、电力行业煤电的"上大压小"，天然气、核电、可再生能源开发的向前推进，全国性的节能增效、能源结构优化工作取得突出成效，经济增长与煤炭消费之间的相关系数较"十五"期间有所回落，降至0.75，但仍然大于过去几十年的平均值，说明我国经济高度依赖煤炭的特征并没有发生根本改变，煤炭的安全与稳定供应仍然直接关乎国民经济的平稳健康运行（表1-2）。当前，煤炭在我国经济发展过程中的战略地位仍尤为重要。

表1-2 经济增长与煤炭消费之间的相关系数

时期	1980~1990年	1991~2000年	2001~2005年	2006~2010年
相关系数	0.81	0.50	0.90	0.75

1.3.1.2 万元 GDP 煤炭消费强度与 GDP 煤炭综合生产力水平

1）万元 GDP 煤炭消费强度。万元 GDP 煤炭消费强度指每万元 GDP 平均消耗的实际煤炭数量，简称煤炭消费强度，是综合反映经济发展与煤炭相互关系的核心量化指标，用以体现国民经济发展对煤炭资源的依赖程度。计算公式如下：

$$\text{万元 GDP 煤炭消费强度} = \text{煤炭消费量}/\text{GDP 总量} \tag{1-1}$$

2）GDP 煤炭综合生产力水平。GDP 煤炭综合生产力水平指单位煤炭消费创造 GDP 价值的综合能力，反映经济系统中煤炭综合生产力水平，定义为 GDP 总量与煤炭消费量的比例，与万元 GDP 煤炭消费强度互为倒数，计算公式如下：

$$\text{GDP 煤炭综合生产力水平} = \text{GDP 总量}/\text{煤炭消费量} = 1/\text{万元 GDP 煤炭消费强度} \tag{1-2}$$

我国历年万元 GDP 煤炭消费强度和 GDP 煤炭综合生产力水平（GDP 以 2005 年不变价计算）的基本走势如图 1-4 所示。可见，我国万元 GDP 煤炭消费强度在 20 多年里呈现逐年下降的趋势，表明了我国能源结构多元化发展的趋势。该项指标由 1985 年的 1.97t/万元下降到 2010 年的 0.72t/万元，25 年的平均值约为 1.24t/万元。而 GDP 煤炭综合生产力水平则呈现上升趋势，由 2005 年的 0.51 万元/t 上升到 2010 年的 1.38 万元/t，25 年煤炭综合生产力水平平均值约为 1.01 万元/t。

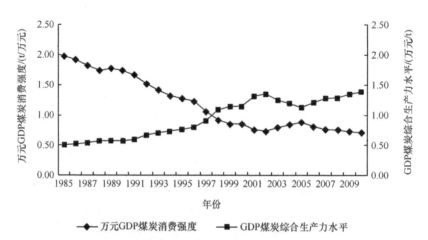

图 1-4 我国历年 GDP 煤炭消费强度和 GDP 煤炭综合生产力水平发展趋势

1.3.1.3 GDP 煤炭弹性系数

GDP 煤炭弹性系数反映煤炭增长随经济增长变化的大小，即单位 GDP 增长速度所对应的煤炭增长速度。GDP 煤炭弹性系数指标值越大,说明经济增长对煤炭的依赖性越大;指标值越小,说明经济增长对煤炭的依赖性越小;当 GDP 煤炭弹性系数出现负数时,表明经济发展对煤炭的供应和需求出现下降趋势,经济增长对煤炭的依赖性减弱。GDP 煤炭弹性系数分为 GDP 煤炭生产弹性系数和 GDP 煤炭消费弹性系数两种,其定义及公式分别表述如下。

1) GDP 煤炭生产弹性系数,反映 GDP 增长一个百分点煤炭生产增长的速度,计算公式如下:

$$\text{GDP 煤炭生产弹性系数} = \text{煤炭生产增速} / \text{GDP 增速} \quad (1-3)$$

2) GDP 煤炭消费弹性系数,反映 GDP 增长一个百分点煤炭消费增长的速度,计算公式如下:

$$\text{GDP 煤炭消费弹性系数} = \text{煤炭消费增速} / \text{GDP 增速} \quad (1-4)$$

1985~2010 年,我国 GDP 煤炭生产弹性系数与 GDP 煤炭消费弹性系数的发展趋势如图 1-5 所示。该时期平均值分别为 0.61 和 0.60。其中,在 1989 年和"十五"期间,弹性系数曾出现了接近 2 的较大峰值,说明煤炭生产与消费的增长速度成倍于 GDP 发展速度,煤炭需求急剧增加;而在 1998 年前后,弹性系数则出现负值,说明煤炭需求锐减。

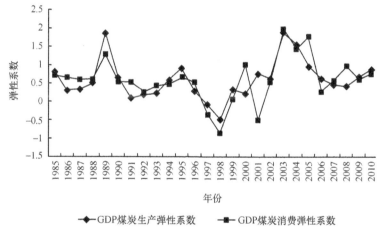

图 1-5 我国历年 GDP 煤炭生产弹性系数与 GDP 煤炭消费弹性系数发展趋势

1.3.1.4 GDP 煤炭贡献率

(1) 煤炭开发 GDP 贡献率

煤炭开发对 GDP 增长的贡献率可分为煤炭开发对 GDP 总量、增量的贡献率两种。

1) 煤炭开发对 GDP 总量的贡献率,定义为煤炭开发行业增加值总量与 GDP 总量的比值,计算公式如下:

$$\text{煤炭开发对 GDP 总量的贡献率} = \text{煤炭开发行业增加值总量} / \text{GDP 总量} \quad (1-5)$$

2) 煤炭开发对 GDP 增量的贡献率,定义为煤炭开发行业增加值增量与 GDP 增量的比值,计算公式如下:

煤炭开发对 GDP 增量的贡献率＝煤炭开发行业增加值增量/GDP 增量　　（1-6）

根据"十一五"期间的煤炭工业行业经济增长数据，可计算出我国煤炭开发对 GDP 总量、GDP 增量的贡献率。"十一五"期间，我国煤炭开发对 GDP 总量、增量的贡献率平均值分别为 2.1% 和 3.6%。变化趋势如图 1-6 所示。

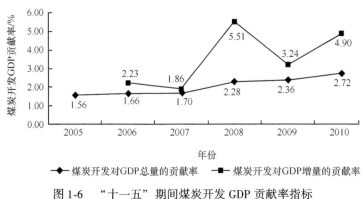

图 1-6　"十一五"期间煤炭开发 GDP 贡献率指标

(2) 煤炭利用 GDP 贡献率

同样，煤炭利用对 GDP 增长的贡献率也分为煤炭利用对 GDP 总量、增量的贡献率两项。

1）煤炭利用对 GDP 总量的贡献率，定义为煤炭利用行业工业增加值总量与 GDP 总量之比，计算公式如下：

煤炭利用对 GDP 总量的贡献率＝煤炭利用行业工业增加值总量/GDP 总量　　（1-7）

2）煤炭利用对 GDP 增量的贡献率，定义为煤炭利用行业工业增加值增量与 GDP 增量之比，计算公式如下：

煤炭利用对 GDP 增量的贡献率＝煤炭利用行业工业增加值增量/GDP 增量　　（1-8）

本研究只选择电力、冶金、化工、建材行业作为主要用煤行业进行分析计算，以上 4 个行业占我国全部煤炭消费量的 85% 以上。通过对其工业增加值的累计估算，并根据上述公式，可得出"十一五"期间各年份我国煤炭利用对 GDP 总量、增量的贡献率，具体计算结果如图 1-7 所示，上述两项贡献率指标在"十一五"期间的平均值分别为 15.0% 和 18.9%。

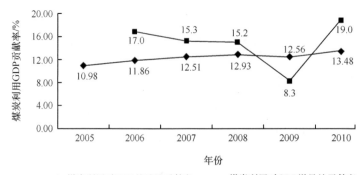

图 1-7　"十一五"期间煤炭利用 GDP 贡献率指标

(3) GDP 煤炭贡献率

GDP 煤炭贡献率为煤炭开发 GDP 贡献率与煤炭利用 GDP 贡献率之和，体现煤炭能源对 GDP 发展的总贡献率，分为 GDP 煤炭贡献率总量、增量两种。经统计计算，"十一五"期间，我国各年份 GDP 煤炭贡献率（总量）和 GDP 煤炭贡献率（增量）如图 1-8 所示。结果表明：该时期我国 GDP 煤炭贡献率（总量）和 GDP 煤炭贡献率（增量）平均约为 15% 和 18%。

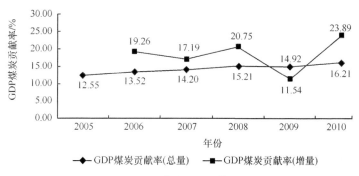

图 1-8 "十一五"期间 GDP 煤炭贡献率指标

(4) 单位煤炭开发的综合经济指标

在计算 GDP 煤炭贡献率的同时，本研究还专门对我国煤炭开发过程中历年吨煤综合经济指标进行了匡算。各项指标计算结果如图 1-9 和图 1-10 所示。2010 年，我国煤炭开发、煤炭利用的 GDP 贡献值分别为 334 元/t、1687 元/t，合计 GDP 贡献总值约为 2022 元/t。煤炭开发为国家上缴的利税总额平均约为 54 元/t。

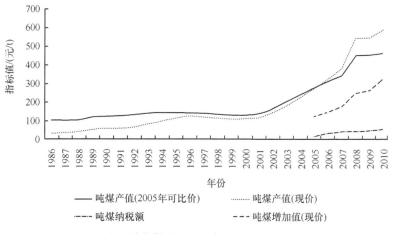

图 1-9 我国单位煤炭开发的各项经济指标发展趋势

(5) 主要能源供应部门对 GDP 贡献的比较

为了与其他能源部门进行对比分析，本研究还专门就各种能源开发和生产部门对国民经济贡献的经济参数进行了对比计算。计算结果如图 1-11 和图 1-12 所示。不难发现，

"十一五"期间，我国煤炭行业对国民经济发展的贡献出现了飞跃性变化，其贡献率水平和作用正在逼近和超过其他主要的一次能源和二次能源行业生产和供应部门。

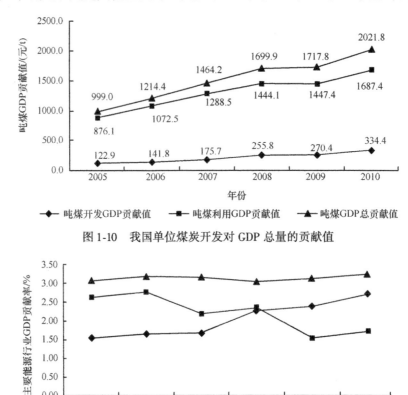

图 1-10　我国单位煤炭开发对 GDP 总量的贡献值

图 1-11　"十一五"期间主要能源行业 GDP 贡献率比较

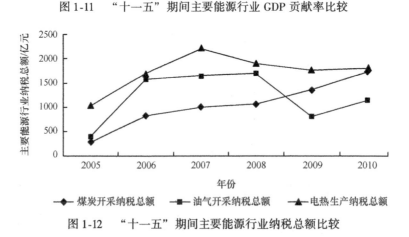

图 1-12　"十一五"期间主要能源行业纳税总额比较

1.3.2　煤炭在我国区域经济发展中的战略地位

本研究将我国煤炭生产区域划分为晋陕蒙宁甘区、华东区、华南区、东北区和新青区，据此论述煤炭在区域经济发展中的战略地位。煤炭在不同区域经济发展中的作用差别较大，与各区域的煤炭储量及产量、产业结构、经济发展水平、地理位置等因素密切相关。

1.3.2.1 煤炭产业是晋陕蒙宁甘区经济发展的强劲推动力

晋陕蒙宁甘区位于我国中西部地区，该区煤炭资源丰富、煤种齐全、开采条件好、煤炭产能高，国家大型煤炭基地中有8个分布在该区域，是我国目前主要煤炭生产区和调出区。2009年、2010年该区原煤产量分别为15.84亿t、18.56亿t，分别占全国煤炭总产量的51.93%、57.25%（马蓓蓓等，2009）。煤炭产业已成为该区的核心支柱产业，成为区域经济持续发展的有力推手。

该区经济发展高度依赖煤炭，重工业化特征突出，2009年全区煤炭消费强度为1.55tce/万元，煤炭依赖度为80.7%，均为全国最高（全国平均煤炭消费强度为0.72 tce/万元，煤炭依赖度为69%）（表1-3）。

表1-3 晋陕蒙宁甘区煤炭消费强度及煤炭依赖度

地区	指标	2005年	2006年	2007年	2008年	2009年
山西	煤炭消费强度/（tce/万元）	2.79	2.73	2.56	2.35	2.13
	能源消费强度/（tce/万元）	2.95	2.89	2.76	2.55	2.36
陕西	煤炭消费强度/（tce/万元）	1.18	1.24	1.08	0.94	0.83
	能源消费强度/（tce/万元）	1.48	1.43	1.36	1.28	1.17
内蒙古	煤炭消费强度/（tce/万元）	2.38	2.29	2.20	2.09	1.77
	能源消费强度/（tce/万元）	2.48	2.41	2.31	2.16	2.01
宁夏	煤炭消费强度/（tce/万元）	3.86	3.56	3.50	2.86	2.56
	能源消费强度/（tce/万元）	4.14	4.10	3.95	3.69	3.45
甘肃	煤炭消费强度/（tce/万元）	1.41	1.26	1.20	1.12	0.95
	能源消费强度/（tce/万元）	2.26	2.20	2.11	2.01	1.86
全区	煤炭消费强度/（tce/万元）	2.14	2.06	1.90	1.76	1.55
	能源消费强度/（tce/万元）	2.42	2.33	2.23	2.08	1.92
	煤炭依赖度/%	88.4	88.4	85.2	84.6	80.7

资料来源：据历年《中国能源统计年鉴》及各省（自治区、直辖市）统计年鉴、政府网站数据整理

1.3.2.2 煤炭对华东区经济发展起到支撑作用

华东区是我国经济最为发达的地区之一。该区煤炭资源短缺，但能源消费总量高，属于典型的煤炭调入区。2009年，全区煤炭消费强度为0.68tce/万元，居全国倒数第二位，反映出该区产业结构整体上较为合理，能源利用效率较高；但煤炭依赖度为70.8%，高居全国第二位，煤炭的主体能源地位非常突出。

2009年，北京、上海、天津、浙江等非产煤或低产煤省（直辖市）的煤炭消费强度较低，在0.5tce/万元以下。在产煤省中，除江苏外，山东、安徽、河北、河南等省的煤炭消费强度较高，多数接近或大于1.0tce/万元；而河北则高达1.48 tce/万元，为全区最高，这与其以钢铁、建材、电力等重化工业为主的产业结构密切相关（表1-4）。

表1-4 华东区煤炭消费强度及煤炭依赖度

地区	指标	2005年	2006年	2007年	2008年	2009年
北京	煤炭消费强度/(tce/万元)	0.32	0.28	0.24	0.20	0.18
	能源消费强度/(tce/万元)	0.80	0.76	0.71	0.66	0.61
天津	煤炭消费强度/(tce/万元)	0.74	0.63	0.56	0.45	0.37
	能源消费强度/(tce/万元)	1.11	1.07	1.02	0.95	0.84
上海	煤炭消费强度/(tce/万元)	0.42	0.36	0.31	0.25	0.16
	能源消费强度/(tce/万元)	0.88	0.87	0.83	0.80	0.73
浙江	煤炭消费强度/(tce/万元)	0.52	0.52	0.50	0.44	0.42
	能源消费强度/(tce/万元)	0.90	0.86	0.83	0.78	0.74
河北	煤炭消费强度/(tce/万元)	1.78	1.71	1.67	1.54	1.48
	能源消费强度/(tce/万元)	1.96	1.90	1.84	1.73	1.64
山东	煤炭消费强度/(tce/万元)	1.01	0.98	0.90	0.84	0.82
	能源消费强度/(tce/万元)	1.28	1.23	1.18	1.10	1.07
安徽	煤炭消费强度/(tce/万元)	1.11	1.02	0.95	1.00	0.90
	能源消费强度/(tce/万元)	1.21	1.17	1.13	1.08	1.02
江苏	煤炭消费强度/(tce/万元)	0.67	0.62	0.57	0.53	0.51
	能源消费强度/(tce/万元)	0.92	0.89	0.85	0.80	0.76
河南	煤炭消费强度/(tce/万元)	1.25	1.20	1.10	1.09	1.05
	能源消费强度/(tce/万元)	1.38	1.34	1.29	1.22	1.16
江西	煤炭消费强度/(tce/万元)	0.74	0.69	0.68	0.64	0.61
	能源消费强度/(tce/万元)	1.06	1.02	0.98	0.93	0.88
福建	煤炭消费强度/(tce/万元)	0.52	0.53	0.48	0.55	0.60
	能源消费强度/(tce/万元)	0.94	0.91	0.88	0.93	0.88
全区	煤炭消费强度/(tce/万元)	0.87	0.83	0.77	0.72	0.68
	能源消费强度/(tce/万元)	1.16	1.12	1.08	1.01	0.96
	煤炭依赖度/%	75.0	74.1	71.3	71.3	70.8

资料来源：据历年《中国能源统计年鉴》及各省（自治区、直辖市）统计年鉴、政府网站数据整理

1.3.2.3 煤炭是华南区经济可持续发展的重要支柱

云贵地区煤炭生产对西南地区经济发展起到推动作用。华南区内可供新井建设的矿区主要集中在云贵大型煤炭基地，是我国南方煤炭资源最为丰富的地区，云贵基地担负向西南、中南地区供应煤炭的重任，也是"西电东送"南部通道煤电基地。受制于交通运输能力，在较长时期内，地方经济的持续发展还需要依赖煤炭，需通过较高投入，提高科学产能比例，并通过管理水平的提升，提高生产效率，减少灾害事故发生的概率。

该区域各省份的经济发展水平及产业结构相差悬殊，排名靠前的广东、海南等省产业结构较为合理，经济总量大，并且远离煤炭主产区，油气使用比例高，拉低了煤炭消

费强度，2009 年全区仅为 0.65tce/万元，居全国最末位；但全区煤炭依赖度仍为 63.7%，居全国中游水平。2009 年，作为煤炭生产大省的贵州煤炭消费强度为 2.01tce/万元，为区内最高，经济发展高度依赖煤炭；广东、海南煤炭消费强度低于 0.35tce/万元，这主要与两省的产业结构特点及特殊的能源消费结构有关。其他省份的煤炭消费强度范围为 0.6~1.1 tce/万元（表1-5）。

表1-5　华南区煤炭消费强度及煤炭依赖度

地区	指标	2005 年	2006 年	2007 年	2008 年	2009 年
湖北	煤炭消费强度/（tce/万元）	1.06	1.01	0.97	0.90	0.86
	能源消费强度/（tce/万元）	1.51	1.46	1.40	1.31	1.23
湖南	煤炭消费强度/（tce/万元）	1.00	0.90	0.89	0.86	0.83
	能源消费强度/（tce/万元）	1.40	1.35	1.31	1.23	1.20
广西	煤炭消费强度/（tce/万元）	0.64	0.59	0.57	0.51	0.64
	能源消费强度/（tce/万元）	1.22	1.19	1.16	0.93	1.06
云南	煤炭消费强度/（tce/万元）	1.40	1.34	1.15	1.03	1.03
	能源消费强度/（tce/万元）	1.73	1.71	1.64	1.56	1.50
贵州	煤炭消费强度/（tce/万元）	2.96	2.84	2.52	2.30	2.01
	能源消费强度/（tce/万元）	3.25	3.19	3.06	2.88	2.35
四川	煤炭消费强度/（tce/万元）	0.82	0.78	0.69	0.69	0.67
	能源消费强度/（tce/万元）	1.53	1.50	1.43	1.38	1.34
重庆	煤炭消费强度/（tce/万元）	0.98	0.87	0.89	0.80	0.76
	能源消费强度/（tce/万元）	1.42	1.37	1.33	1.27	1.18
广东	煤炭消费强度/（tce/万元）	0.32	0.30	0.29	0.33	0.34
	能源消费强度/（tce/万元）	0.79	0.77	0.75	0.72	0.68
海南	煤炭消费强度/（tce/万元）	0.26	0.23	0.25	0.30	0.23
	能源消费强度/（tce/万元）	0.92	0.91	0.90	0.88	0.85
全区	煤炭消费强度/（tce/万元）	0.74	0.72	0.66	0.64	0.65
	能源消费强度/（tce/万元）	1.19	1.16	1.12	1.05	1.02
	煤炭依赖度/%	62.2	62.1	58.9	61.0	63.7

资料来源：据历年《中国能源统计年鉴》及各省（自治区、直辖市）统计年鉴、政府网站数据整理

1.3.2.4　煤炭是振兴东北老工业区经济的根本保障

东北区作为我国老工业基地，在全国社会经济发展中占有重要地位。随着国家东北地区等老工业基地振兴战略的全面实施和不断推进，其工业重新步入发展快车道，并带动其他产业协同发展，在经济总量显著增长的同时能源需求急剧增加，表现在该地区煤炭供需缺口日益扩大，需从其他产煤地区大量调入方能满足实际需求。

随着产业结构的不断调整与优化，2009 年，全区煤炭消费强度已降至 0.82tce/万元，居全国第三位；煤炭依赖度为 62.1%，居全国中下游水平。其中，辽宁煤炭消费

强度最低,这与该省较高的石油用量有关;吉林居中;黑龙江最高,这与其较高的煤炭产量密切相关(表1-6)。

表1-6 东北区煤炭消费强度及煤炭依赖度

地区	指标	2005年	2006年	2007年	2008年	2009年
辽宁	煤炭消费强度/(tce/万元)	1.15	1.07	0.95	0.89	0.74
	能源消费强度/(tce/万元)	1.83	1.78	1.70	1.62	1.44
黑龙江	煤炭消费强度/(tce/万元)	1.11	1.04	0.99	1.02	0.95
	能源消费强度/(tce/万元)	1.46	1.41	1.35	1.29	1.21
吉林	煤炭消费强度/(tce/万元)	1.27	1.17	1.00	0.93	0.85
	能源消费强度/(tce/万元)	1.65	1.59	1.52	1.44	1.21
全区	煤炭消费强度/(tce/万元)	1.16	1.08	0.97	0.94	0.82
	能源消费强度/(tce/万元)	1.67	1.62	1.55	1.48	1.32
	煤炭依赖度/%	69.5	66.7	62.6	63.5	62.1

资料来源:据历年《中国能源统计年鉴》及各省(自治区、直辖市)统计年鉴、政府网站数据整理

1.3.2.5 煤炭产业成为新青区经济发展的新引擎

新青区位于我国西北部,该区煤炭资源丰富,开发前景广阔,其中新疆为第14个国家大型煤炭基地,是未来我国主要的煤炭生产基地和调出区,煤炭产业对该区经济发展的拉动作用将日趋显现。但该区煤炭消费市场有限,外运通道能力不足。

2009年,全区煤炭消费强度为1.17tce/万元,仅次于晋陕蒙宁甘区,居全国第二位;煤炭依赖度为56.3%,居全国最低水平,这主要与该区能源消费结构中油气比例较高有关。同时,随着该区煤炭开发力度的持续加大,煤炭依赖度呈显著增加的趋势(表1-7)。

表1-7 新青区煤炭消费强度及煤炭依赖度

地区	指标	2005年	2006年	2007年	2008年	2009年
新疆	煤炭消费强度/(tce/万元)	1.03	1.03	1.01	0.97	1.24
	能源消费强度/(tce/万元)	2.11	2.09	2.03	1.96	1.93
青海	煤炭消费强度/(tce/万元)	1.25	1.21	1.21	0.97	0.87
	能源消费强度/(tce/万元)	3.07	3.12	3.06	2.94	2.69
全区	煤炭消费强度/(tce/万元)	1.07	1.06	1.05	0.97	1.17
	能源消费强度/(tce/万元)	2.27	2.25	2.21	2.14	2.08
	煤炭依赖度/%	47.1	47.1	47.5	45.3	56.3

资料来源:据历年《中国能源统计年鉴》及各省(自治区、直辖市)统计年鉴、政府网站数据整理

1.3.2.6 五大区煤炭消费强度及煤炭依赖度变化趋势分析

煤炭消费强度由高到低的顺序依次为晋陕蒙宁甘区、新青区、东北区、华东区、华

南区，由西向东呈降低趋势，范围为 1.55~0.65 tce/万元。总体上看，2005~2009 年，除新青区外，其他各区的煤炭消费强度均呈缓慢下降的趋势（图 1-13）。这与能源消费强度的变动趋势基本一致，说明各区经济发展过程中的能量利用效率逐步提高，但并未改变煤炭在能源消费结构中的绝对主体地位。

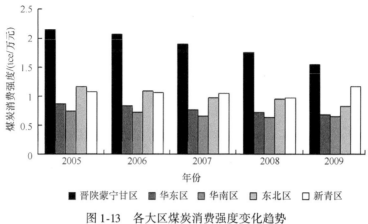

图 1-13　各大区煤炭消费强度变化趋势

同时，上述五大区的煤炭依赖度由高到低的顺序依次为晋陕蒙宁甘区、华东区、华南区、东北区、新青区，与煤炭消费强度的排序有所差异，范围为 56.3%~80.7%。综合分析可知，除新青区外，其他各区的煤炭依赖度呈缓慢下降的趋势（图 1-14），但仍维持在 60% 以上，说明在节能减排降耗的大背景下，在产业结构不断优化调整的情况下，煤炭在能源消费结构中的主体地位依然非常突出，在各区域经济发展中起着举足轻重的支撑作用。

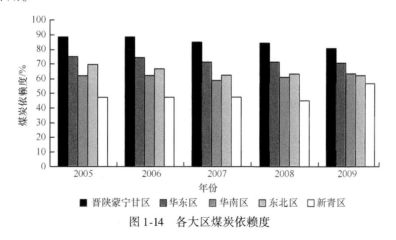

图 1-14　各大区煤炭依赖度

1.4　煤炭在社会稳定中的战略地位

（1）煤炭的稳定供应是国民经济持续发展和社会正常运转的重要保障

我国人均能源资源相对匮乏，煤炭是支撑我国经济社会发展的重要基础性能源。目前，煤炭工业承担着两大历史任务：一是要确保煤炭产量能够满足国民经济社会健康发展对能源持续增长的需求;二是要秉承科学、高效、绿色开采的先进理念,实现对煤炭资源最大限度的节约、保护和综合利用,以延长连续稳定供给的年限,为后续发展留下更多可利用的能源资源。

作为我国的主要基础能源及上游原材料,煤炭价格、产量、运输能力的变化对下游行业的健康发展起着至关重要的作用。煤价的上涨通过价格传导机制严重影响电力、化工、化肥、钢铁、建材等下游行业的正常运转,造成企业非正常生产、商品价格紊乱、居民生活质量下降等不良影响。因此,煤炭的稳定供应在确保国民经济正常运转、保障居民生活质量、维系社会稳定等方面的作用非常显著。

(2) 煤炭产业链可提供大量就业岗位,有利于社会稳定

煤炭产业链由煤炭开采、调配运输、洗选加工、洁净转化(发电、煤化工)、资源(煤矸石、煤层气、矿井水、煤系伴生矿物)综合利用等环节构成,通过提高煤炭资源利用效率,实现煤炭附加值的最大化及环保效益的最优化。

从产业链的构成进行分析,煤炭产业既需要多层次的专业技术人才,更需要大量的一线操作工人,前者可吸纳高等院校特别是煤炭高等院校各种专业技术人才就业,后者则以安置矿区大量社会富余劳动力就业为目标,在全国就业形势严峻的局面下,有利于维护社会稳定。

《第二次全国经济普查主要数据公报》数据显示,截至2008年年底,全国仅从事煤炭开采和洗选业的企业法人就有2.1万个,从业人员达570.7万人。另据中国煤炭教育协会的抽样调查数据,2010年煤炭行业从业人员达550万人,其中规模以上煤炭企业安排就业人员510多万人。尽管对煤炭洁净转化、资源综合利用领域的从业人员数据缺乏有效统计,但可以预计,随着现代煤化工产业的规模化发展,致力于资源综合利用企业数量的增加,这一数字将出现显著增长。

1.5 煤炭在战略性新兴产业中的战略地位

战略性新兴产业是以重大技术突破和重大发展需求为基础,对经济社会全局和长远发展具有重大引领带动作用的,知识技术密集、物质资源消耗少、成长潜力大、综合效益好的产业。《国务院关于加快培育和发展战略性新兴产业的决定》中指出,根据战略性新兴产业的特征,立足我国国情和科技、产业基础,现阶段将重点培育和发展节能环保、新一代信息技术、生物、高端装备制造、新能源、新材料、新能源汽车等七大产业。

近年来,伴随着我国煤炭产量的迅速提高,煤炭行业已具有较强的科技实力和雄厚的人才储备,全行业整体科技水平快速提升,正逐渐改变着人们对煤炭行业"高危、粗放、脏乱差"的传统认识。煤炭行业应抓住国家大力发展战略性新兴产业的有利契机,结合国家重大需求和行业发展需要,培育和发展有潜力的战略性新兴产业,推动煤炭行业的科技创新和技术进步,促进煤炭行业在向高科技行业转变之路上持续、稳定、快速发展,在国家战略性新兴产业中占据有利位置。

煤炭行业应立足节能环保、高端装备制造、新一代信息技术等,持续加大科技投入，把实现煤炭科学开采作为有潜力的战略性新兴产业的重点和方向。这对节能减排、提升国家竞争力、保障国家的能源安全具有重要意义，符合国民经济长远发展需要，对经济社会全局和长远发展具有重大引领和带动作用。主要领域包括：煤炭深部科学开采高端技术体系、深部矿井煤与瓦斯共采技术、煤炭智能化开采技术、煤矿区生态修复和治理技术、地下选煤及井下充填关键技术、煤炭地下气化（UCG）及地热利用技术、报废矿井再生利用技术等。

(1) 煤炭深部科学开采高端技术体系是煤炭行业战略性新兴产业培育的基础平台

我国深部煤炭资源地质赋存条件极其复杂。目前，我国煤炭深部科学开采主要面临以下四个关键问题：深部煤炭资源的形成环境及其对煤层、煤质的控制；煤矿深部高地应力、高地温、高承压水体的分布特征；深部煤炭资源赋存条件高分辨探测理论与方法；深部煤炭资源开发综合评价理论与方法。

为有效解决以上问题，应组织实施煤炭深部开采重大试验工程，重点研究和试验下列内容：深部矿井开发地质评价理论与技术，深部矿井开采理论与技术，深部矿井开发设计理论与方法，深部矿井掘进成套技术与装备，深部矿井运输、提升技术与装备，深部矿井开采机械成套技术与装备，深部矿井智能化安全监控技术与装备。

上述重大试验工程的积极实施与推进，有助于实现深部矿井开发中关键理论技术的突破，形成深部矿井开发成套技术与装备，建立煤炭深部科学开采高端技术体系，并将其作为煤炭行业战略新兴产业培育的基础平台，最终解决我国煤炭工业发展中急需解决的科技难题，推动我国深部煤炭资源的安全、高效开发。

(2) 煤层气开发、利用是煤炭行业战略性新兴产业的重点方向

作为一种高效、洁净能源，煤层气开发和综合利用可以从根本上防止煤矿瓦斯事故，提升煤矿安全生产水平；可以减少甲烷排放，缓解温室效应；可以改善我国能源结构，增加洁净气体能源，带动相关产业发展。

我国煤层气资源丰富。2000m 以上煤田范围内拥有的煤层气资源量为 36.8 万亿 m^3，居世界第二位，与陆上常规天然气资源量相当，占全国天然气总储量的 51.94%。2010 年全国煤层气新增储量 3000 亿 m^3；产量 91 亿 m^3，其中，井下瓦斯抽采量 76 亿 m^3，地面抽采量 15 亿 m^3；利用量 36 亿 m^3，利用率 39.6%；在主要利用方向上，瓦斯发电装机容量为 110 万 kW。《煤层气（煤矿瓦斯）开发利用"十二五"规划》指出：到 2015 年，全国煤层气新增探明地质储量 1 万亿 m^3；产量 300 亿 m^3，其中，地面抽采 160 亿 m^3，井下抽采 140 亿 m^3，利用率 60% 以上；在主要利用方向上，瓦斯发电装机容量超过 285 万 kW。

从新增储量及抽采利用数据看，未来瓦斯抽采利用率提升空间很大。《煤层气（煤矿瓦斯）开发利用"十二五"规划》详细介绍了"十二五"期间煤层气勘探、开发、输送和利用以及科技攻关等内容：在煤层气勘探方面，将以沁水盆地和鄂尔多斯盆地东缘为重点，加快实施山西柿庄南、柳林、陕西韩城等勘探项目，为产业化基地建设提供资源保障；在地面开发方面，重点开发沁水盆地和鄂尔多斯盆地东缘，建成煤层气产业化基地；在煤层气输送和利用方面，要求在沁水盆地、鄂尔多斯盆地东缘及豫北地区建设13条输气管道，总长度2054km，设计年输气能力120亿m³；在科技攻关方面，要继续加强煤与瓦斯突出机理研究等基础理论研究，加快煤层气关键技术装备研发，着力解决煤矿瓦斯防治中的重大技术问题。

（3）煤炭智能化开采技术是煤炭行业战略性新兴产业的高端领域

煤炭智能化开采技术涉及我国战略性新兴产业的多个领域，其有效发展可提高井下作业效率及资源回采率，更重要的是可显著降低矿工伤亡率及职业病发生率。目前，我国以可视化远程遥控技术和智能化工况监控为代表特征的煤矿自动化、信息化技术研发刚刚起步。

按照各产煤区的煤层结构情况及埋藏特点，可分别研发相应的煤炭智能化开采技术，如在晋陕蒙宁甘区研发自动化、智能化综合开采工作面成套装备技术，在新青区建立现代化的无人工作面和智能化矿井，在华南区研发薄与极薄煤层的无人智能开采技术及装备等。同时，针对井下工作强度大、危险性高，难以靠人工完成的工作特点，可研发特殊作业用机器人，根据需要用于深部钻井、井下凿岩、巷道喷浆、深孔爆破、瓦斯聚集区作业、采空区作业等，可重点在地质条件复杂或已进入煤炭深部开采的东北区、华南区及华东区推广使用。

（4）先进节能环保技术成为煤炭行业战略性新兴产业的关注焦点

我国的主要煤炭生产省份多集中在生态系统脆弱的西北、华北地区，煤炭大量开采导致生态环境持续恶化，并随着开采难度的不断加大而加剧。同时，大量的煤系伴生资源在煤炭开采过程中被废弃，利用率非常低下。另外，因为长期堆积造成空气扬尘污染，携带有害有毒物质的淋溶水经地表径流及下渗造成地表水体及地下水污染，与日益严格的节能环保政策相背离。

因此，随着国家节能减排政策强制执行力度的加大，煤炭行业节能环保技术的市场需求也将迅速扩大，有望成为战略性新兴产业的关注焦点。总体而言，研发、推广先进的煤矿区生态修复和治理技术、以降低矸石地面排放为目标的地下选煤及井下充填关键技术、煤系伴生资源高附加值利用技术、煤炭行业用能设备监控及系统优化技术等成为当务之急。

（5）煤炭地下气化及地热利用技术逐渐成为战略性新兴产业的发展方向

煤炭地下气化将传统采煤方法难以开采的劣质煤、薄层煤、陡倾斜煤层、埋藏深度大于1000m的煤、废矿区残留煤（1953～2003年达300亿t）作为开发利用对象。在煤炭开发利用与环境保护的协调发展模式下，可提高煤炭的回采率，最大限度地提高煤炭利用水平，最大限度地减少燃煤污染。20多年来，我国开展了煤炭地下气化基础理论、工程设计和仪器装备的配套系统研发；进行了有井式和无井式工业性试验，先后完成了江苏徐州马庄矿地下气化现场试验、徐州新河二号井煤炭地下气化半工业性试验和河北唐山刘庄矿煤炭地下气化工业试验等，并在山东、山西等地进行了商业化推广应用。目前，国际煤炭地下气化产业化发展趋势包括煤炭地下气化与燃气-蒸汽联合循环发电产业（UCG-IGCC）结合、煤炭地下气化与碳捕集封存产业（UCG-CCS）结合、煤炭地下气化与制氢产业（UCG-HGC）结合、煤炭地下气化与燃料电池发电产业（UCG-AFC）结合。未来我国的煤炭地下气化发展重点在于新工艺开发、大型地下气化炉研制及大力度商业化推广应用，如果进展顺利，必将对煤炭行业节能减排、资源综合利用、煤炭安全生产和矿区生态环境改善发挥重要作用。

煤矿地热是影响煤矿安全生产、危害煤矿工人健康的客观因素和自然条件，随着开采深度的不断增加，该问题日趋严重。因此，要根据不同情况采取不同措施来解决地热问题，为井下作业人员营造良好的作业环境，确保其身体健康和安全生产。按照国内外矿井热害治理的发展趋势，需重点开发高效节能降温装备，探索合理的矿井降温工艺，以及开发深部开采地热防治和利用技术及装备，重点包括新型高低压换热器、冷凝热排放问题等；研究开发煤矿高温工作面局部降温技术及成套装备；条件适宜的工作面实现煤矿地热综合利用，研发地源热泵供热制冷技术、热害矿井水流回灌技术等。

上述产业方向的积极发展，将极大地提升中国煤炭行业整体技术水平，大幅度减少煤炭开采及加工利用对环境的不利影响，进一步提高煤炭资源利用效率，促进全行业和谐、可持续发展。

（6）借助其他产业发展，培育和发展一批有潜力的战略性新兴产业

新一代信息技术、新材料等领域的发展将促进和服务于煤炭行业技术与装备的进一步发展，煤炭领域高新技术和装备及相关新产业的发展，也将促进这些领域应用范围的进一步拓宽。例如，信息网络基础设施、物联网技术的发展可以推动煤炭开发及数字矿山的建立，提高生产监测和自动化水平，为煤矿的安全生产、经营管理的可视化决策分析提供工具，实现重点灾害的早期预警。

1.6 小结

1）煤炭在国际能源格局中占有重要战略地位。2010年，在世界化石能源探明储量构成中，煤炭占54.78%，居第一位，储采比也高于石油和天然气；在世界化石能源生产和消费构成中，煤炭分别占35.45%和34.05%，居第二位；受多种因素制约，新能源与可再生能源尚难以大规模推广应用，在一定时期内只能作为常规能源的补充。当前中国煤炭生产和消费量均占世界的40%以上，作为世界第二能源消费大国，中国以煤炭为主的能源消费格局有助于其降低对进口石油的高度依赖，维持世界能源供需平衡，保障世界能源安全。

2）煤炭在保障我国能源安全领域的战略地位突出。目前，煤炭占中国能源消费总量的70%左右，在能源结构中居于绝对主导地位，预计未来10～20年煤炭消费仍占能源消费总量的近60%；尽管新能源产业进入高速发展期，但受技术、经济成本等因素制约，各种新能源对以煤炭为代表的化石能源的大规模替代较长时期内仍难以实现。因此，煤炭作为中国工业化进程中的最重要能源，对整个国家的经济发展起着举足轻重的作用，而煤炭行业作为关系国计民生的基础性行业，在国民经济中占有重要的战略地位。

3）我国经济高度依赖煤炭的特征并没有发生根本改变，经济增长与煤炭消费之间的相关系数为0.75,说明煤炭供应的稳定与安全直接关乎我国国民经济运行的稳定与安全。"十一五"期间,我国煤炭开发对GDP总量、增量的贡献率平均值分别为2.1%和3.6%;煤炭利用对GDP总量、增量的贡献率平均值分别为15.0%和18.9%。因此,"十一五"期间,我国GDP煤炭贡献率(总量)和GDP煤炭贡献率(增量)平均约为15%和18%。

4)煤炭在不同区域经济发展领域的战略地位差别较大,与各区域的煤炭储量及产量、产业结构、经济发展水平、地理位置等因素密切相关。对煤炭主产区和调出区而言,煤炭产业成为绝对的主导产业,其煤炭消费强度和煤炭依赖度通常居于全国前列;对煤炭调入区而言,虽然煤炭消费强度较低,但煤炭依赖度仍然较高,煤炭产业居首要位置。这种局面在很长时期内都难以改变。

5)煤炭在社会稳定中处于重要的战略地位。首先,作为我国最重要的基础能源,煤炭在确保国民经济持续稳定发展、维系社会正常运转、保障居民生活质量等方面的作用非常显著。其次,煤炭产业及下游产业链可提供大量就业岗位,目前煤炭行业从业人员总数在550万人以上,相关下游产业的就业人数更多,在全国就业形势严峻的局面下,有利于维护社会稳定。

6)煤炭行业相关技术领域是战略性新兴产业的重要组成部分。煤炭深部科学开采高端技术体系、深部矿井煤与瓦斯共采技术、煤炭智能化开采技术、煤矿区生态修复和治理技术、地下选煤及井下充填关键技术、煤炭地下气化及地热利用技术、报废矿井再生利用技术将成为战略性新兴产业的重要发展方向,并借助新一代信息技术、新材料等产业的最新发展,培育一批有潜力的战略性新兴产业。

第 2 章　煤炭资源开发存在的问题、现状及出路

2.1 中国煤炭开发历史沿革

新中国成立 60 多年来，伴随着我国宏观经济形势的一系列变化，以及国家煤炭产业政策的数度调整，煤炭工业也在变化和调整中历经艰辛，一路前行，逐步壮大，已形成坚实的产业基础。煤炭产量由 1949 年的 3000 万 t 左右增长到 2010 年的 32.4 亿 t，增长了百余倍，年均增速 8% 左右，累计生产煤炭近 400 亿 t，为我国的经济发展和繁荣做出了巨大贡献。我国煤炭工业发展可大致分为两个阶段、七个时期。

2.1.1 第一阶段（新中国成立至改革开放前）

2.1.1.1 国民经济恢复时期（1950～1957 年）

1950～1952 年是我国国民经济恢复期，煤炭产量稳步提升，1952 年全国煤矿的生产能力由 1949 年的 3000 万 t 迅速扩大到 6650 万 t，增长了一倍多。1953 年，国家开始推行第一个五年计划，到 1957 年煤炭产量已达到 13 073 万 t。在这一时期，国家推行公有化制度，强调国有煤矿的主导作用，国有重点煤矿和国有地方煤矿煤炭产量增长率超过 17%；与此同时，对私营煤矿进行严格限制，乡镇煤矿产量增长率仅为 1.56%，产能扩大和开办煤矿全部依靠国家和地方政府的投入，煤炭行业的国有化经营全面铺开。

2.1.1.2 "大跃进"时期（1958～1960 年）

1958 年"大跃进"开始，受国家经济建设"大干快上"号召的影响，全社会投资与物质需求急剧膨胀，煤炭需求量剧增，煤炭产量由 1957 年的 13 073 万 t 增加到 1960 年的 39 721 万 t，约增长了 2 倍。国有重点煤矿、国有地方煤矿和乡镇煤矿的产量增长率分别达到 36.3%、65.3% 和 40.6%，在各类煤矿产量高速增长的同时，煤矿采掘失调，巷道和设备失修，基础建设不扎实，从而导致煤炭供应后劲不足。

2.1.1.3 "经济困难"时期（1961～1965 年）

这一时期，受自然灾害、对外关系等多种不利因素的影响，我国遭遇"三年困难时期"，经济出现下滑，煤炭供应能力减弱。煤炭产量从 1960 年的 39 721 万 t 减少到 1965 年的 23 180 万 t，平均每年减少 3308 万 t。煤炭产量持续大幅度下跌严重影响到国民经济的发展，1962 年 5 月，国家为保证国民经济的基本运行，实行了"开仓保粮"政策，

重点解决煤炭供应短缺问题。

2.1.1.4 "文化大革命"及后期（1966~1978年）

1966年"文化大革命"开始，煤炭工业部下属的72个矿务局被下放到各省（自治区、直辖市）地方政府，由于地方管理混乱，煤炭工业处于松散和半瓦解状态，煤矿采掘严重失调，煤炭产量不足，煤炭供需矛盾严重，严重影响国民经济和人民生活。因此，到"文化大革命"后期，地方小煤矿有了较快发展，年均增长20.8%，而国有重点煤矿产量增长率仅为5.71%。1978年12月，党的十一届三中全会召开以后，国家对煤炭工业管理体制进行了有计划的改革，重点解决煤炭供需矛盾，解决基本建设规模、速度与煤炭产量增长不协调的问题。

2.1.2 第二阶段（改革开放后）

2.1.2.1 煤炭工业体制"转轨"时期（1979~1992年）

改革开放后，国家在政策上放开过去不允许群众集资办矿和私人办矿的限制，实行了"国家、集体、个人一齐上，大、中、小煤矿并举"的方针，取消了煤炭销售的地区限制，因此全国各地掀起了群众办矿高潮，煤炭生产建设速度加快，特别是乡镇煤矿迅猛发展。1983~1988年，乡镇煤矿连续6年高速增长，平均年增长率达到15.8%，乡镇煤矿的数量由1982年的1.6万处，增加到1987年的7.9万处。乡镇煤矿高速发展虽然缓解了煤炭供应紧张的局面，但也为后期煤炭行业严重供过于求埋下了隐患。

2.1.2.2 煤炭工业市场化时期（1993~2005年）

1992年12月，为平衡市场供需，进一步发挥市场经济的调节作用，国家决定从1993年起用3年时间放开煤炭价格，同时取消中央财政对统配煤矿的补贴，使煤炭生产企业拥有充分的经营定价权。这标志着煤炭企业开始向市场经济过渡。截至1997年年底，我国共有大小矿井6.4万处，其中6.1万处为小矿井，占总数的95%，非法开采的有5.12万处，占总量的80%。乡镇煤矿产量迅速增加，1993年，乡镇煤矿的产量首次超过了国有重点煤矿，到1995年达到了高峰，国有重点煤矿与国有地方煤矿及乡镇煤矿产量比值为37：17：46。该时期煤炭行业发展速度迅猛，但过低的产业集中度导致供需两端信息传导不畅，市场竞争激烈，产品质量低下，价格秩序混乱，煤炭市场出现严重的供大于求局面。1997~1999年，受国内经济结构调整和亚洲金融危机的影响，煤炭市场进一步疲软，多数煤矿开工不足，致使煤炭市场价格大跌，全行业陷入困境。为此，中央在1998年撤销了煤炭工业部，将重点煤矿下放给地方政府，并针对煤炭行业的问题相继颁布了若干政策，采取了"关井压产"、限制煤炭生产总量等措施。

1999年以后，我国国民经济建设速度加快，尤其是我国工业化和城镇化建设步伐加快发展，基础设施建设带动主要耗煤行业迅速发展，煤炭需求大幅增长，煤炭生产也迅速恢复并呈现逐年递增的趋势，国内煤炭供需呈现出总体基本平衡、局部地区偏紧的态势。到 2002 年，受国家继续实施扩大内需政策及"西部大开发战略"实施的影响，第二产业特别是电力、冶金、建材等重工业的迅猛发展，拉动了煤炭市场需求，煤炭产量开始迅速回升，煤炭行业经济效益出现好转，终于摆脱了过去几十年一直处于微利和亏损边缘的不利局面。

2.1.2.3 煤炭工业结构调整时期（2006 年以来）

受"十一五"前后煤炭需求利好形势的影响，许多煤炭企业为争取市场份额，采取粗放式乱采滥挖的生产方式，造成煤炭资源浪费巨大，生产安全事故频发，生态环境破坏严重，极大地损害了煤炭工业的整体形象。为促进煤炭工业健康发展，政府出台了一系列煤炭产业发展政策，如 2005 年 6 月的《国务院关于促进煤炭工业健康发展的若干意见》，2006 年 4 月的《加快煤炭行业结构调整、应对产能过剩的指导意见》，2006 年 9 月的《国务院关于同意深化煤炭资源有偿使用制度改革试点实施方案的批复》，2007 年 1 月的《煤炭工业发展"十一五"规划》以及 2007 年 11 月的《煤炭产业政策》。以上产业政策的出台，对煤炭工业发展的规模、结构、技术、安全、环保和资源节约等方面均产生了积极而深远的影响。目前，我国煤炭工业科学发展的理念得到进一步加强，市场化改革取得重大进展，结构调整步伐加快，自主创新能力增强，煤炭产量大幅增长，矿区环境恢复与治理机制逐步建立，煤矿安全生产形势出现好转，对外开放稳步推进，有力地保障了国家煤炭稳定供应。"十一五"末，全国煤矿数量减至 1.5 万多处，平均单井规模提高至 20 万 t；大型煤炭基地产量达到 28 亿 t，约占全国的 87%。煤炭行业经过"十一五"期间的重大调整，发展方式出现新的转变，产业集中度得到改善，煤炭企业多元产业发展格局初具规模，煤电一体化发展进程加快，新型煤化工产业逐渐兴起，初步建立了煤炭上下游产业联合发展机制，一个现代化的新型煤炭工业体系正在逐步形成。

2.2 煤炭生产区域及开采条件

2.2.1 煤炭生产区域划分

煤矿在我国 27 个省（自治区、直辖市）、1264 个县均有分布，占我国县级行政区划的 44.2%。为了便于有针对性地提出战略对策建议，本研究按照以下三大原则对我国煤炭生产区域进行划分：一是开采地质条件相似性原则。通过对中国地质构造背景及其对煤田地质特征的控制作用分析，找寻区划单元的相似性。二是煤矿灾害基本特征一致性原则。分析、总结各主要矿区灾害发生起因，找寻其内在联系，主要煤矿灾害特征基本一致。三是行政区划原则。国家已形成以各级政府为节点的煤矿安全监察、煤炭行业管理体系。强调依托省级属地原则，便于政府部门制定有针对性的对策和有效贯彻实施。在综合开采地质条件、主体采煤技术、实际灾害状况、市场供给能力和行政区划等因素基础上，本研究将我国煤炭生产区域划分成晋陕蒙宁甘区、华东区、东北区、华南区和新青区五大产煤区域（中国工程院项目组，2011；谢和平等，2010b）。

2.2.1.1 晋陕蒙宁甘区

晋陕蒙宁甘区包括山西、陕西、内蒙古、宁夏和甘肃五省（自治区）。国家大型煤炭基地包括晋北基地、晋东基地、晋中基地、黄陇基地、陕北基地、神东基地、蒙东（东北）基地的蒙东部分以及宁东基地等8个基地。该区位于我国中西部地区，该区煤炭资源丰富、煤种齐全、开采条件好、煤炭产能高，是我国目前主要煤炭生产区和调出区。

该区内的8个大型煤炭基地，均是我国优质动力煤、炼焦煤和化工用煤主要生产和调出基地，担负向华北、华东、中南、东北、西北等地区供应煤炭的重任，既是"西煤东运"和"北煤南运"的调出基地，也是"西电东送"北部通道煤电基地。根据《国家大型煤炭基地建设规划》，应以建设特大型现代化露天矿和矿井为主，提高煤炭生产和供应能力。其中，晋中基地是我国最大的炼焦煤生产基地，面向全国供应炼焦煤，要对优质炼焦煤资源实行保护性开发，把建设大型煤矿和整合改造小煤矿结合起来，稳定生产规模。

2.2.1.2 华东区

华东区包括河北、山东、安徽、江苏、江西、福建和河南等产煤省，以及北京、天津、上海和浙江等非产煤省（直辖市）。国家大型煤炭基地中的冀中基地、鲁西基地和两淮基地、河南基地在华东区内。该区位居我国中东部地区，地理位置优越，煤炭市场好。区内煤层赋存及开采条件较好，煤类齐全，煤质优良，但由于多年超强度的开发，保有煤炭资源储量不多，1000m以浅煤炭资源剩余量少，深部开采又面临相对严重的地热问题。该区是我国主要煤炭消费区，区内产量远不能满足自身需求，需要大量调入，是"西煤东运"的主要目的地。

根据《国家大型煤炭基地建设规划》，该区四大煤炭基地担负向京津冀、中南、华东地区供应煤炭的重要任务。其中冀中基地、鲁西基地和河南基地重点做好老矿区接续工作，稳定煤炭生产规模；两淮基地适度加快开发建设，提高煤炭生产和供应能力。

2.2.1.3 东北区

东北区包括辽宁、吉林、黑龙江三省。辽宁和黑龙江的煤炭矿区在蒙东（东北）大型煤炭基地内。

该区是我国东北老工业基地，煤类齐全、煤质优良，由于开采历史长、强度大，目前剩余资源量较少，开采条件变差，特别是浅部资源量减少，已进入深部开采阶段。目前区内煤炭生产不能满足需求，需要从蒙东和关内调入。

根据《国家大型煤炭基地建设规划》，蒙东（东北）大型煤炭基地的功能定位为调节和维持东北三省和内蒙古东部煤炭供需平衡，以减轻山西煤炭调入东北的铁路运输压力。为此，应稳定东北三省煤炭生产规模，巩固自给能力；加大蒙东地区煤炭开发强度，增加对东北三省的补给能力，使开发重点逐步由东向西转移。

2.2.1.4 华南区

华南区包括湖北、湖南、广西、云南、贵州、四川和重庆等产煤省（自治区、直辖市），以及广东和海南等非产煤省。该区的国家大型煤炭基地包括云南、贵州和四川的古叙以及筠连矿区，其余为非大型煤炭基地的矿区。该区煤炭产量不能满足需求，需要大量调入，是"北煤南运"的主要目的地。

根据《国家大型煤炭基地云贵基地规划》，云贵基地主要担负向西南、中南地区供应煤炭任务，也是"西电东送"南部通道煤电基地（主要是贵州煤电基地外送广东电力），要适度加快开发建设。

2.2.1.5 新青区

新青区包括新疆维吾尔自治区和青海省。其中新疆为第14个国家大型煤炭基地。该区位于我国西北部，区域煤炭资源丰富，开发前景广阔，是未来我国主要的煤炭生产基地，也是重要的煤炭调出区。目前该区煤炭消费市场有限，外运通道能力不足，应加强该区的基础设施，尤其是交通设施的建设。

根据《新疆大型煤炭基地建设规划》，新疆基地将建设吐哈区、准噶尔区、伊犁区和南疆区，规划矿区51个。

2.2.2 煤炭资源区域开采条件

2.2.2.1 晋陕蒙宁甘区

该区资源丰富，煤种齐全、煤炭产能高，既是我国煤炭资源的富集区，也是煤炭资源主要生产区和调出区。

区内含煤地层主要为石炭系、二叠系、早中侏罗系和白垩系（表2-1）。区内可采煤层较多，总体埋深较浅，主要以厚煤层为主，局部赋存中厚—薄煤层（表2-2）。区域水资源匮乏，生态环境脆弱。

开采地质条件的主要特点：一是该地区资源储量丰富，以中厚—厚煤层为主，大多数煤层赋存稳定，结构简单，倾角缓，大多数矿区构造条件比较简单。二是主要矿区煤层多为浅埋深、顶板一般为具有稳定或坚硬顶板的特点，矿压显现剧烈。三是除乌达、石嘴山、石炭井、汝箕沟、渭北煤田和山西大部分矿外，其他多为低瓦斯矿井。四是蒙宁区煤层自燃现象严重，且大部分矿井煤尘均具有爆炸性。五是铜川等部分矿区井下瓦斯、油气等多种资源共存，增加了井下的不安全因素。六是本区域多为裂隙充水煤矿床，一般来说，裂隙水水害对煤矿的安全生产影响不大。但是，该区属半干旱-干旱气候条件，采煤活动常使地表水体萎缩或消失，破坏生态环境。山西开采晚古生代煤的矿区受奥灰水的威胁。总的来说，该区构造条件、水文条件、煤系构造变形相对简单，除山前带部分地区煤系倾角较陡以外，盆地内部基本是以平缓斜坡状或宽缓褶皱为主，煤层连续性好，埋藏浅，部分地区适合露天开采，开采条件相对简单，基本属全国最优之列，但生态环境相对脆弱，煤矿生产必须注重环境保护工作。

表 2-1　晋陕蒙宁甘产煤区主要煤炭基地开采地质条件一览表

煤炭基地	矿区	含煤地层	特征
神东	神东、万利	侏罗系延安组、石拐子组	煤层埋藏浅，煤层赋存稳定和比较稳定，顶板条件好，地质构造简单，断层稀少，煤层倾角1°~10°，瓦斯含量低，煤尘具有爆炸危险性，煤层为自燃和易自燃，地温正常，水文地质条件简单
	准格尔、乌海、府谷	二叠系山西组、石炭系太原组	
蒙东	扎赉诺尔、伊敏河	下白垩统伊敏组、大磨拐河组	煤质优良，煤层厚度大，大部分为厚煤层和特厚煤层，煤层顶底板为泥岩和粉砂岩，顶底板较软，地质构造简单，矿井为低瓦斯矿井，煤层易自燃，水文地质条件简单
	宝日希勒、大雁	下白垩统大磨拐河组	
	霍林河、白音华	下白垩统霍林河组、白音华组	
	平庄	下白垩统阜新组	
	胜利	下白垩统胜利组	
晋北晋中晋东黄陇	大同	侏罗系大同组、二叠系山西组、石炭系太原组	煤层赋存稳定和较稳定，顶板条件好，地质构造简单，为低瓦斯矿区，煤层易自燃，水文地质条件简单
	朔州、轩岗、岚县、河保偏、阳泉、武夏、潞安、晋城、太原、离柳、汾西、霍州、乡宁、霍东、石隰	二叠系山西组、石炭系太原组	煤层埋藏浅—深，煤层厚度大而稳定，地质构造简单—中等，倾角缓，浅部为低—高瓦斯矿井，煤尘具有爆炸危险，煤层易自燃，水文地质简单—中等
	焦坪、彬长、黄陵、旬耀、华亭	侏罗系延安组	可采煤层均为稳定和比较稳定，顶板比较稳定和稳定，大部分矿区底板遇水膨胀，地质构造简单—中等，煤层倾角一般都在2°~10°，水文地质简单。大部分矿区为低瓦斯矿井，各矿区煤尘均具有爆炸危险性和易自燃
	蒲白、澄合、韩城	二叠系山西组、石炭系太原组	主要可采煤层比较稳定，顶底板稳定，构造简单，澄合、蒲白矿区为低瓦斯矿井，韩城、铜川矿区大部分为高瓦斯矿井，有些是煤与瓦斯突出矿井。水文地质条件简单—中等
	铜川	石炭系太原组	
陕北	榆神、榆横	侏罗系延安组	煤层厚而稳定，结构简单，煤层埋藏浅，顶底板稳定易管理，地质构造简单，倾角小（0.5°~5.0°，1.0°左右），为低瓦斯矿井，煤尘具有爆炸危险性，水文地质条件简单
宁东	石嘴山、横城、韦州	二叠系山西组、石炭系太原组	煤层厚和较厚，煤层稳定和较稳定，煤层结构简单和比较简单，煤层埋藏浅，顶底板易管理，地质构造简单，一般为低瓦斯矿井，水文地质简单
	石炭井	侏罗系延安组、二叠系山西组、石炭系太原组	
	灵武、鸳鸯湖、石沟驿、马积萌	侏罗系延安组	

第2章 煤炭资源开发存在的问题、现状及出路

表 2-2 晋陕蒙宁甘产煤区大型煤炭基地不同厚度煤层储量情况一览表

省份	煤炭基地	煤层厚度/m	煤厚≤1.3m 所占比例/%	煤厚1.3~3.5m 所占比例/%	煤厚3.5~8m 所占比例/%	煤厚8~20m 所占比例/%	煤厚>20m 所占比例/%	不同厚度煤层储量及所占比例					
								薄煤层		中厚煤层		厚煤层	
								经济可采储量/亿t	所占比例/%	经济可采储量/亿t	所占比例/%	经济可采储量/亿t	所占比例/%
山西	晋东基地	0.37~12.2	23.40	35.70	33.70	7.20	0						
	晋北基地												
	晋中基地												
陕西	陕北黄陇	0.1~10.34	25.00	48.70	10.40	15.90	0	73.7	14.78	170.67	34.22	254.32	51
内蒙古	神东蒙东	0.4~28.74	13.70	34.00	22.00	18.90	11.40						
宁夏	宁东基地	0.49~22.83	18.30	44.00	27.40	4.90	5.40						
甘肃	华亭	0.35~24.14	17.70	22.90	13.40	21.20	24.80						

资料来源:《2009年中国煤矿机械化生产情况年度报告》(2009年)

2.2.2.2 华东区

该区拥有较大的煤炭生产能力，主要集中在河北、河南、山东、安徽等省份。但该区主要煤田煤层埋深大、表土层厚、开采条件日益困难。目前开采条件好的矿区都已开发，主力矿区已进入开发中后期，均转入深部开采。

区内含煤地层主要为石炭系、二叠系（表2-3），局部地区可见第三系煤层。区内可采煤层较多，总体以中厚煤层为主，局部赋存薄、厚煤层（表2-4）。该区域煤层较稳定，但构造较复杂，瓦斯、水、地热、地压等地质灾害威胁严重。

表2-3 华东区主要煤炭基地开采地质条件一览表

煤炭基地	矿区	煤系地层	特征
河南	鹤壁、焦作、郑州	二叠系山西组、石炭系太原组	煤层以厚煤层为主，赋存稳定，结构简单，倾角缓，一般小于10°。构造简单，一般为高瓦斯矿井，水文地质条件简单
	义马	侏罗系义马组、二叠系石盒子组、山西组和石炭系太原组	
	平顶山	二叠系石盒子组、山西组和石炭系太原组	
	永夏	二叠系石盒子组、山西组	
鲁西	兖州、济宁、新汶、枣腾、淄博、肥城、临沂、巨野和黄河北	二叠系山西组、石炭系太原组	各矿区以厚煤层为主，顶板为较稳定—稳定，底板一般为较坚固—坚固，个别矿区部分巷道有底鼓，除淄博矿区各矿为高瓦斯矿井外，其他矿区均为低瓦斯矿井，各矿区煤尘均具有爆炸危险性。水文地质条件为简单—中等
	龙口	古近系黄县组	
冀中	峰峰、邯郸、邢台、井陉、平原	二叠系山西组、石炭系太原组	煤层以厚煤层为主，赋存稳定，顶底板稳定，构造简单—中等，低—高瓦斯矿井，水文地质条件复杂
	开滦	二叠系大庄组、石炭系赵各庄组	
	蔚县、宣化下花园、张北	侏罗系延安组	以中厚煤层为主，煤层埋藏浅，且赋存稳定和较稳定，顶底板中等稳定，煤层倾角5°~15°，地质构造中等，低—高瓦斯矿井煤尘具有爆炸危险性，煤水文地质条件简单—复杂
两淮	淮北、淮南	二叠系石盒子组、山西组	以厚煤层和中厚煤层为主，煤层赋存稳定和较稳定，结构一般为简单，一般为缓倾斜煤层。顶板较易管理，地质构造简单，淮北矿区除临涣区为高瓦斯矿井外，其他均为低瓦斯矿井，淮南矿区基本为高瓦斯矿井和煤与瓦斯突出矿井。水文地质条件简单

表 2-4 华东区大型煤炭基地不同厚度煤层储量情况一览表

省份	煤炭基地	煤层厚度/m	煤厚≤1.3m 所占比例/%	煤厚1.3~3.5m 所占比例/%	煤厚3.5~8m 所占比例/%	煤厚8~20m 所占比例/%	煤厚>20m 所占比例/%	不同厚度煤层储量及所占比例					
								薄煤层		中厚煤层		厚煤层	
								经济可采储量/亿t	所占比例/%	经济可采储量/亿t	所占比例/%	经济可采储量/亿t	所占比例/%
安徽	两淮	0.2~4.87	44.40	45.40	10.20	0	0	45.83	33.3	56.38	40.96	35.42	25.74
河南	河南	0.42~9.85	16.90	25.80	53.80	3.50	0						
山东	鲁西	0.5~7.3	40.60	38.60	20.80	0	0						
河北	冀中	0.48~6.32	24.90	54.90	20.20	0	0						

资料来源：据国家能源局综合司、煤炭工业洁净煤工程技术研究中心发布的 2011 年能源数据整理

开采地质条件的主要特点：一是煤层以薄—中厚煤层为主，含少量厚煤层，缓倾斜煤层较多。构造变形比较强烈，煤田构造条件为中等—复杂，顶板稳定性较差；二是除山东、北京外，高瓦斯矿井多，煤和瓦斯突出是安全生产的主要隐患之一；三是除北京外，其他矿区都具有不同程度的煤层自然发火和煤尘爆炸危险；四是水文地质条件复杂，除皖南、苏南的小型煤矿外，奥灰水对煤矿的安全生产造成严重威胁；五是随着煤矿开采深度的增加，煤矿的冲击地压和热害将成为煤矿生产需要解决的重要难题。总的来说，该区开采地质条件与东北地区类似，断陷作用强烈，地热梯度高，断层不仅诱发浅层煤矿安全生产诸多制约因素，同时也造成深部煤炭资源开采面临严重的地热问题，开采条件复杂。

2.2.2.3 东北区

该区煤矿开采历史悠久，是20世纪中叶以前我国主要煤炭生产区。目前，煤炭资源储量、煤炭产量占全国的比例不断下降。厚煤层已被开发利用，不具备新建大型矿井的条件，只能对现有矿井进行改造升级以维持现有产能。

区内主要含煤地层为侏罗系、白垩系、古近系（表2-5），古近系所含煤层一般为较厚煤层（表2-6）。该区域受到瓦斯、水、火、地压、低温等灾害威胁，其中瓦斯灾害尤为严重。

开采地质条件的主要特点：一是以薄—中厚煤层为主，部分矿区薄、极薄煤层所占比例较大；二是煤田构造条件中等—复杂，煤层顶板的稳定性较差；三是高瓦斯矿井多，煤和瓦斯突出是煤矿生产的主要隐患；四是正断层比较发育，岩溶水、孔隙水和裂隙水充水矿床兼而有之，其中，孔隙水和深部开采奥灰水水害是煤矿生产的重要威胁；五是煤层易自燃，易发生地下煤矿火灾；六是随着煤矿开采深度的增加，煤矿热害和冲击地压问题将日益突出。总的来说，该区由于新生代断陷作用比较强烈，造成不同规模正断层普遍发育，由于断层而诱发的制约煤矿安全生产的因素较多，开采地质条件比较复杂。

表2-5 东北区主要矿区开采地质条件一览表

矿区	含煤地层	特征
鸡西、七台河、双鸭山	白垩系 城子河组与穆棱组	以薄煤层为主，煤层顶底板较稳定，构造中等—复杂，为低—高瓦斯矿井，水文地质条件中等
鹤岗	白垩系 石头庙组与石头河组	以中厚或厚煤层为主，顶底板较稳定，构造中等，为高瓦斯矿井，水文地质条件中等，南部复杂
阜新、铁法	白垩系 阜新组	以厚煤层为主，顶底板不稳定，构造复杂，为高瓦斯矿井，水文地质条件中等
沈阳	古近系 杨连屯组	以厚煤层为主，顶底板不易管理，构造中等，高瓦斯矿井，水文地质条件简单
抚顺	古近系 抚顺组	为特厚煤层，煤层赋存稳定，结构简单，顶底板不易管理，构造简单，高瓦斯矿井，水文地质条件简单

表 2-6 东北区各省份不同厚度煤层储量情况一览表

省份	煤层厚度/m	煤厚≤1.3m所占比例/%	煤厚1.3~3.5m所占比例/%	煤厚3.5~8m所占比例/%	煤厚8~20m所占比例/%	煤厚>20m所占比例/%	薄煤层经济可采储量/亿t	薄煤层所占比例/%	中厚煤层经济可采储量/亿t	中厚煤层所占比例/%	厚煤层经济可采储量/亿t	厚煤层所占比例/%
吉林	0.5~25	31.40	33.30	16	12.20	7.10						
辽宁	0.39~50	23.88	29.81	21.76	16.37	8.18	13.06	26.2	17.99	36.09	18.8	37.71
黑龙江	0.6~12	26.95	47.33	20.87	4.85	0						

资料来源：据国家能源局综合司、煤炭工业洁净煤工程技术研究中心发布的 2011 年能源数据整理

2.2.2.4 华南区

该区域煤炭资源主要赋存于贵州、云南、四川三省，特别是贵州西部、四川南部和云南东部地区是我国南方煤炭资源最为丰富的地区，其他地区均为贫煤地区，煤炭资源量小而分散。

区内主要含煤地层为二叠系和古近系（表2-7），各矿区主要可采煤层多，煤种多样，以薄—中厚煤层为主（表2-8）。该区煤层不稳定、构造复杂、产状变化剧烈，区域差异大，多元地质灾害威胁严重。

表 2-7 华南产煤区主要矿区开采地质条件一览表

矿区	含煤地层	特征
盘县	上二叠统龙潭组、上三叠统火把冲组	以中厚煤层为主，厚、薄煤层为辅的煤层群，煤层赋存较稳定—稳定，部分不稳定，但主要可采煤层为稳定和较稳定煤层，煤层结构一般简单—中等，煤层顶板不易管理，煤层埋藏浅和较浅，地质构造简单—中等，一般为缓倾斜煤层，煤层瓦斯含量高，除个别为低瓦斯矿井外，多数为高瓦斯矿井，相当一部分为煤与瓦斯突出矿井，煤层一般为易自燃，个别自燃，煤尘除织纳矿区、黔北矿区外均具有爆炸危险性。水文地质条件简单—中等
普兴	上二叠统汪家寨组	
水城六枝	上二叠统龙潭组	
织纳	上二叠统龙潭组、长兴组	
黔北	上二叠统汪家寨组（长兴组）、龙潭组	
老厂	上二叠统长兴组、龙潭组	以中厚煤层为主，顶底板较稳定，构造中等—简单，瓦斯含量大。水文地质条件简单
小龙潭	新近系中新统	为较稳定的巨厚煤层，煤层结构复杂，构造复杂，水文地质条件简单—中等
昭通	新近系上新统	
镇雄	上二叠统龙潭组	以薄—中厚煤层为主，煤层结构较简单，顶底板稳定性差，瓦斯含量大，构造复杂程度属简单类型，水文地质条件简单—中等
恩洪	上二叠统宣威组	
筠连	上二叠统宣威组	
古叙	上二叠统龙海组	

表2-8 华南区主要产煤省份不同厚度煤层储量情况一览表

省份	煤层厚度/m	煤厚≤1.3m所占比例/%	煤厚1.3~3.5m所占比例/%	煤厚3.5~8m所占比例/%	煤厚8~20m所占比例/%	煤厚>20m所占比例/%	不同厚度煤层储量及所占比例					
							薄煤层		中厚煤层		厚煤层	
							经济可采储量/亿t	所占比例/%	经济可采储量/亿t	所占比例/%	经济可采储量/亿t	所占比例/%
云南	0.55~24.35	25.60	32.40	9.30	3.50	29.20	45.8	37.54	56.06	45.86	20.29	16.6
贵州	0.2~4.82	36.60	51.90	11.50	0	0						
四川	0.34~11	51.30	46.50	0.60	1.60	0						

资料来源:据国家能源局综合司、煤炭工业洁净煤工程技术研究中心发布的2011年能源数据整理

开采地质条件的主要特点:一是以薄—中厚煤层居多,煤层倾角变化大,赋存复杂。二是煤田构造条件复杂,煤系变形强烈,原地应力高,矿压和煤层顶板稳定性差。三是高瓦斯矿井多,煤中瓦斯含量高,煤的透气性差,煤和瓦斯突出以及岩溶水害是该区煤矿安全生产的主要威胁,突出矿井占全国的79.7%。其中,贵州、湖南突出矿井占全国矿井的60%。据统计,2005~2010年,贵州、重庆、四川和云南发生的突出伤亡事故144次,死亡866人,分别占全国的49.2%和53.3%。四是煤层易自燃、高硫煤自燃引起的地下煤矿火灾是煤矿安全的隐患之一。五是煤矿生产受岩溶水和废弃矿井老空水的威胁较大;煤矿排水常造成矿井溃水涌砂、地面塌陷,塌陷洞又导致地表水和松散层孔隙水溃入矿井,使矿坑涌水量骤增甚至引起淹没。六是部分地区煤矿的热害问题突出,云贵地区地温梯度较高,随着煤矿开采深度的增加,可能出现热害问题。

2.2.2.5 新青区

该区煤炭资源非常丰富,主要集中在新疆,但勘探程度较低,是国家中长期规划的储备开发区。新疆作为我国煤炭资源储量最大的省份,是我国第14个大型煤炭基地。青海只在黄河上游祁连山地区、冻土地区等特定区域有煤炭资源。

区内主要含煤地层为下—中侏罗统,以八道湾组和西山窑组为主,煤层累积厚达8~345m(表2-9),一般以中厚—厚煤层为主(表2-10),煤层结构较简单、稳定,埋深较浅,少部分倾角大,除易自燃外其他灾害威胁较小。区域水资源匮乏,生态环境脆弱。

表 2-9 新疆煤炭基地主要可采煤层煤厚情况一览表

煤炭基地	矿区	含煤地层	层数/层	煤厚/m
新疆	伊宁	西山窑组	12	48
	察布查尔		6	48
	乌鲁木齐河西		22	94
	乌鲁木齐河西		23	345
	哈密		4	12
	伊宁	八道湾组	14	59
	察布查尔		3	8
	乌鲁木齐河西		10	22
	乌鲁木齐河西		15	26
	艾维尔沟		9	30

表 2-10 新青区大型煤炭基地不同厚度煤层储量情况一览表

省份	煤层厚度/m	煤厚≤1.3m所占比例/%	煤厚1.3~3.5m所占比例/%	煤厚3.5~8m所占比例/%	煤厚8~20m所占比例/%	煤厚>20m所占比例/%	薄煤层 经济可采储量/亿t	薄煤层 所占比例/%	中厚煤层 经济可采储量/亿t	中厚煤层 所占比例/%	厚煤层 经济可采储量/亿t	厚煤层 所占比例/%
新疆	0.2~55.55	6.40	21.20	19.10	41.60	11.70	3.51	5.73	12.76	20.83	45	73.45
青海	0.54~18.42	1.70	18.50	21.70	58.10	0						

资料来源：据国家能源局综合司、煤炭工业洁净煤工程技术研究中心发布的 2011 年能源数据整理

开采地质条件的主要特点：一是以厚及巨厚煤层为主，煤层层数多。二是煤田构造条件简单—中等，但先期开发区多位于造山带边缘，煤层倾角陡立，甚至倒转。三是除个别地区（如乌鲁木齐）外，煤中瓦斯等有害气体含量低，大多数矿井属容易自燃和自燃煤层矿井，自燃发火期一般为 3~5 个月，最短为 15~20 天。四是绝大部分煤矿床为孔隙—裂隙水充水矿床，水害一般不会对煤矿生产有大的影响，但存在老空区水害隐患；采煤活动对生态环境破坏大，保水采煤问题突出。五是冻土区域煤炭资源开发引起地面植被退化等生态破坏问题。总的来说，该区的构造条件相对简单，煤系变形特征与晋陕蒙宁甘地区比较类似，也是呈现山前带煤系倾角较陡，而盆地内部煤系赋存倾角平缓，开采条件相对简单。但该区的生态环境脆弱，尤其是青海部分地区高原冻土比较发育，高强度煤炭生产极易对冻土结构造成破坏，并可能造成天然气水合物资源的破坏，煤矿生产应特别注意环境保护工作。

2.3 煤炭资源储量及主要特点

2.3.1 煤炭资源储量

根据地质勘探成果测算，我国常规能源探明（技术可开发）总资源量超过8230亿tce，其中煤炭占87.4%。就资源基础来看，煤炭具有其他能源资源无可比拟的绝对优势。煤炭在我国一次能源消费结构中占70%左右，是我国能源安全的基石。

据2011年新一轮煤炭资源潜力评价数据，截止到2011年年底，保有查明煤炭资源储量约1.946万亿t。其中，晋陕蒙宁甘区总量为1.393万亿t，占71.58%；华东区总量为0.164万亿t，占8.43%；东北区总量为0.033万亿t，占1.70%；华南区总量为0.121万亿t，占6.22%；新青区总量为0.236万亿t，占12.13%。根据全国第三次煤炭资源预测，全国垂深2000m以浅煤炭资源总量为5.82万亿t（图2-1、表2-11）。

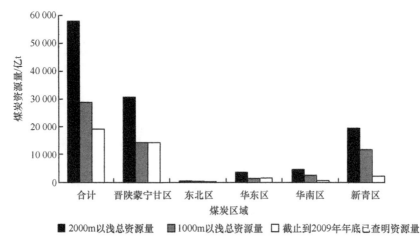

图2-1 煤炭资源各区分布情况

表2-11 我国煤炭资源分布情况一览表　　　　（单位：亿t）

产煤区域	省份	2000m以浅总资源量	1000m以浅总资源量	截止到2011年年底保有查明资源储量
晋陕蒙宁甘区	山西	6 421.35	3 845.42	2 688.16
	陕西	4 054.94	2 130.18	1 795.67
	内蒙古	16 243.98	5 340.35	8 907.19
	宁夏	1 847.93	605.58	376.92
	甘肃	1 815.47	225.91	158.66
	合计	30 383.67	12 147.44	13 926.60

续表

产煤区域	省份	2000m以浅总资源量	1000m以浅总资源量	截止到2011年年底保有查明资源储量
东北区	辽宁	137.84	96.69	84.56
	吉林	91.71	42.44	22.21
	黑龙江	420.06	307.2	218.31
	合计	649.61	446.33	325.08
华东区	北京	105.75	79.42	24.00
	天津	174.59	9.84	3.83
	河北	813.37	231.58	345.65
	河南	1 328.52	368.45	617.78
	山东	373.80	353.08	227.96
	安徽	799.96	345.58	353.77
	江苏	89.54	47.43	36.02
	江西	66.53	44.69	19.70
	福建	36.78	33.53	11.05
	浙江	0.41	1.68	0.29
	合计	3 789.25	1 515.28	1 640.05
华南区	湖北	24.09	11.52	8.22
	湖南	94.02	64.95	31.98
	广东	15.99	11.62	4.85
	广西	42.26	36.07	21.27
	海南	2.73	1	1.66
	重庆	177.57	104.07	40.04
	四川	381.92	211.73	122.71
	贵州	2 564.37	1 569.87	683.43
	云南	738.49	585.02	288.75
	西藏	11.77	9.02	2.53
	合计	4 053.21	2 606.55	1 205.44
新青区	新疆	18 977.17	11 665.12	2 295.32
	青海	407.87	250.71	63.40
	合计	19 385.04	11 915.83	2 358.72
全国合计		58 260.78	28 629.75	19 455.89

2.3.2 煤炭资源特点

2.3.2.1 资源总量丰富，分布不均衡

全国垂深2000m以浅的煤炭资源总量为5.82万亿t，居世界第一。截止到2011年年底，保有查明资源储量为1.946万亿t，居世界第二位。

我国煤炭资源的总体分布格局是北多南少、西多东少。昆仑山—秦岭—大别山以北的晋陕蒙宁甘区、华东区、东北区、新青区，保有资源量占全国的90%以上，且集中分布在晋陕蒙宁甘区和新青区（约占北方地区的80%）；昆仑山—秦岭—大别山以南的华南区，保有资源量占全国的比重不足10%，且主要分布在云贵区（约占南方地区的80%）。

2.3.2.2 煤类齐全，但稀缺煤种资源量较少

我国煤炭资源种类齐全，但数量分布极不均衡。褐煤和低变质烟煤数量较大，占保有资源量的55%，其中褐煤占13%；较为稀缺的气煤、肥煤、焦煤及瘦煤等中变质炼焦烟煤数量较少，占保有资源量的28%，其中肥煤、焦煤、瘦煤合计仅占15%；高变质的贫煤和无烟煤数量仅占保有资源量的17%。

中国煤田地质总局煤质资料显示：我国煤炭以低灰和低中灰煤为主，约占65%，其余35%为中灰煤、中高灰煤及高灰煤。我国特低硫—低硫煤占57%，低中硫—中硫煤占32%，中高硫—高硫煤占8%，特高硫煤占3%。中国不同灰分和硫分的煤炭比例分别如图2-2和图2-3所示。

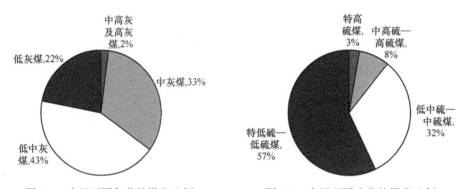

图2-2 中国不同灰分的煤炭比例　　图2-3 中国不同硫分的煤炭比例

2.3.2.3 煤矿开采地质条件复杂，多元灾害共生

我国煤田地质条件总体上是南方复杂、北方简单，东部复杂、西部简单，水害、煤与瓦斯突出、冲击地压等地质灾害的分布也基本符合这一规律。与世界主要产煤国家相比为中等偏下水平。地质构造简单、煤层厚、埋深浅、水及瓦斯灾害小的煤田主要分布在晋陕蒙宁甘、新青区。

我国东北区、华东区、华南区的煤田构造大多复杂，瓦斯含量较高，水文地质条件复杂，受瓦斯、水害、冲击地压、地热等多元灾害威胁，大多数矿井存在三软地层灾害，开采难度大，安全生产风险大。重点煤矿有近50%属高瓦斯和煤与瓦斯突出矿井，受奥灰岩溶水威胁矿井占67%，普遍存在顶板砂岩水。

我国适合露天开采的煤炭资源量很小，仅占10%~15%，远低于美国、印度、德国、澳大利亚、俄罗斯等世界其他主要产煤国60%~80%的比例。

2.3.2.4 东、西部资源储量及开采条件差别大，水资源及生态环境迥异

东部大部分区域资源逐步枯竭、开采条件恶化。东部地区煤炭资源主要富集于东北

区、华东区，但主力生产矿井已进入开发中后期，主体开采深度已达800m以下，采区进入构造复杂、灾害严重区域，甚至进入边角区域。

西部煤炭资源丰富，晋陕蒙宁甘区、新青区集中着我国72%的煤炭资源。但区域内水资源极度短缺，水资源量仅占全国的1.6%，生态环境十分脆弱，是制约煤炭资源开发和就地加工转化的最重要因素。

2.4 中国煤炭开发现状

2.4.1 基本情况

经过"十一五"期间的重大结构调整，我国煤炭开发整体水平步入一个新的台阶，主要表现在：资源保障能力有所增强，西部资源探明储量前景看好；生产力水平全面提升，产量持续增长，产业集中度提高；科技创新能力逐渐提升，大型综合开采成套技术取得突破。

据2000~2011年《中国统计年鉴》和《中国统计摘要》，2010年，全国生产煤矿约有13 179处，生产能力约为35亿t/a，产量为32.4亿t。其中，大型、中型、小型煤矿分别为511处、815处、6402处，生产能力分别为17.3亿t/a、7.1亿t/a、9.5亿t/a。大型、中型、小型煤矿平均单井能力分别为338.55万t/a、87.26万t/a、14.84万t/a。全国原煤入选量达到16亿t，占全国原煤产量的50.9%；全国安全高效煤矿359处，产量10.2亿t，占全国煤矿产量的31%；千万吨级煤矿40处，产量5.6亿t，主要分布在山西、陕西、内蒙古、宁夏、新疆；露天煤矿煤炭产量3亿t左右，占全国煤炭产量的10%，主要分布在内蒙古、山西北部和新疆地区。

2009年年初，全国在建煤矿约864处，可净增能力6.3亿t/a。其中，新建285处、生产能力4.71亿t/a，改扩建584处，可净增能力1.59亿t/a；全国开展前期工作的煤矿项目（新建）430处，生产能力11亿t/a。

2.4.2 煤炭开发特点

据2000~2011年《中国统计年鉴》和《中国统计摘要》，全国煤炭开发遍布27个省（自治区、直辖市），并由煤炭资源数量、开采条件及地理位置等决定，不同地区煤炭布局规模、煤矿生产能力、生产装备水平、安全生产状况、环境影响状况等有不同特点。

1) 煤炭产量主要由需求量决定，总体上产需基本平衡。2010年全国煤炭生产能力约35亿t，产量32.4亿t。尽管产能大于产量，但有效产能与需求基本平衡。其中部分地区的生产煤矿由于受运输瓶颈制约，产能不能释放，这类煤矿主要集中在西部地区；部分地区中小煤矿由于资源整合和整顿，处于非正常生产状况，产能不能完全释放；部分地区煤矿受市场辐射范围限制，产能不能完全释放。同时，一些基建煤矿和核销能力煤矿发挥作用，生产出一定量的煤炭。

2) 煤炭资源整合力度持续加大，产业集中度进一步提高。我国煤炭资源整合自2008年始于山西，之后陆续推广到河南、内蒙古、陕西、山东及贵州等省份。煤炭资源整合实现了资源向优势企业集中的态势，有利于提高企业经济效益和安全生产水平。以山西为例，截止到2010年年底，全省矿井个数由2598处减少到1053处，淘汰落后产能近3亿t，形成了大同煤矿集团、山西焦煤集团等亿吨级煤炭企业集团，山西煤炭运销集团、阳泉煤业集团、潞安矿业集团、晋城煤业集团产能在5000万t/a以上，大型煤炭企业集团的产能占到全省的60%，煤炭产业集中度大幅提高。另外，根据《能源发展"十二五"规划》，煤炭资源整合力度将进一步加大，全国煤炭企业数量将由目前的13 000多家减少到4000家。预计至"十二五"末期，将形成6~8个亿吨级的特大型煤炭企业和10个以上0.5亿~1亿t的大型煤炭企业。

3）东中部地区生产基本维持稳定，西部地区产能持续增长。2010年，东北区辽宁、吉林和黑龙江产量基本稳定，占全国煤炭产量的6.05%；华东区除了河南、安徽外，河北、山东、江苏、江西和福建产量基本稳定，占全国煤炭产量的19.25%；华南区除了云南、贵州外，湖北、湖南、广西、四川、重庆产量基本稳定，占全国煤炭产量的14.19%；而晋陕蒙宁甘区是全国煤炭主产区和主要调出区，占全国煤炭产量的57.25%，未来继续增长；新青区占全国煤炭产量的3.30%，未来增长空间广阔（表2-12）。

表2-12 2010年全国各省份原煤产量

产煤区域	省份	原煤产量/万t	合计产量/万t	占全国的比例/%
晋陕蒙宁甘区	山西	70 000	185 575	57.19
	陕西	35 500		
	内蒙古	69 300		
	宁夏	6 228		
	甘肃	4 547		
华东区	北京	498	62 442	19.25
	河北	8 923		
	山东	14 948		
	安徽	13 145		
	江苏	2 181		
	江西	2 750		
	福建	2 092		
	河南	17 905		
东北区	辽宁	5 718	19 621	6.04
	吉林	4 280		
	黑龙江	9 623		
华南区	湖北	1 100	46 097	14.21
	湖南	6 900		
	广西	585		
	云南	9 538		
	贵州	15 954		
	四川	7 660		
	重庆	4 360		
新青区	新疆	9 367	10 727	3.31
	青海	1 360		
合计		324 462	324 462	100

4）受地区资源开采条件影响，不同规模煤矿区域分布密度显著不同。总体来看，大型煤矿主要集中在长江以北的产煤大省，小型煤矿主要集中在东北和长江以南地区。2010年，全国大型煤矿有511处，主要集中在山东、安徽、河南、河北、山西、陕西、内蒙古、宁夏、甘肃、新疆。小型煤矿有6402处，其中东北区的辽宁250处、吉林131处、黑龙江673处，华东区的福建256处、江西332处，华南区的湖北290处、湖南713处、广西37处、云南1064处、贵州289处、四川404处、重庆655处。上述12省份小型煤矿数量共5094处，占全国小型煤矿总数的79.6%。其中，江西、福建、湖北、湖南、广西、云南、贵州、四川和重庆以小煤矿开采为主。

5）大型煤炭基地、大型煤炭企业发展较快，深刻影响着煤炭工业的整体面貌。2010年，14个大型煤炭基地产量占到全国的90%左右，其中11个基地产量超过亿吨。全国千万吨级以上企业集团接近45家，原煤产量21亿t，占全国的65%；其中，前15家5000万t级的大型企业原煤产量为14亿t，占全国原煤产量的44.35%。目前，大型企业产量占大型煤炭基地产量的90%左右，已形成以大型企业为主体开发大型煤炭基地的格局，为提升煤炭工业整体水平、保障国家能源安全发挥了巨大作用。

6）煤矿生产力水平和企业及煤矿规模关系密切，大型企业和大型煤矿生产力水平普遍较高，小型企业和小型煤矿普遍较低。目前，全国煤矿平均机械化程度为60%左右，其中国有重点煤矿为89.97%，其他类型煤矿为38.7%。大型煤矿装备水平、人员技术素质及管理水平整体较高。煤矿百万吨死亡率是反映煤矿整体生产力水平的综合指标，2010年全国煤矿百万吨死亡率为0.749，其中，代表大型企业和大型煤矿的国有重点煤矿为0.289，代表小型企业和小型煤矿的乡镇煤矿为1.417。

2.5 煤炭开发存在的问题

随着煤炭开发规模的不断扩大，煤炭产量连年快速提高，煤炭开发越来越受到资源、环境、安全、节能减排以及开采技术与装备等主客观因素的影响，存在诸多难以解决的问题（中国工程院项目组，2011；谢和平等，2010a）。

2.5.1 煤矿事故频发，生产安全形势依然严峻

与"十五"期间相比，虽然"十一五"期间的特别重大事故发生频率明显下降，但绝对数量依然较多。2008年全国煤矿生产事故死亡3215人，比2007年下降17.8%，百万吨死亡率为1.184，是美国的30倍。2010年我国煤炭产量约占全世界煤炭总产量的48%，但死亡人数却占全世界煤矿死亡人数的80%左右；事故起数仍高达1403起，死亡人数为2433人，百万吨死亡率下降率由2005年的2.811下降到0.749。2011年，全国煤矿共发生死亡事故1201起，死亡1973人，百万吨死亡率为0.564，同比分别下降14.4%、19.0%和24.7%，但依然远高于美国、澳大利亚和德国等世界主要产煤国家。在我国煤层地质条件复杂的西南地区，事故总量仍然较大，且重大以上事故比较集中，如贵州、四川、云南、重庆四省（直辖市）2011年煤矿死亡人数分别为279人、240人、183人、153人，共占全国煤矿总死亡人数的43.3%。2002～2011年中国煤炭生产百万吨死亡率变化趋势如图2-4所示。

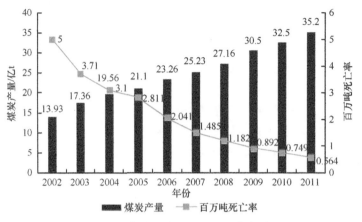

图 2-4　中国煤炭生产百万吨死亡率变动趋势

严峻的煤炭安全生产形势不仅严重威胁着人民群众的生命安全和身体健康,也与"以人为本,构建社会主义和谐社会"的科学发展观极不相符,造成了较为恶劣的社会影响。

2.5.2　生产环境恶劣,职工健康难以保障

煤炭开采过程中存在粉尘、噪声、高温、振动、高湿、中毒等职业危害因素,对职工健康与安全造成较大威胁。据卫生部 2009 年职业病防治工作情况通报:当年我国新发各类职业病 18 128 例,其中,煤炭行业占 41.38%,居于首位;报告尘肺病新病例共 14 495 例,其中,煤工尘肺和矽肺占 91.89%。另据卫生部 2010 年通报数据:当年我国新发各类职业病 27 240 例,比 2009 年增长 50.3%;其中,新发尘肺病 23 812 例,比 2009 年增长 64.3%,煤炭行业居首位,占比高达 54.2%。初步统计,全国一半以上的矿井生产环境指标达不到国家规定的标准。

随着开采深度的增加、围岩温度的提高,矿井热害问题越发突出。煤炭热害现已成为矿井深部开采一个不可忽视的新的不安全因素,我国国有重点煤矿有 70 多处矿井采掘工作面气温超过 26℃,最高达到 37℃。如此恶劣的工作环境严重影响井下工作人员的身体健康。截至 2010 年,大部分生产矿井采掘工作面气温均超过《煤矿安全规程》规定的 26℃ 要求,其中有 130 对矿井超过 30℃,最高达到 40℃。预计"十二五"末,大部分矿井将进入二级热害区(围岩温度超过 37℃)。

煤矿建设及生产过程中的噪声污染非常突出,如井筒建设时的环境噪声高达 120dB,长达几年的施工周期会使施工人员听力严重受损。另外,全国约有 8% 的煤矿赋存有氡和氡子体。

在有效遏制重大人员伤亡事故的同时,如何预防和控制职业危害,做到从业人员的早诊断、早发现、早治疗已成为煤矿职业危害防治工作的重中之重。只有这样,才能充分体现对广大煤矿工人生命权和健康权的尊重。

2.5.3　产能急剧扩张,产量增长过快

近年来,我国煤炭生产每年增量为 2 亿 t 左右。"十一五"期间,煤炭产量增长

28.1%；2011年，煤炭生产量达35.2亿t，比2010年煤炭生产量增长8.64%，占一次能源生产总量的78.6%。煤炭消费总量35.7亿t，约占一次能源消费总量的72.8%，煤炭在能源结构中的比重不降反升。数据还显示，与上一年相比，煤炭消费增长9.7%，几乎与国民经济增长同步，GDP煤炭消费弹性系数接近于1，大大超出过去几十年0.6的平均水平。

2001~2011年中国煤炭生产量和消费量变化趋势如图2-5所示。

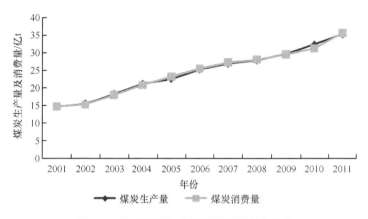

图2-5 中国煤炭生产量及消费量变化趋势

2.5.4 水资源破坏、地表沉陷等生态环境问题严重

2.5.4.1 水资源区域分布不均衡且受到破坏

水资源与煤炭资源逆向分布。我国水资源总量为2.8万亿m^3，比较贫乏，且地域分布不均衡，南北差异很大。以昆仑山—秦岭—大别山一线为界，以南水资源较丰富，以北水资源短缺。根据水资源紧缺程度指标，宁夏、山西均属于极度缺水地区，陕西属于重度缺水地区，安徽、黑龙江属于中度缺水地区，内蒙古属于轻度缺水地区，新疆、贵州、云南则属于水资源相对丰富地区。如山西、陕西、内蒙古煤炭资源富集区查明煤炭资源保有储量占全国的64%，但水资源总量仅为451亿m^3，占全国水资源的1.6%；东部经济发达地区查明煤炭资源仅占全国的7%，而水资源总量高达20 224亿m^3，占全国的72.2%。

目前，内蒙古、山西、陕西、宁夏、新疆等西北部的富煤地区已查明煤炭资源量占全国的70%以上，煤炭资源开发的重点已逐渐西移。但除新疆外，上述省份的淡水资源极度贫乏，作为最重要的煤炭主产区和调出区，其水资源极其短缺的状况将严重制约煤炭资源加工转化的布局选择，并限制开发利用的规模。

另外，煤炭开发与加工必将对矿区周边水土资源造成一定的破坏性影响。据有关方面测算，我国每年因采煤破坏地下水资源22亿m^3。如果在煤炭开采过程中不对水资源加以有效保护和利用，将进一步加剧水资源短缺，甚至中远期煤炭发展规划有可能成为无法实施的空想。近年来，煤炭资源大规模的开采与加工活动造成地表挖损、塌陷、压占等，致使地形地貌发生改变，同时对地下水、地表植被、地上建筑等造成一定的破坏，水土流失和土地荒漠化日益加剧。

以陕西省神木县大柳塔煤矿为例，该矿井田内的母河沟泉域在煤炭开发前的平均流量为5961m³/d，但到2002年2月，由于开采对第四系含水层的破坏和疏排，母河沟泉域流量只有1680m³/d，泉流量衰减72%，严重者如泉域内的双沟流量由原来的7344m³/d至完全干枯，丧失灌溉功能。又如，通过对山西省境内5403个煤矿排水量的统计，平均开采1t煤炭，矿井排水0.87t，水资源进一步短缺，地下水环境受到严重破坏，该省历年采煤破坏地下水4.2亿m³，导致井水位下降或断流共计3218个，影响水利工程433处、水库40座、输水管道793 890m，造成1678个村庄、812 715人、108 241头牲畜饮水困难。另据统计，我国采煤破坏排放地下水约60亿m³/a，仅25%得到利用，水资源浪费严重。

2.5.4.2 土地与地面建筑物塌陷

地下煤炭开采导致地表大面积沉陷，严重破坏土地资源。在地下潜水位较高的矿区（如华东矿区），地表沉陷会引起塌陷区积水，从而淹没土地资源。

据2005年不完全统计，全国因采煤区地表塌陷造成的土地破坏总量为40万hm²以上，开采万吨原煤所造成的土地塌陷面积平均达0.20~0.33hm²，每年因采煤破坏的土地以3.3万~4.7万hm²的速度递增。全国国有重点煤矿平均采空塌陷面积约占本矿区含煤面积的10%，此问题在粮食和煤炭复合主产区显得尤为突出。与之相对应，国有重点煤矿塌陷土地治理量还不到塌陷总量的20%，而地方煤矿和乡镇煤矿的塌陷土地基本上没有得到治理，对农业生产、生态环境、人居条件等造成了严重的破坏。

在地下潜水位较低或干旱半干旱矿区（如华北、西北矿区），尽管地表沉陷不会引起塌陷区积水，但地表沉陷引起土地裂缝、水土流失与沙漠化，从而破坏土地资源。以山西省为例，该省因采煤造成的采空区及地面塌陷面积随原煤产量的增加而不断增加，2000~2007年开采万吨原煤造成土地塌陷面积平均达1.1hm²。截至2007年，采空区面积已占山西省面积的6%，开采沉陷引起的土地破坏问题已经相当严重。图2-6为山西省1999~2007年累计采煤塌陷面积。

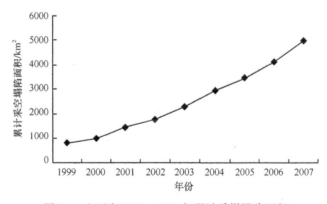

图2-6 山西省1999~2007年累计采煤塌陷面积

煤炭开采造成矿区土地塌陷，占用耕地，诱发滑坡、垮塌等地质灾害，以及水土流失、迁村移民等一系列生态与社会问题。截止到2010年年底，全国采煤塌陷面积累计达55万~60万 hm^2，直接经济损失数十亿元。在我国每生产1亿t煤炭将造成地表0.185万 hm^2 塌陷。因采煤沉陷需要搬迁的村庄越来越多，已经并将继续严重影响煤矿经济效益和区域经济发展。

据不完全统计，我国铁路公路下、建筑物下和水体下（以下简称"三下"）压煤总量约为150亿t，其中建筑物下压煤量87.6亿t。人口密集的河北、河南、山东、山西、辽宁、黑龙江、陕西、安徽、江苏9省建筑物下压煤量均超过亿吨，9省建筑物下压煤总量达50.92亿t，占全国建筑物下压煤总量的60%。同时，建筑物下压煤开采已成为许多矿区面临的主要问题，特别是一些老矿区，煤炭资源正在逐步枯竭，矿井储量逐步减少，剩余储量50%以上属于建筑物下压煤，资源枯竭与经济发展之间的矛盾日益突出。根据华东某矿区统计结果，村庄稠密的平原矿区，每开采出1000万t煤炭需迁移约2000人，采煤塌陷土地破坏赔偿费及村庄搬迁费随着时间发展呈递增趋势，使生产企业负担逐年加重。

2.5.4.3　瓦斯排放造成大气污染

瓦斯（甲烷）的温室效应是二氧化碳的21倍，矿井瓦斯排放可加剧温室效应，严重破坏环境。我国煤矿大多是瓦斯矿井，2010年排放的瓦斯超过200亿 m^3。随着采深增加、开采强度的加大和煤炭产量的持续增长，瓦斯的排放量将进一步增大。

2010年全国瓦斯抽采及利用量分别为76亿 m^3 和25亿 m^3，与新增储量及抽采利用数据对比，瓦斯抽采量和抽采率提升空间很大。由于我国煤层赋存条件的特殊性，目前单纯采用采前地面钻井煤层气开发的方法还不能有效地解决煤矿生产中的瓦斯问题，必须采用井下和井上相结合的多种技术途径进行抽采和利用，更好地进行煤与瓦斯共采，尽可能地降低排入大气中的瓦斯量，保护人类环境。

2.5.4.4　矸石露天排放造成环境污染

煤矸石是采煤和洗煤过程中排放的低碳含量固体废物，每年排放量占当年煤炭产量的10%~15%。据初步统计，我国现有煤矸石山1600余座。2001~2008年，我国平均每年排放矸石约3.0亿t，历年堆积量已达60亿t，占地7万 hm^2 左右，至今仍以每年超过3.0亿t的速度继续增加，压占土地面积300~400 hm^2，形势相当严峻。以山西省为例，目前煤矸石堆积量高达10多亿吨，形成了300多座矸石山，近几年来，随着煤炭生产的高速增长，每年新增煤矸石约8000万t。

煤矸石堆积占用大量土地，侵蚀大片良田；煤矸石风化后扬尘危及周边大气环境；煤矸石淋溶水经地面径流和下渗，所含的硫化物和重金属元素严重污染地表水体、土壤和地下水源；煤矸石长期堆存时，经空气、水的综合作用，产生一系列物理、化学和生物变化，发生自燃而释放包括二氧化硫在内的大量有害有毒气体，破坏矿区生态，诱发附近居民呼吸道疾病和癌症；矸石山的不稳定极易导致滑坡和喷爆，引发地质灾害，酿成重大灾害，造成人员伤亡，破坏财产和地面设施。

2.5.5 煤炭资源开采回采率低，资源浪费严重

我国的煤炭回采率远远低于世界先进产煤国家。矿井平均生产规模小，产业集中度偏低，一块整装田往往被人为肢解、分割成多个煤矿进行开采，机械化程度上不去、保安煤柱留设多，大量煤炭被丢掉；开采工艺落后，采掘机械化程度低，丢煤严重；受经济利益的驱动，煤炭生产片面追求产量和效益，"弃薄采厚、挑肥拣瘦"现象严重；小矿乱采滥挖，资源破坏浪费严重。

据统计，近年来我国大矿区煤炭回采率均值为30%～40%，中小型矿井回采率最低不足10%。而世界煤炭回采率最高为85%。2000～2010年，我国煤炭累计产量234.4亿t。按30%～40%的回采率计算，开采出234.4亿t原煤要消耗地下原煤资源586亿～780亿t，而国外先进水平只需消耗275亿t左右，相当于11年间，我国浪费了311亿～505亿t不可再生的原煤资源。按每年至少增加1亿t产量计算，浪费的煤炭量可供未来开采9～13年。

近年来，各省（自治区、直辖市）加大对煤炭资源的整合力度，但一些兼并重组后的小煤矿过渡性生产仍在继续，煤矿开采方式"换汤不换药"，落后产能没有得到彻底淘汰。目前，提高煤炭资源采出率、减少资源浪费已成为资源管理和生产管理的重要任务。

2.5.6 资源总量大，但保障能力严重不足

我国煤炭资源勘查现状不容乐观，基础地质勘查滞后，勘查程度低，水源勘查严重不足，不能满足规划需要。边勘探、边设计、边施工、边报批的现象还比较严重，开发风险增大。煤炭资源保障程度低，已经成为制约煤炭工业现代化建设的瓶颈。

中国煤炭资源总量虽然丰富，但在已查明的煤炭资源中，可供建井的精煤储量严重不足。相关资料表明，2010年我国查明煤炭资源储量为1.341万亿t，其中基础储量为2795.8亿t，西部煤炭资源超过总量的60%。尚未利用精查资源量中可供高产、高效矿井利用的资源储量约为250亿t，优质环保型资源量仅为120亿t。我国国有大中型矿井占用资源少，很多生产矿井面临着资源枯竭威胁。特别是在1000m以下深部煤炭资源约占资源总量49%的情况下，我国面临煤炭资源枯竭和产能提高的巨大压力，煤炭保障国内能源安全的形势不容乐观。

2.6 煤炭开发面临的挑战

面对我国加快现代能源产业体系建设、走新型工业化道路的发展目标，煤炭开发将面临诸多挑战和压力。

2.6.1 面临煤炭开采条件日趋复杂的压力

中国大陆是由大小不同的若干地块经过多期次、多级别的地质运动改造而形成的，完全有别于美国、澳大利亚等国家的大地构造，煤矿地质条件极其复杂，煤矿地应力高、变化梯度大，瓦斯含量高、煤与瓦斯突出严重，地质小构造多，探测难度大。

目前，包括资源富集的西部矿区在内，全国的浅部煤炭资源已消耗殆尽，煤矿开采

深度加速向下延伸，东部矿区平均向下延伸20m/a，西部较低，但也达到10m/a，深部开采的"三高"（高瓦斯、高突出、高危险性）问题日趋严重，煤炭资源开采条件日趋复杂。为满足国家和地方经济发展对能源的增量需求，一些急倾斜煤层、极薄煤层也都进入开采阶段，特别是在华南区、华东区较为突出，实现安全、高效、绿色开采的难度进一步加大。

2.6.2 面临日趋严格的环境保护压力

2.6.2.1 国际碳减排的压力

中国在哥本哈根国际气候会议上首次提出具体的温室气体减排目标：到2020年单位国内生产总值（GDP）CO_2排放量比2005年下降40%~45%，并作为约束性指标被纳入国民经济和社会发展中、长期规划。在全球推行节能减排的大背景下，高耗能、高排放、高污染企业的节能减排工作一直是大众关注的焦点。工业和信息化部公布的"十二五"期间工业节能减排四大约束性指标中明确规定：2015年我国单位工业增加值CO_2排放量要比"十一五"末降低18%以上。节能减排目标的调高使得煤炭企业面临巨大挑战。目前，煤炭利用排放的CO_2占我国CO_2排放总量（65.50亿t）的82%，预测到2020年和2030年，燃煤排放的CO_2仍将占CO_2排放总量的60%以上，分别达74.88亿t和75.03亿t（中国工程院项目组，2011）。

2011年12月11日，南非德班世界气候大会落下帷幕，在《京都议定书》第二承诺期、长期合作行动计划、绿色气候基金和2020年后减排的法律安排等方面取得了超预期成果。2015年将会确定新的全球减排框架，各国气候外交竞相角力，发展空间和低碳技术的竞争将日趋激烈。

中国CO_2排放的快速增长，尤其是人均排放量的增长，对中国以煤为主的能源消费结构、粗放型的经济增长方式提出了严峻挑战，煤炭使用将面临巨大的碳减排压力。

2.6.2.2 国内生态环境压力

煤炭开发主要引发地表沉陷、水资源破坏、固体废弃物堆存等环境问题。东部和中部平原地区，煤炭开采对地面农田、村庄影响较大。东部和中部地区在稳定煤炭生产规模的基础上，未来20年生态环境变化趋缓，但在河北、河南、山东、辽宁等平原地区，由采煤引起的地表沉陷问题依然严重，而土地资源日益稀缺导致村庄搬迁困难加大。西部的晋、陕、蒙、宁、甘、新、青已成为我国最重要的煤炭产区，未来煤炭产能继续增长，煤炭开采对地下水系的破坏、煤矸石堆存增加对生态环境的影响，使该地区水资源短缺、生态环境脆弱问题更加突出（谢和平等，2010a）。

如何在煤炭开采中尽量减轻对生态环境的影响，在煤炭转化中减缓CO_2排放，是国家能源发展需要解决的重大问题。

2.6.3 面临以人为本的安全发展压力

一方面，在满足国家对煤炭需求持续增加的同时，煤炭开发的生产条件也在逐步变化：一是与国外主要采煤国家相比，中国复杂的地质条件增大了煤矿开采的难度。二是矿井开采深度逐年加大,东部资源全面进入深部开采,"三高"问题日益突出;西部煤炭资源的浅埋深、薄基岩、生态脆弱的特点,加大了高效开采和安全保障的难度。三是矿井生产规模逐步扩大,年产 1000 万 t 乃至 2000 万 t 矿井大量投入生产运行,生产系统日趋复杂,危险性不断增大,一旦发生事故,其灾难性、破坏性更大,且增大了事故应急救援的难度。四是厚煤层一次采全高、大采高综放等生产工艺的变革,使得生产环境更加复杂,瓦斯涌出量加大,粉尘、火灾、顶板灾害和冲击地压的危险性显著增大。五是煤炭资源的绿色开采、环境友好型开发理念的落实和煤炭产业结构调整、资源整合,对煤矿安全又提出了新命题。在当前我国还处于工业化发展的初期或加速成长期的关键阶段,在保障能源有效供给的前提下,煤矿安全生产依然面临较大压力。

另一方面,我国煤炭赋存地质条件复杂多样、技术经济条件差异较大,生产技术水平呈多层次发展、多工艺并存局面,综合来看,这些技术的先进程度与世界主要产煤国家相比差距明显。我国在煤与瓦斯突出、严重水害、冲击地压等领域的基础研究工作还远不够深入,仍存在许多技术难题,未找到完全有效的治理措施,防治设施也不够完善。随着我国煤矿向深部延伸,煤与瓦斯突出、矿井水害、冲击地压、煤尘、热害等主要煤炭地质灾害的防范将更为艰巨,研究和治理的难度将越来越大。

2.6.4 面临煤炭科学开采与煤炭需求矛盾加剧的压力

2000~2010 年,中国煤炭消费量年均增长近 2 亿 t,年平均增速高达 8.8%。国民经济的快速发展,对煤炭工业提出了更高要求,增加了煤炭的刚性需求,其中电力、钢铁、建材、化工是我国四大主要耗煤行业。据煤炭工业"十二五"规划,2015 年全国煤炭产量调控目标是 38 亿 t,实际可能超过 40 亿 t。综合国内权威机构预测结果,我国煤炭需求在 2020~2030 年达到顶峰,预测在 45 亿 t 左右。未来十几年虽然煤炭消费增速有所下降,但煤炭需求总量将稳定增长,煤炭在一次能源生产和消费结构中的比例难有大的变化。尤其是日本大地震导致的核电危机、中东和北非局势动荡带来的石油危机、中俄天然气输气管道谈判的停滞不前、大型水电工程对环境的影响,加深了国民经济发展对煤炭的高度依赖(中国工程院项目组,2011;谢和平等,2010b)。

尽管我国煤炭资源总量可以满足未来煤炭需求,然而受资源开采条件、生态环境、安全生产状况、煤矿生产力水平等影响,特别是受煤炭开发先进适用技术瓶颈制约,目前我国煤炭的生产能力中大部分是非科学的。随着未来煤炭需求的增长,煤炭开发低效和资源浪费问题将加剧,较难实现大范围内的煤炭安全、高效、绿色开采,无法保证科学供应。

2.7 煤炭科学开采的必要性

2.7.1 煤炭科学开采的瓶颈问题

从对我国煤炭开发利用现状和存在问题的分析可以看出,我国煤炭产业呈现产量大、贡献大,但负外部效应也非常突出的特点。当前煤炭行业"高危、粗放、污染、无序"的负面行业形象没有得到彻底改观,仍然保留着"要多少、产多少"的粗放式的市场化生产模式,其发展状况与国家整体现代化建设和实现小康社会大环境不协调,与其在国民经济中的重要地位不相称,与国家建设新型现代化能源工业的要求不一致,在认识上、观念上、体制机制上、技术上、发展模式上与煤炭工业走科学化发展道路的要求不同步,主要存在以下八个方面的问题。

2.7.1.1 煤炭开采条件极其复杂,开采难度越来越大

根据中国煤炭工业协会《2011年我国煤矿生产规模分类调查统计表》和《2010年度突出矿井和高瓦斯统计表》,煤矿开采条件的复杂性是实现煤矿科学开采的内在需求,具体表现在以下几个方面:

1)煤炭资源埋藏较深、构造复杂。据统计,我国保有查明煤炭资源储量中,埋深300m以浅占36.1%,300~600m的占44.6%,600~1000m的占19.3%。目前的平均开采深度接近600m,千米深井已达47处,最深的是山东新汶矿业集团孙村煤矿,深达1501m。埋深在1000m以下的资源量为2.71万亿t,占煤炭资源总量的49%。受开采条件、开采技术、开采环境等各种因素制约和限制,可供开发利用以及可供建设新井的煤炭资源十分有限,已经对国家的能源安全构成了潜在威胁。2010年,我国煤炭露天开采产量约占10%,而美国、俄罗斯、澳大利亚、印度适合露天开采所占的储量比重分别是60%、60%、73%、75%。

2)煤层瓦斯含量高,煤与瓦斯突出严重。高瓦斯和煤与瓦斯突出矿井的原煤产量为10.56亿t,占全国煤炭产量的1/3。国有重点煤矿中,高瓦斯和煤与瓦斯突出矿井数量占49.8%,煤炭产量占国有重点煤矿总产量的42%;其中,瓦斯突出矿井235处,占总数的19.3%,煤炭产量占全国的11.8%。我国45家安全重点监控企业中,高瓦斯、煤与瓦斯突出矿井数量和产量分别占全国的60.2%和60.6%。

3)煤尘爆炸危险普遍存在。我国绝大多数煤矿具有煤尘爆炸危险性。国有重点煤矿中,具有煤尘爆炸危险性的占87.37%,其中具有强爆炸性的约为60%。在45家重点监控企业中,具有煤尘爆炸危险性的占86.05%。小煤矿中,具有煤尘爆炸危险性的占91.35%,其中具有强爆炸性的高达57.71%。

4)自然发火灾害严重,覆盖面广。我国大中型煤矿中,自然发火严重或较严重的占72.86%;国有重点煤矿中,具有自然发火危险的占47.29%;在45家重点监控企业中,329处煤矿的煤层具有自燃倾向性,占79.5%。我国具有自然发火危险的煤矿分布范围较广,几乎遍及所有产煤区,重点产煤区尤为严重。此外,我国有3处露天煤矿属于Ⅰ级自然发火危险矿井,9处露天煤矿属于Ⅱ级自然发火危险矿井。

5)水文地质条件复杂,水害制约安全生产。我国煤炭产区的水文地质条件相当复杂,煤炭开采过程中水害严重,主要来源于地表水、含水层水和废弃的老采空区积水三个方面。地表水威胁主要来自河流、湖泊和海底煤炭资源的开采等。含水层水主要来自煤系地层的含水层和煤系地层基底的奥陶系灰岩含水层,尤以奥陶系灰岩含水层对煤矿安全的威胁为最大,华北地区大部分煤矿均不同程度地受到奥陶系灰岩含水层水威胁。国有重点煤矿中,水文地质条件属于复杂或极复杂的矿井占25%,属于简单的矿井占39%,受水害威胁的矿井煤炭储量达到250亿t,其中华北煤田受奥灰岩溶水威胁的矿井占该区矿井总数的80%,受底板承压水威胁的煤炭储量高达150亿t。"十一五"以

来，煤矿水灾呈现出新的特点，老空透水事故呈高发态势，占水害事故的70%；随着开采深度的增加，底板含水层水压显著增大，高承压奥灰岩溶水成为重大突水隐患。乡镇煤矿破坏边界及露头煤柱的案例时有发生，对相邻深部的煤矿造成的水害威胁，煤矿突水事故呈上升趋势，严重制约了我国煤炭资源的安全开采。

6) 冲击地压危险性大。我国已有114处煤矿发生过程度不同的冲击地压，大中型煤矿中存在冲击地压灾害的煤矿约占总数的5%以上。有些煤矿冲击地压灾害非常严重，例如，辽宁抚顺老虎台煤矿，2003年共发生各类冲击地压4000多次，最大震动强度达里氏4.3级，全市均有感觉；又如，2011年11月3日，国有重点煤矿河南义煤集团千秋煤矿发生一起重大冲击地压事故，强度为里氏2.9级，造成8名矿工死亡。

2.7.1.2 缺乏与煤炭行业在国民经济中重要地位相适应的政策环境

煤炭是我国的基础资源和能源，但煤矿工人社会地位极低，收入水平已居工业企业末尾；企业办社会的负担依然相当沉重；税赋过高、受制于交通运输的格局已然没有改变；非完全成本的核算方式、过低的电煤价格，造成煤矿经济效益低下，自我发展能力严重不足。煤矿企业利润主要集中在地质条件简单、机械化程度高的矿井，或者科技投入不足、牺牲资源环境和以安全为代价的矿井。另外，今后几年煤炭企业需要增加的资源成本、安全成本、环境保护成本、转产退出成本等，都将进一步影响煤矿企业的自我发展能力和矿井防灾减灾能力。一些地区在资源整合、关闭小煤矿过程中，退出成本几乎都由国有大型煤矿承担，给煤炭企业造成很大的经济压力。为了当地的经济发展、煤炭供应、劳动就业等，一些资源条件差、生产经营环境不好的煤矿，仍然在面临安全、资源和环境的压力下进行开发生产，却未获得相应的政策扶持。

2.7.1.3 煤炭行业作为深部地下作业具有特殊的危险性，职工安全健康保护投入不足

我国约90%的资源储量仅适合井工开采，且开采深度加速向下延伸，瓦斯突出、水害、热害、冲击地压等问题日渐突出。在不增加投入、不改变粗放发展模式的条件下，煤炭安全生产状况难有根本性好转。煤矿生产是高复杂性的系统工程，要求高素质的人才队伍、高技术装备才能改变目前煤矿工人"傻大黑粗"的社会形象，要多少煤就出多少煤的被动局面。一味追求产量的无序发展模式降低了国家对煤矿的投入，也打击了企业投入的积极性，从而形成了牺牲安全、资源和环境的粗放式发展和发生事故—打击—再发生事故—再打击的恶性循环模式。极为恶劣的井下作业环境还使得煤炭行业的尘肺病等职业病发病率居高不下，煤炭企业现有的用工制度又难以保障患病矿工的后续治疗及修养，导致其日后生活窘迫，甚至整个家庭陷入极度窘境，改变煤炭行业的社会形象刻不容缓。改变煤炭行业的形象是实现煤炭科学开采的必然要求。

2.7.1.4 管理体制与机制不协调、不完备

受多种因素影响，我国现行煤炭行业管理体制与机制依然存在诸多矛盾和问题，是造成我国煤炭行业目前面临各种突出问题的深层次原因，并严重制约着煤炭行业的可持续发展。当前煤炭行业所出现的各种问题，有着深刻的体制与机制烙印。

(1) 对煤炭在我国能源格局中的主体地位认识不足

长期以来对我国能源战略基本定位与煤炭产业在我国能源格局中的基础地位缺乏清醒的认识，引起煤炭行业管理机构与其他能源行业管理机构分分合合，煤炭行业管理机构行政级别升升降降，产业政策时而鼓励，时而限制。体制与机构的频繁变动，使煤炭行业总体发展战略与管理机制缺乏长期性与稳定性，产业规模随着社会经济发展的现实需求变化而被动调整，许多影响行业健康发展的重大问题得不到有效解决。

同时，由于缺乏统一规划，行业间改革与发展严重不平衡。1998 年撤销煤炭工业部后，煤炭行业就开始大面积实施市场化改革；2001 年国家煤炭局撤销后，煤炭行业全面按照市场规律来运行，而与煤炭紧密相关的电力、铁路行业市场化改革明显滞后，由此，煤炭行业在煤电、煤运博弈中处于劣势地位，煤炭价格形成机制长期存在缺陷，损害了煤炭行业的利益，制约了煤炭行业的健康发展。

(2) 国家煤炭行业管理职能协调与整合功能弱化

目前，我国煤炭行业管理是一种低级别的分散管理模式。由于缺乏相对统一和明确的能源与煤炭行业发展主导方向，部门间缺乏有效的协调机制。统筹协调机制不健全及部门本位主义的存在，使不同部门出台的各项管理举措不能协调统一，甚至相互矛盾。如国土资源部门管理资源的探矿权和采矿权设置与煤炭行业行政主管部门制定的煤炭开发规划不衔接，运煤通道建设与煤炭运输需求不匹配，煤炭资源开发与环境生态保护不适应。国家发改委能源局煤炭司承担煤炭行业管理职能，负责 1 万多家大、中、小煤矿，从业人员达 500 多万人具有能源主体地位的高危行业的专业管理，层级低，人员少，难以实现对行业的有效管理。2006 年 7 月，国务院将五项煤炭行业管理职能划归国家安全生产监督管理总局，虽然是为发挥其在煤炭行业管理方面的优势，但也是在煤炭生产安全压力下强化安全管理效能的一种无奈之举。

煤炭行业实行多头管理，主要监管部门包括国有资产监督管理委员会、国家发改委、工业和信息化部、国家安全生产监督管理总局、国家煤矿安全监察局、地质矿产勘查开发局，以及国税及地税、国土资源、环保、质检等部门。由于煤炭体制变化比较频繁，而上述部门都有煤炭职能，存在职能不清、职能交叉、政出多门、权责不对等问题，进而造成煤炭行业管理职能明显弱化，产生许多不良后果。如煤炭产业总体战略规划制定和政策法规体系建设、煤炭资源的统筹开发与有序利用、生态环境恢复治理及减轻煤炭企业社会负担、煤炭与其他能源之间的协调供应等一系列涉及煤炭行业可持续发展的重大问题，因行业管理职能弱化而迟迟得不到解决与落实。此外，管理部门无法对煤矿关键性技术和重大装备的研发统筹兼顾和宏观指导，难以制定出煤炭产业相关的技术发展规划，构建相关的技术创新保障体系，开展必要的技术国际交流与合作。

另外，煤炭行业分散的多头管理模式导致煤炭资源划分中存在不合理现象，如煤层气、煤矿权重叠，一些地区按煤层划资源，形成"楼上楼"开采，带来严重的事故隐患。

(3) 中央与地方纵向管理体制与权利关系有待理顺

自煤炭工业部被撤销后，原所属的各地煤炭工业局多数相应撤销，相应职能也划归地方各部门，使得上下统一的、完整的垂直管理体系解体。全国 27 个产煤省份虽然也设置了煤炭行业管理部门，但机构五花八门，有的为经贸委（经委、国资委）内设机构管理的二级局或处，有的是在省发改委内设机构管理，也有设在工业办公室的。这些煤炭行业管理部门虽有机构，但除少数省份外，大多数人员编制不足，经费短缺，权力档次低，难以实施有效的行业管理，管理职能大大弱化，使国家有关煤炭资源管理与开发、产业发展、技术进步、安全管理、环境保护、企业重组等多项政策难以全面落实。

此外，一些省区以行政手段推动煤炭产业全面重组，形成区域内的行业垄断，导致优势煤炭企业市场化的跨地区兼并重组进展缓慢。从全国范围看，这种以行政区划为单位的煤炭企业重组不仅不能从根本上提升煤炭产业集中度，反而会阻碍优势企业对煤炭资源的整合，形成不公平竞争与恶性竞争。

2.7.1.5　煤矿企业间公平竞争的市场环境缺乏监管

目前，全国煤炭企业广泛分布在 27 个省（自治区、直辖市），在煤炭资源禀赋（数量及品位）、开采地质条件等方面存在无法回避的区域差别。从煤炭资源分布及煤炭开发历史看，东北区煤炭开采历史长、强度大，目前剩余资源量较少，特别是浅部资源量更少，赋存条件变差，进入深部开采；华东区经多年超强度开采后，保有煤炭资源储量不多，且进入深部开采；除云南和贵州外，华南区煤炭储量整体不足，且开采地质条件较差；晋陕蒙宁甘区煤炭资源丰富、开采条件好、煤炭产能高；新青区位于我国西北部，区域内煤炭资源丰富，开发前景广阔。以瓦斯治理成本为例，淮南、淮北矿区高达 120 元/t，地质条件复杂的西南矿区也达 80 元/t 以上；而晋陕蒙宁甘矿区由于以低瓦斯矿井为主，治理成本维持在很低水平。

正是上述的资源禀赋及区域差别造成不同煤炭企业生产能力、生产装备水平、安全生产状况、环境影响状况的显著不同。总体来看，我国大、中型煤矿主要集中在长江以北的产煤大省，部分中型煤矿及小型煤矿主要集中在东北和长江以南地区。通常大型煤矿装备水平、人员技术素质及管理水平整体较高，易于实现低生产成本控制；而中、小型煤矿则在高生产成本下运行。随着煤炭安全、高效、绿色开采战略的逐步实施，煤炭企业需要通过完全成本核算指导科学生产，起跑线的巨大差距将明显降低企业间竞争环境的公平性，弱化其增加各方面投入的积极性，最终将会影响我国煤炭科学产能逐渐提高的进程。

按照目前的行业管理体制、机制及政策，大、中型煤矿享有财政、金融、流通等多方面的优惠条件，从业人员收入水平及生产积极性较高，易于实现科学产能；而中、小型煤矿游离于优惠条件之外，掣肘于高生产成本，竭尽全力谋求企业盈利，难以顾及科学产能。可以看出，不同企业间严重缺失公平的竞争环境。为此，在社会主义市场经济具有平等性、法制性、竞争性和开放性等特性下，如何进行各种资源调配，以实现企业间公平与平等竞争已成为当务之急；如何使各类企业在盈利条件下自觉实现完全成本，为科学采矿奠定基础，也是迫切需要解决的问题。

2.7.1.6　人才缺乏，职工受教育程度低，一线工人待遇差

目前，煤炭行业以近 550 万从业人员数量位居全国 30 多个行业（产业）前列，

从业人员众多，但整体素质较低。加上我国大部分矿区地处偏远的山区，工作生活条件艰苦，文化生活贫乏，矿区社会保障制度和社会功能也不健全，难以吸引和留住高水平的人才，人才流失现象比较严重。我国煤炭行业的管理和专业技术人才比例明显偏低，制约了煤炭行业向更高层次发展。在规模以上煤炭企业从业人员中，具有研究生及以上和大学本科、专科学历的人员分别占0.4%、3.7%、8.6%。专业技术人才和技术工人缺口30万人，地矿类工程技术人员和高技能操作人员严重短缺。据统计，在专业技术人员队伍中，地矿类工程技术人员仅占27%。在专业岗位分布上，呈现出"生产一线少、机关多，井区段队少、辅助单位多"的现象，一线和重要岗位技术力量薄弱。

煤炭企业员工受教育程度普遍较低，全行业平均受教育程度不到9年。农民工占一线矿工比例过大，占操作人员总数的40%～90%。长期以来，行业职工队伍素质低、技术人员缺乏，已成为煤炭行业落后、经济效益不高、安全恶劣的重要因素。据统计，近几年发生的生产安全伤亡事故，90%以上是由人的不安全行为造成的，80%以上发生在农民工比较集中的小企业；每年职业伤害、职业病新发病例和死亡人员中，半数以上是农民工。目前，煤炭行业各类管理和技术后备人才严重缺乏。由于人才培育投入严重不足，即使在煤炭行业内部，职业普及教育的力度和效果也难以保证日益增长的人力资源需求。近年来，煤炭市场出现好转，人才队伍建设却很难跟上，这与部分煤炭企业负责人片面追求产量和眼前利益、忽视煤矿长远发展不无关系。

煤炭行业无健全的劳动保障和工资协商机制，整体收入水平偏低。国民经济经过20多年的高速发展，全体社会劳动者的收入水平增长非常显著，但与许多行业相比，煤炭职工工资和社会保障水平仍然明显偏低，与煤炭职工的辛苦付出不相匹配，与煤炭行业的重要性不匹配，既不利于职工共享煤炭企业发展成果，也不利于职工队伍团结稳定，更不利于煤炭行业的可持续健康发展。

2.7.1.7 煤炭价格未反映完全开采成本，负外部效应突出

(1) 我国煤炭成本构成科学性不足

我国现行煤炭成本构成已经远不能适应市场经济新形势的要求。首先，煤炭成本存在项目缺失，是不完全成本，一些与煤炭安全、高效、绿色开采相关的成本费用，如资源、安全及环境成本等并未完全进入成本体系。其次，煤炭成本形成机制不合理，职工收入和保障水平低、煤炭开采研发投入低、高产高效装备投入低、流通成本高的"三低一高"问题严重制约了煤炭企业的发展。具体如下：煤炭成本没有完全反映资源成本，不利于资源价值充分利用；煤炭成本没有完全反映安全成本，不利于煤炭企业形成长期的安全投入动力机制；煤炭成本没有完全反映环境治理恢复支出，不利于矿区可持续发展；煤炭企业职工工资、福利水平低，不利于职工共享企业发展成果；煤炭开采及加工利用的研发投入低，不利于企业竞争力的提升；高产高效装备投入低，不利于煤炭科学开发；煤炭流通成本高，扭曲了煤炭真实成本。

(2) 我国煤炭价格形成机制有较大缺陷

与石油、电力以及天然气等能源产业相比，我国煤炭价格的市场化改革进程较

快，基本实现了市场配置资源的根本性作用。但由于市场失灵的存在，价格形成机制还存在以下五个方面的缺陷：①煤炭定价没有体现真实成本，突出体现在资源、安全、环境等外部成本没有被完全纳入煤炭定价体系；②煤炭价格没有完全市场化，我国的煤炭价格机制是计划内与计划外、重点与非重点的"双轨制"；③煤炭价格与其他能源产品比价不合理，相对于其他能源，煤炭价格偏低的现象比较突出；④流通费用过高扭曲了煤炭价格，我国煤炭资源与地区经济发达程度逆向分布的特点导致煤炭价格中流通费用比重很高；⑤煤炭交易制度不完善，目前国内缺乏具有压倒优势的交易市场，在国际上更难有主导煤炭价格的话语权，同时现有各种交易平台都没有看涨看跌的对冲机制。

2.7.1.8 开采技术与装备不适应复杂资源开发条件

我国各煤炭赋存区的地质条件、煤炭资源赋存状况、水资源条件、生态环境条件等存在较大的差异，如何针对每个区域的资源特点完善资源开采方法及技术措施，较好地解决资源短缺与环境的矛盾，提高区域整体资源开发效率和生态环境水平，并带动区域的资源、环境、经济和社会的协调发展，是亟待解决的问题。

在技术研发方面，大量重大共性关键科学技术问题需要研究攻关。我国煤炭资源禀赋条件较为复杂，煤矿开采面临煤矿典型灾害威胁，如煤与瓦斯突出日趋严重、冲击地压危险性增大、煤矿热害已成为矿井新的灾害，各种先进的灾害防治技术需要攻克。我国东部矿区大多开采历史较长，资源日渐枯竭，深部开采技术瓶颈日益凸显；煤炭开发战略布局逐步西移，山西、陕西、内蒙古、宁夏和新疆等地资源富集，生态环境脆弱地区资源开发强度加大，煤炭资源开发与环境保护关键技术亟待突破。煤炭转化和洁净利用新技术的研究和开发与国外差距较大。国内应用的较先进的洁净煤技术大多为引进技术，自主创新比例低。我国以可视化远程遥控技术和智能化工况监控为代表特征的煤矿自动化、信息化技术研发刚刚起步。

在装备研发方面，设备的可靠性和材料性能研究薄弱，关键部件受制于人，成套装备可靠性低。受国家整体研究开发技术水平、工艺、材料及制造能力制约，我国煤矿大型机械化、自动化装备在质量和可靠性方面与国外相比也有明显差距，综合开采、综合挖掘成套装备技术性能和可靠性不能满足煤炭安全、高效、绿色开发的要求。根据煤炭资源赋存情况，采用最适合的开采工艺与装备，才能最大限度地开采出资源，有效降低劳动强度，减少环境污染，增加收益。我国煤炭资源赋存条件多种多样，需要不同的开采工艺与之相适应。目前，全国乡镇煤矿的机械化水平普遍较低，全国有200多万名矿工还在从事手工采煤。我国煤炭资源禀赋条件决定了近期内完全取消小型煤矿是不现实的，地方、乡镇等中型与小型煤矿开采机械化水平低，大多数在40%左右。因此，采用与资源条件相适应的工艺和装备，提高开采技术水平，减少资源浪费和降低环境灾害隐患风险是十分必要的。

2.7.2 煤炭科学开采的根本措施

不同的发展观念将导致不同的发展质量和环境质量。煤炭行业传统的发展观念不符合科学发展的总体要求。长期以来，煤炭资源的赋存特点和我国的能源结构，造成了煤炭"以需定产"的发展模式，需要多少煤就生产多少煤已成为满足经济粗放增长的能源供给的"无底洞"，超能力生产、损害环境、矿难、黑心矿主等与煤炭开发紧密联系，在造成恶劣社会影响的同时，也挤压了行业的发展空间和社会发展环境。煤炭行业传统落后的观念意识、思维模式，决定了煤矿企业走的是只注重眼前利益而忽视长远利益，以牺牲资源和环境为代价，以单纯追求煤炭产量增长为目的的恶性发展道路，逐步形成了全行业"高危、污染、粗放、无序"的被动局面。在煤炭开发认识论上的深化和进步已成当务之急。

煤炭行业的发展模式不符合安全、高效和绿色的发展要求。在当前国民经济快速发展的背景下，社会赋予煤炭行业的职能太多。中、西部地区经济相对落后，生态环境脆弱，以开发煤炭发展经济，保障就业；东南部地区能源需求大，但自给能力不足，强行开发深部和赋存条件差的资源，造成伤亡事故多。发展模式的粗放，造成了行业性用工方式的落后，农民工成为行业的主力军，没有其他出路的农民工才挖煤，反映出煤炭行业用工制度的落后状况，文化程度低、素质较差、流动性强已成为煤炭行业的人才特征。煤炭开发的机械化程度低、技术装备水平差、从业人员多，导致全行业的效率低、职工收入水平低，吸引不了人才、留不住人才，新技术新装备投不起、不愿投，煤炭行业陷入了低水平、低素质、低收入、低地位等的恶性循环发展模式。

解决和消除煤炭行业上述八个方面的约束和瓶颈问题，实现煤炭安全、绿色、高效开采，必须顺应国家转变经济发展方式的六大转变。

1）由粗放、无序、污染向高效、安全、绿色方向转变。作为整个工业体系中的上游传统产业，煤炭行业长期以来呈现"高危、污染、粗放、无序"的特点，深层次问题与矛盾日益凸现。煤炭行业再也不能以安全事故多、矿区生态破坏严重、资源开采极度浪费为代价来支撑国民经济的发展，必须在科学发展观的指引下，探索出一条符合中国煤炭实际生产产能的现代化发展新路子，全面推进煤炭安全、高效、绿色开采的新观念和新标准，并用之规范和约束我国的煤炭生产和供应，尽快树立我国现代煤炭工业在整个经济体系中的良好形象，突出其作为支撑国民经济发展的首要能源的重要地位。

2）由产量速度型向质量效益型转变。随着我国经济结构的持续调整，能源结构也在不断优化，未来煤炭需求的增长会逐步放缓，煤炭市场空间会进一步缩小，因此，煤炭行业的外部环境和内在动力，均要求煤炭开发由产量速度型向质量效益型转变，创新发展模式，转变发展思路，提高发展能力，实现从"量的崛起"到"质的繁荣"的转变。

3）由单一煤炭生产向煤炭综合利用、深加工方向转变。煤炭行业整体经济效益的提升，需通过行业产业链的科学设计，尤其是通过下游产业链的有效延伸，生产满足市场需求的系列产品来得以实现。以煤炭资源开发生产为龙头，发展相关新兴产业，推动煤炭上下游产业一体化发展，推进煤炭深加工转化，促进煤炭产业升级是改变煤炭工业效率低下、有效提升煤炭价值空间的根本出路。

4）由粗放的煤炭开采向以高新技术为支撑的安全高效开采转变。为实现以高新技术为支撑的煤炭安全、高效、绿色开采，必须消除行业技术落后的不利因素，应切实加大煤炭行业重大基础理论和关键性技术研究力度，推动煤矿由传统的生产方式朝大型化、现代化、自动化、信息化的方向转变，使煤炭企业管理由经验决策转移到信息化、系统化、科学化决策上来，推动传统的煤炭产业朝安全高效生产、清洁高效利用方向发展。

5）由单纯控制煤矿安全伤亡事故向全面性的保障职业安全转变。长期以来，我国煤炭安全主要用灾害事故的人员伤亡数量来评价，而忽视职业健康保障，与煤炭行业尘肺病等职业病高发的特点不相符。因此，科学的煤炭安全观要进一步扩展和延伸，应该涵盖整体职业安全，全面实现安全生产与煤炭经济建设、产业结构调整优化、企业规模效益和市场竞争能力等同步发展。

6）由资源环境制约向生态环境友好型转变。鉴于以往煤炭开发过程中引起的环境与生态破坏严重等问题，如何在煤炭开发与环境友好之间建立平衡、和谐的关系是行业健康发展、转变发展方式的主要任务。从长远看，煤炭行业应坚持循环经济发展理念，推进节能减排工作，加快科技创新和新技术研发，推进煤矿向绿色矿山模式发展。

要实现煤炭工业发展方式的六大转变，其核心就是要实现以安全、高效、绿色、高回收率、经济开采等为综合目标的全面性、科学化开采，打破过去传统的"要多少，产多少"的简单化、粗放式的市场需求型生产模式。因此，煤炭工业必须以科学开采为引领，以科学产能为依据，提出科学开采的新概念、新理论、新方法、新举措，推动整个行业发展方式的转型。

2.8 小结

1）根据开采地质条件相似性原则、煤矿灾害基本特征一致性原则、行政区划原则，综合主体采煤技术、市场供给能力等因素，本研究将全国划分为晋陕蒙宁甘区、华东区、东北区、华南区和新青区五大产煤区。

2）我国已探明保有煤炭资源储量约1.946万亿t，其中晋陕蒙宁甘区占71.58%。煤炭资源具有以下特点：资源总量丰富，分布不均衡；煤类齐全，但稀缺煤种资源量较少；煤矿开采地质条件复杂，多元灾害共生；东部大部分区域资源逐步枯竭、开采条件恶化，西部资源丰富、水资源短缺，生态脆弱等。

3）煤炭产量主要由需求量决定，总体上产需基本平衡；煤炭资源整合力度持续加大，产业集中度进一步提高；东、中部地区生产基本维持稳定，西部地区产能持续增长是我国煤炭开发的基本特点。

4）我国煤炭资源开发受资源、环境、安全、减排以及开采技术与装备等主客观因素的影响，仍然存在资源开采难度不断加大、生产安全形势依然严峻、生态环境问题日趋严峻、职工健康难以保障、煤炭资源浪费严重、煤炭开采秩序混乱等问题。

5）面对我国加快现代能源产业体系建设、走新型工业化道路的发展目标，煤炭开发将面临越来越大的环境保护压力，面临以人为本的安全发展压力，面临煤炭科学开采与煤炭需求矛盾加剧的压力。

6）当前煤炭行业"高危、粗放、污染、无序"的负面行业形象没有得到彻底改观，负外部性效应比较突出，仍然保留着"要多少、产多少"的粗放式的市场化生产模式，其发展状况与国家整体现代化建设和实现小康社会大环境不协调，在认识上、观念上、体制机制上、技术上、发展模式上与煤炭工业走科学化发展道路的要求不同步。要实现煤炭安全、绿色、高效开采，必须消除存在的八个方面的制约因素，顺应国家转变经济发展方式的大形势，实现自我发展方式的六大转变。

7) 要实现煤炭工业发展方式的六大转变，其核心就是要以实现安全、高效、绿色、高回收率、经济开采等为综合目标的全面性、科学化开采，打破过去传统的"要多少，产多少"的简单化、粗放式的市场需求型生产模式。

第 3 章　中国现有煤炭科学产能分析

我国煤炭资源丰富，市场需求旺盛，综合各机构相关预测，2015 年、2020 年、2030 年煤炭需求量应为 37 亿~39 亿 t、39 亿~44 亿 t、45 亿~51 亿 t。但我国煤炭产能提升受到诸多不利因素的制约，长期以来，我国粗放型的煤炭产业发展，在支撑国民经济快速发展的同时，也付出了沉重的代价，例如，发生大量人员伤亡事故，生态环境破坏严重等。不顾资源条件和环境约束盲目追求规模和速度，给煤矿安全、环境及区域经济协调发展埋下了隐患。根据我国煤炭开采现有的科学技术水平，综合考虑环境、安全等各种因素，我国目前煤炭产能的开发已大大超出了本行业在资源、技术、环境、安全等方面所能承载的能力（中国工程院项目组，2011）。因此，煤炭生产必须坚持科学发展观，必须改变"以需定产"的行业发展模式进行科学开采，彻底扭转我国煤炭工业"高危、污染、粗放、无序"的行业现状，实现煤炭产业的健康可持续发展。

结合我国煤炭需求及开采现状，本研究提出了科学开采与科学产能的概念和内涵，调研了五大产煤区的典型煤炭生产企业，分析了各产煤区科学产能的约束条件，创造性地提出了生产安全度、生产绿色度、生产机械化程度的煤炭科学产能评价指标体系与标准，并对我国五大产煤区及全国和发达国家进行了科学产能分析对比。我国与世界先进水平差距较大，应当全面推行科学开采和科学产能的理念，坚持煤炭科学开采，全面提升我国煤炭开采的科学化水平。

3.1　煤炭需求预测与产能分析

3.1.1　不同机构煤炭需求预测

根据《煤炭工业发展"十二五"规划》，随着国民经济继续保持平衡较快发展，2015 年中国煤炭需求约 39 亿 t。

据国际能源署（IEA）《世界能源展望（WEO）》（2010）预测，中国 2015 年煤炭需求量约为 37 亿 t，2020 年为 39 亿~42 亿 t，2030 年为 40 亿~48 亿 t。

中国工程院"中国能源中长期（2030、2050）发展战略——煤炭发展战略研究"课题研究表明，2020 年、2030 年国内煤炭需求量分别为 35 亿~40 亿 t、40 亿~45 亿 t。

3.1.2　分部门煤炭需求预测

根据中国电力企业联合会 2010 年《电力工业"十二五"规划研究报告》，预计 2015 年全国发电装机容量将达到 14.37 亿 kW 左右。其中，煤电装机 9.33 亿 kW，电煤用量将达到 20 亿 t 左右。根据 2020~2030 年水电、核电、风电、生物质能发电和太阳能发电技术的发展，发电结构不断优化，煤电在电力结构中的比重进一步下降，2020年电煤用量将达到22亿~24亿t。2030年电力行业用煤需求为28亿~32亿t。

钢铁行业2010年钢产量为6.26亿t，煤炭消耗5.45亿t。根据工业和信息化部《钢铁工业"十二五"发展规划》，2015年钢产量将超过7.5亿t，煤炭消费量为6亿~6.5亿t；根据中国工业化和城镇化发展阶段，钢铁产量要经历一个增长、稳定、缓慢下降的阶段，2020年和2030年煤炭需求量将分别达到约7亿t和6.5亿t。

建材行业2010年煤炭消耗量约为4.8亿t。随着建材工业产业结构调整、生产工艺水平和节能水平的提高，煤耗将逐步下降。预计2015年、2020年、2030年建材工业煤炭需求量分别为5亿t、5亿~5.5亿t、4亿~5亿t。

化工行业2010年煤炭消耗量约为1.4亿t。随着国内煤炭转化工程化技术开发的逐渐成熟和工程运行经验的积累，煤炭转化将进入较快发展阶段，但大规模开发的不确定性因素依然较多。预计2015年、2020年、2030年化学工业煤炭需求量分别为2亿t、2.5亿~3亿t、3亿~3.5亿t。

随着煤炭向电力等二次能源转化比重的逐步提高，其他用煤需求呈下降趋势。预计2015年、2020年、2030年其他用煤需求量分别为4.5亿t、3.5亿t、3.5亿t。具体国内煤炭需求预测如表3-1所示。

表3-1 国内煤炭需求预测　　　　　　　　　　　　　　单位：亿t

行业	2010年	2015年	2020年	2030年
国内煤炭需求合计	33.45	37.5~38	40~44	45~51
1. 电力	16.97	20	22~24	28~32
2. 钢铁	5.45	6~6.5	7~7.5	6.5~7
3. 建材	4.81	5	5~5.5	4~5
4. 化工	1.41	2	2.5~3	3~3.5
5. 其他	4.82	4.5	3.5~4	3.5

综合分析，2015年、2020年、2030年煤炭需求量分别为37亿~39亿t、39亿~44亿t、45亿~51亿t。

3.1.3 中国煤炭产能特点

长期以来，我国煤炭生产采用"以需定产"的发展模式，20世纪90年代至21世纪初期，煤炭需求较少，产量较低，煤炭行业发展缓慢，技术与装备水平落后。从2002年开始，在经济迅速发展的带动下，我国原煤产量持续增长，煤炭产量由2002年的14.2亿t提升至2010年的32.4亿t。根据我国《煤炭工业发展"十一五"规划》中保障煤炭有效供给的原则，2010年煤炭生产总量控制在26亿t，但由于市场的旺盛需求，煤炭产量大幅超过规划总量。

在满足国民经济和社会发展对煤炭能源资源需求的同时，煤炭行业本身没有做到科学开采。煤炭"高危、污染、粗放、无序"的行业面貌没有得到根本改变，煤炭以牺牲资源、环境和安全为代价换取的煤炭供给的现状没有得到根本改变。

面对煤炭行业的发展现状，面对国民经济和社会发展煤炭资源的需求，煤炭行业要转变发展模式，促进和引导经济发展方式的转变，从根本上改变"以需定产"的粗放式发展方式，通过科学开采，实现煤炭行业科学发展、安全发展和可持续发展。

要实现煤炭科学开采，必须首先掌握目前我国煤炭产能现状，针对其特点及存在的主要问题，提出适合于我国煤炭生产条件的科学产能概念、内涵及评价指标体系，确定现有煤炭科学产能分布情况。

3.2 煤炭科学开采概念及内涵

3.2.1 科学开采的概念

科学开采是指在以科学发展观引领的与地质、生态环境相协调理念下最大限度地获取自然资源，在不断克服复杂地质条件和工程环境带来的安全隐患前提下进行的安全，高效，绿色，经济、社会协调可持续开采。

3.2.2 科学开采的内涵

科学开采的内涵包含安全、高效、绿色和经济的可持续煤炭开采体系。

实现煤炭科学开采，必须体现以下四个方面的思想：安全开采，以保护人身作业安全；高效开采，以提高资源采出率；绿色开采，以保护环境；经济、社会协调可持续开采，以确保行业长期稳定健康发展。

安全开采的内涵是按照"以人为本"科学发展观的要求，通过持续加大安全投入，采用先进的安全技术和监测、管理手段，实现事故发生率低、职业病发病率低、职业安全健康有保障的安全发展。

高效开采的内涵是按照科学程序和方法，通过各种先进机械在特定地质条件下的配套使用，大幅提高煤炭开采的机械化程度，实现全员效率高、生产信息化与智能化程度高、装备适应能力强的开发模式。

绿色开采的内涵是按照环境友好的发展要求，通过控制开采与保水开采技术、矸石井下充填与地面加固技术、土地复垦与生态恢复技术、矿井瓦斯抽采技术、煤炭地下气化技术等先进技术的综合应用，改善传统采煤工艺造成的严重生态与环境问题（钱鸣高，2003），在实现煤炭资源高回收率开采的同时，大幅减轻煤炭开采对生态环境的破坏或扰动，使环境资源得到最优配置，与自然之间建立起复合的生态平衡机制。

经济、社会协调可持续开采的内涵包括三个方面的内容：坚持"以人为本"，保障从业人员的经济、社会地位；实现煤炭生产的社会协调；煤矿建设与生产须考虑全周期经济成本的投入。

3.3 煤炭科学产能概念及内涵

3.3.1 科学产能

科学产能是指在具有保证一定时期内持续开发的储量前提下，用安全、高效、环境友好的方法将煤炭资源最大限度地采出的生产能力。

科学产能要求"资源、人力、科技与装备"都必须达到相应的要求和标准，是煤炭行业和一个矿区综合能力的体现。具体表现在：

1）矿井的经济可采储量满足矿井服务年限的要求。

2）区域地质采矿条件清晰，矿区规划和矿井与回采工作面设计能充分发挥现有开采技术和装备的能力。

3）根据煤层赋存条件选择适用的、安全高效的开采方法，采用机械化、综合机械化及自动化掘、采技术，矿井运输（含辅助运输）实现机械化，通风、排水等系统实现自动化。

4）矿井安全生产形势良好，瓦斯及突出矿井实现先抽后采，抽采达标，职工的健康有保障。

5）不污染环境，不造成生态损害，污染的环境要得到有效治理；损害的土地治理达到有利于再利用的目的；水资源遭到损害时，能得到资源化利用。实现煤炭环境友好开采。

6）煤层气、油母页岩、铝土矿等重要共伴生资源能得到一体化协调开发。

根据科学产能对"资源、人、技术和装备"的要求，本研究提出科学产能的评价指标，主要包括三个方面：①生产安全度；②生产绿色度；③生产机械化程度。

3.3.2 生产安全度

生产安全度是指煤矿从业人员在生产和运营过程中的安全健康保障程度。

生产安全度的内涵是按照"以人为本"科学发展观的要求，实现事故发生率低、职业病发病率低、职业安全健康有保障的安全发展。

生产安全度有以下三个方面的特点：

1）充分体现以人为本的理念，尊重矿工的生命权和健康权。

2）充分反映出煤矿企业现有安全生产状况。

3）不仅以人的生命安全和健康作为评价标准，而且要督促煤矿企业采用先进的安全技术和监测、管理手段，并将人员的安全保障措施统一纳入安全生产度的评价，解决煤矿生产人员的后顾之忧。

3.3.3 生产绿色度

生产绿色度是指在煤炭开发过程中实现对矿区生态及资源环境的保护程度。

生产绿色度的内涵是按照环境友好的发展要求，改变传统采煤工艺造成的生态与环境问题，实现煤炭资源的回收率高、生态环境损害小、共伴生资源协调开采的绿色发展。

生产绿色度具有以下三个方面的特点：

1）广义资源的特点（钱鸣高，2003）。在矿区范围内的煤炭、煤层气、地下水、共伴生矿产以及土地、煤矸石等都是开发利用对象，转变了原有矿井废弃（或有害）物不能利用的观念。

2) 源头治理的特点。在开采设计时就采取措施，从源头上消除或减少采矿对生态环境的破坏，而不是先破坏后治理。如通过采矿方法的改变和调整来实现对地下水资源的保护、减缓地表沉陷、减少瓦斯和矸石的排放等（冯宇峰等，2010）。

3) 生态环境友好的特点。形成一种与环境协调一致的开采方式，有效减少资源开采对生态环境的影响，促进资源开发与环境、区域经济和社会协调发展。

3.3.4　生产机械化程度

生产机械化程度是指在特定地质条件下采用最适宜的采煤方法所达到的高效开采的机械化程度。

生产机械化程度的内涵是按照科学程序和方法，实现全员效率高、生产信息化与智能化程度高、装备适应能力强的高效开采。

它主要体现在以下几个方面：

1) 针对特定的地质条件采用适宜的采煤方法。
2) 采用机械化、综合机械化或自动化进行掘进和采煤（康红普和王金华，2007）。
3) 全员效率高，开采成本低，经济效益好。
4) 煤炭开采实现信息化管理。

3.3.5　煤炭安全生产、绿色生产及机械化生产相互关系

在煤炭资源开采中，安全生产、绿色生产和机械化生产是协调统一、相辅相成的。煤炭生产必须首先保证安全，安全生产关系到人民的生命财产安全和社会稳定。在保证安全的情况下，我们要努力遵循循环经济中绿色工业的原则，实现煤炭资源的绿色开发和利用，在一定的矿区生态环境容量范围内，加大煤矿瓦斯抽采利用，推进保水开采、减沉开采、填充开采，提高矿井水、煤矸石利用率，加大沉陷区恢复和治理，有效减少资源开采对生态环境的影响，促进资源开发与环境、区域经济和社会协调发展。根据《2009年我国煤矿机械化生产情况年度报告》，煤炭资源机械化生产是通过研究开发新的采煤技术、设备与方法，减少工人劳动强度，提高生产安全度，增加开采效率，实现煤炭资源的机械化、自动化开采；针对不同的地质条件开发不同的技术与装备，适当提高煤炭资源采出率（薛友兴，2010），减少煤炭开采对生态环境的破坏。在实现煤炭资源科学产能中，安全生产是前提，绿色生产是方向，机械化生产是手段，三者是一个统一的整体。

3.4　煤炭科学产能综合评价指标体系

3.4.1　科学产能评价指标体系的提出

3.4.1.1　煤炭生产现有评价方法及标准

美国、澳大利亚等世界先进产煤国家煤炭生产具有以下四个特点：新建煤矿申请门槛高；生产准入要求高；制度、作业规范要求高；技术装备投入高。这些国家煤层赋存

条件相对简单，复杂地质条件、高瓦斯和煤与瓦斯突出矿井的煤炭资源不开采，煤炭生产机械化程度高，全员工效及原煤效率高。先进采煤国家均制定了完善的安全生产制度与规范，强化灾区矿安全生产管理和监察，安全生产科技保障程度高，煤炭生产业人员的生命和职业健康能够得到充分保障。在绿色开采方面，澳大利亚、欧洲等先进采煤国家和地区强制要求井工煤矿进行充填开采或采取土地复垦、生态恢复重建措施，以减少对生态环境的破坏和扰动。

与世界先进产煤国家煤炭生产制度与评价标准相比，我国对煤炭安全、高效开采评价，目前应用较广的为《煤炭工业安全高效矿井评审办法》。该办法共设立三个等级，分别为特级安全高效矿井、行业一级安全高效矿井、行业二级安全高效矿井。该评价方法主要在安全、采掘机械化程度、采区回采率、矿井生产管理、矿井综合单产、矿井原煤工效等方面提出了评价标准。

1）安全方面：特级安全高效矿井百万吨死亡率为0；行业一级安全高效矿井当年没有发生一次死亡3人以上的事故，百万吨死亡率低于0.4；行业二级安全高效矿井当年没有发生一次死亡3人以上的事故，百万吨死亡率低于1。

2）采掘机械化程度方面：特级、行业一级、行业二级安全高效矿井采煤机械化程度应分别达到95%、85%、75%以上；特级、行业一级、行业二级安全高效矿井掘进装载机械化程度均应达到95%以上；特级、行业一级、行业二级安全高效矿井的综合掘进机械化程度，应分别达到40%、25%、15%以上。

3）采区回采率方面：薄煤层不低于85%、中厚煤层不低于80%、厚煤层不低于75%。

4）矿井生产管理方面：煤矿在调度、生产、经营管理等方面，必须实现计算机网络化管理。

5）矿井综合单产方面：特级、行业一级、行业二级安全高效矿井的综合单产，应分别达到12万t/个/月、8万t/个/月、6万t/个/月以上；较薄煤层（≤1.5m）或大倾角煤层（≥25°），考核综合单产乘0.5系数；具有煤与瓦斯突出危险的矿井，考核综合单产乘0.8系数。

6）矿井原煤工效方面，如表3-2所示。

表3-2 煤炭工业安全高效矿井原煤工效评价标准

矿井实际产量/（万t/a）	原煤生产人员效率/（t/工）		
	特级	行业一级	行业二级
≥300	≥15	≥10	≥7
≥200~300	≥12	≥8	≥6
≥100~200	≥10	≥7	≥5
≥45~100	≥8	≥6	≥4

对于绿色开采的评价，环境保护部于2009年2月1日开始实施中华人民共和国国家环境保护标准《煤炭采选业清洁生产标准》（HJ 446—2008）。该项标准提出了煤炭采选业清洁生产国际先进生产水平、国内先进生产水平及国内生产基本水平评价标准，如表3-3所示。

表3-3 煤炭采选业清洁生产指标 （单位：%）

评价项目	评价指标		国际先进生产水平	国内先进生产水平	国内生产基本水平
井工煤矿工艺与装备	煤矿机械化掘进比例		≥95	≥90	≥70
	煤矿综合机械化采煤比例		≥95	≥90	≥70
矿山生态保护指标	塌陷土地治理率		≥90	≥80	≥60
	露天煤矿排土场复垦率		≥90	≥80	≥60
	排矸场覆土绿化率		100	≥90	≥80
	矿区工业广场绿化率				
废物回收利用指标	当年抽采瓦斯利用率		≥85	≥70	≥60
	当年产生的煤矸石综合利用率		≥80	≥75	≥70
	矿井水利用率	水资源短缺矿区	100	≥95	≥90
		一般水资源矿区	≥90	≥80	≥70
		水资源丰富矿区（其中工业用水）	≥80 (100)	≥75 (≥80)	≥70 (≥80)
采区回采率	厚煤层回采率		≥77		≥75
	中厚煤层回采率		≥82		≥80
	薄煤层回采率		≥87		≥85
工作面回采率	厚煤层回采率		≥95		≥93
	中厚煤层回采率		≥97		≥95
	薄煤层回采率		≥99		≥97

3.4.1.2 现有评价方法及标准的局限性

根据科学产能的概念和内涵，确定科学产能评价主要包含安全、高效、绿色生产等三个方面的指标。

中国煤炭工业协会《煤炭工业安全高效矿井（露天）评审办法》和中华人民共和国国家环境保护标准《煤炭采选业清洁生产标准》（HJ 446—2008）提出的评价标准能够对我国煤炭现有生产水平进行评价，但并不能完全反映我国煤炭的科学开采水平。《煤炭工业安全高效矿井（露天）评审办法》没有反映科学产能中生产绿色度的要求；而且对矿井安全生产的评价只有百万吨死亡率一个指标，不能完全反映从业人员的职业健康保障。中华人民共和国国家环境保护标准《煤炭采选业清洁生产标准》只能反映煤炭生产的绿色程度，无法反映安全、高效生产程度。

由此可见，上述两种评价方法和标准具有单一性、局限性和不科学性，同时也不是强制性标准，仅为对各矿井煤炭开采水平的评价，对煤炭科学开采的实际指导作用有限。

随着时代的进步，需要重新审视我国煤炭生产现状和发展趋势，针对我国煤炭科学开采制定出适宜的科学产能评价指标体系。为了能全面、系统地评价我国煤炭科学产能，根据煤炭科学产能的内涵，本研究通过广泛调研分析，考虑各产煤区地质、资源条件及生产条件巨大差异的实际客观性，提出了煤炭生产安全度、生产绿色度和生产机械化程度的评价指标体系。该指标体系既要提高煤炭生产科学化水平，同时要使科学产能有保障，而且具有可操作性与可推行性。

3.4.2 科学产能评价指标体系构成

科学产能评价指标体系由12个一级评价指标和22个二级评价指标构成。一级评价指标是指标体系中具有普适性、概括性的指标（图3-1）。二级评价指标是指在一级评价指标之下，可代表矿井开采特点的、具体的、可操作的、可验证的指标。

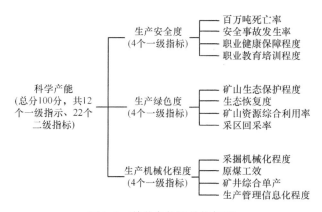

图3-1 科学产能评价指标图

3.4.3 煤炭生产安全度评价指标

目前针对煤矿开采是否安全主要通过百万吨死亡率来进行评价，评价指标单一，无法完全体现煤矿的安全生产情况。我们根据科学产能的内涵，提出了更为全面的评价方法，主要包括百万吨死亡率、安全事故发生率、职业健康保障程度、职业教育培训程度4个一级评价指标和7个二级评价指标。各项评价指标的含义及计算方法如下。

1）百万吨死亡率。百万吨死亡率是指每生产100万t煤炭所死亡的人数比例。

2）安全事故发生率。安全事故发生率主要包括两个方面：重特大事故率、伤残率。重特大事故率以事故的严重性和影响力反映矿井安全事故发生情况；伤残率以受伤人员的数量反映矿井在生产过程中人员受伤的情况。

重特大事故率：煤炭生产实现科学产能要求矿井重特大事故率为0

$$伤残率 = \frac{矿井每年伤残总人次}{该矿平均职工人数} \times 100\% \tag{3-1}$$

3）职业健康保障程度。职业健康保障程度反映了煤矿生产企业对从业人员尤其是直接从事井下煤炭生产工作人员的安全保障程度，主要包括人员健康体检率、人员安全保险覆盖率、职业病发病率三个方面。

$$人员健康体检率 = \frac{每年参加健康体检的人数}{该矿职工总人数} \times 100\% \tag{3-2}$$

$$人员安全保险覆盖率 = \frac{参加安全保险的人数}{该矿职工总人数} \times 100\% \qquad (3\text{-}3)$$

$$职业病发病率 = \frac{职业病新发现的病例数}{从事该种职业的劳动者人数} \times 100\% \qquad (3\text{-}4)$$

4）职业教育培训程度。职业教育培训程度是指参加职业教育培训的人员数量占该煤矿总从业人员数量的比例。

$$职业教育培训程度 = \frac{参加职业教育培训的人数}{煤矿总从业人数} \times 100\%$$

3.4.4 煤炭生产绿色度评价指标

为了能对矿山或矿区的绿色开采表现做出定量评价，根据生产绿色度的概念及内涵，建立生产绿色度的指标评价体系。

生产绿色度是指在煤炭开发过程中，为最大限度地减轻因开采造成的地表环境损伤、植被破坏、地下水系破坏、有害气体排放等环境负外部效应，运用先进的、环境友好的技术和装备，采用清洁生产和循环经济的手段与措施，对矿区生态和环境的保护程度，是评判矿区资源与环境保护的多指标体系。

煤炭绿色开采评价体系包括矿山生态保护程度、生态恢复度、矿山资源综合利用率、采区回采率4个一级评价指标以及8个二级评价指标。各项评价指标的含义及计算方法如下。

1）矿山生态保护程度。矿山生态保护程度包括充填率和采煤塌陷系数2个二级指标。充填开采是目前煤矿开采中减少地表破坏的主要开采方式。采煤塌陷系数是评价一个区域在煤炭资源开采过程中地表的塌陷程度。

$$充填率 = \frac{充填的体积}{巷道掘进与工作面回采产出煤炭的体积} \times 100\% \qquad (3\text{-}5)$$

采煤塌陷系数：平均每开采1万t煤引发的当年土地塌陷面积。

2）生态恢复度。对开采过程中破坏的生态环境进行恢复是煤炭资源绿色开采的重要内容，生态恢复度主要包括复垦率、塌陷土地绿化率2个二级指标。

$$复垦率 = \frac{已恢复的土地面积}{被破坏土地的面积} \times 100\% \qquad (3\text{-}6)$$

$$塌陷土地绿化率 = \frac{塌陷土地恢复后绿化面积}{塌陷土地总面积} \times 100\% \qquad (3\text{-}7)$$

3）矿山资源综合利用率。矿山资源综合利用率主要包括煤矸石综合利用率、矿井水利用率和瓦斯抽采利用率。

$$煤矸石综合利用率 = \frac{当年生产煤矸石的利用总量}{当年煤矸石生产总量} \times 100\% \qquad (3\text{-}8)$$

$$矿井水利用率 = \frac{当年矿井水利用总量}{当年矿井水生产总量} \times 100\% \qquad (3\text{-}9)$$

$$瓦斯抽采利用率 = \frac{当年矿井抽采瓦斯利用量}{当年矿井抽采瓦斯量} \times 100\% \qquad (3\text{-}10)$$

4）采区回采率。根据2000~2011年的《中国统计摘要》，煤炭资源回采率考核指标为采区回采率,是指考核期内一个采区的采出煤量与采区动用储量之比,采区采出煤量包括采区内所有工作面采出煤量与掘进煤量之和,采区动用储量是指采出煤量与损失煤量之和。

$$采区回采率 = \frac{采区采出煤量}{采区动用储量} \times 100\% \quad (3\text{-}11)$$

3.4.5 煤炭生产机械化程度评价指标

煤炭生产机械化程度主要从矿井生产过程中巷道掘进、工作面回采及运输的机械化水平,矿井人员的生产效率、生产规模,生产管理的先进性等方面对矿井进行评价,包括采掘机械化程度、原煤工效、矿井综合单产和生产管理信息化程度4个一级评价指标和7个二级评价指标。各项评价指标的含义及计算方法如下。

1)采掘机械化程度。掘进与回采是煤矿开采的两个关键环节。根据《2010年中国煤矿机械化生产情况年度报告》,采掘机械化程度反映矿井采煤、掘进及运输的机械化整体水平,是评价煤炭生产机械化程度的核心指标。采掘机械化程度包括三个方面:采煤机械化程度、掘进机械化程度和运输机械化程度。

$$采煤机械化程度 = \frac{机械化采煤工作面产量}{回采产量} \times 100\% \quad (3\text{-}12)$$

$$掘进机械化程度 = \frac{机械化掘进工作面进尺}{掘进总进尺} \times 100\% \quad (3\text{-}13)$$

$$运输机械化程度 = \frac{掘进装载机械工作面进尺}{掘进总进尺} \times 100\% \quad (3\text{-}14)$$

2)原煤工效。原煤工效体现了矿井生产中人员的整体工作效率,包括2个二级指标:工作面原煤工效与矿井原煤工效不仅受到采掘机械化水平的影响,还受到煤层赋存条件尤其是煤层厚度的限制。因此,不同煤层厚度原煤工效的评价标准不同。

$$工作面原煤工效 = \frac{报告期工作面产量(计效产量)}{报告期该工作面生产人员实际工作工日数} \quad (3\text{-}15)$$

$$矿井原煤工效 = \frac{报告期原煤产量(计效产量)}{报告期参与计效的原煤生产人员实际工作工日数} \quad (3\text{-}16)$$

3)矿井综合单产。矿井综合单产是指矿井中每个工作面平均每月生产的原煤产量,主要反映了矿井单个工作面的煤炭生产规模。

4)生产管理信息化程度。生产管理信息化程度是指在煤炭生产过程中,机械设备与管理系统等方面的自动化与信息化的程度。根据我国煤矿生产管理的现状及未来发展趋势,生产管理信息化程度主要包括生产调度、电液系统、井下安全监测设备与人员、井下通信系统、人员定位系统五个方面。

3.4.6 科学产能综合评价指标

科学产能评价指标及对应权重见表3-4,科学产能各指标评分标准见表3-5。

表 3-4 科学产能综合评价指标

科学产能	序号	一级指标	二级指标	单位	选项	权重	
生产安全度(34%)	1	百万吨死亡率	百万吨死亡率		(A) 0, (B) 0~0.05, (C) 0.05~0.1, (D) 0.1 以上	12	12
	2	安全事故发生率	重特大事故率	%	0 (一票否决)	7	10
			伤残率	%	(A) 0.5 以下, (B) 0.5~1, (C) 1~1.5, (D) 1.5 以下	3	
	3	职业健康保障程度	人员健康体检率	%	(A) 80 以上, (B) 60~80, (C) 40~60, (D) 40 以下	3	9
			人员安全保险覆盖率	%	(A) 80 以上, (B) 60~80, (C) 40~60, (D) 40 以下	3	
			职业病发病率	%	(A) 2 以下, (B) 2~5, (C) 5~8, (D) 8 以上	3	
	4	职业教育培训程度	职业教育培训率	%	(A) 大于 60, (B) 40~60, (C) 20~40, (D) 小于 20	3	3
生产绿色度(30%)	5	矿山生态保护程度	充填率	%	(A) 75 以上, (B) 50~75, (C) 25~50, (D) 25 以下	4	8
			采煤塌陷系数	hm²/万 t	(A) 0.1 以下, (B) 0.1~0.25, (C) 0.25~0.4, (D) 0.4 以上	4	
	6	生态恢复度	复垦率	%	(A) 100 以上, (B) 80~100, (C) 60~80, (D) 60 以下	4	7
			塌陷土地绿化率	%	(A) 80 以上, (B) 50~80, (C) 20~50, (D) 20 以下	3	
	7	矿山资源综合利用率	煤矸石综合利用率	%	(A) 80 以上, (B) 60~80, (C) 40~60, (D) 40 以下	3	9
			矿井水利用率	%	(A) 90 以上, (B) 70~90, (C) 50~70, (D) 50 以下	3	
			瓦斯抽采利用率	%	(A) 80 以上, (B) 60~80, (C) 40~60, (D) 40 以下	3	
	8	采区回采率	厚煤层	%	(A) 75 以上, (B) 70~75, (C) 65~70, (D) 65 以下	6	6
			中厚煤层	%	(A) 80 以上, (B) 75~80, (C) 70~75, (D) 70 以下		
			薄煤层	%	(A) 85 以上, (B) 80~85, (C) 75~80, (D) 75 以下		
			极薄煤层	%	(A) 88 以上, (B) 83~88, (C) 75~83, (D) 75 以下		

续表

科学产能	序号	一级指标	二级指标	单位	选项	权重	
生产机械化程度（36%）	9	采掘机械化程度	采煤机械化程度	%	(A) 90以上，(B) 75~90，(C) 60~75，(D) 60以下	9	21
			掘进机械化程度	%	(A) 35以上，(B) 25~35，(C) 15~25，(D) 15以下	9	
			运输机械化程度	%	(A) 95以上，(B) 85~95，(C) 75~85，(D) 75以下	3	
	10	原煤工效	工作面原煤工效	t/工	(A) 15以上，(B) 10~15，(C) 5~10，(D) 5以下	3	6
			矿井原煤工效	t/工	(A) 10以上，(B) 7~10，(C) 4~7，(D) 4以下	3	
	11	矿井综合单产	厚煤层	万t/个/月	(A) 12以上，(B) 10~12，(C) 8~10，(D) 8以下	3	3
			中厚煤层	万t/个/月	(A) 10以上，(B) 8~10，(C) 6~8，(D) 6以下		
			薄煤层	万t/个/月	(A) 5以上，(B) 4~5，(C) 3~4，(D) 3以下		
			极薄煤层	万t/个/月	(A) 4以上，(B) 3~4，(C) 2~3，(D) 2以下		
			急倾斜煤层（≥45°）	万t/个/月	(A) 5以上，(B) 4~5，(C) 3~4，(D) 3以下		
			高瓦斯和煤与瓦斯突出矿井	万t/个/月	(A) 8以上，(B) 6~8，(C) 4~6，(D) 4以下		
	12	生产管理信息化程度	生产管理信息化程度		(A) 生产调度、电液系统、井下安全监测设备与人员、井下通信系统、人员定位系统等全部配套完善 (B) 生产调度、电液系统、井下安全监测设备与人员、井下通信系统、人员定位系统等5项中4项配套完善 (C) 生产调度、电液系统、井下安全监测设备与人员、井下通信系统、人员定位系统等5项中3项配套完善 (D) 生产调度、电液系统、井下安全监测设备与人员、井下通信系统、人员定位系统等5项中仅2项或以下配套完善	6	6

表 3-5 科学产能评分标准

科学产能	序号	一级指标	二级指标	选项（对应分值）	权重及分值		分值合计（100）
生产安全度	1	百万吨死亡率	百万吨死亡率	A（12），B（8），C（3），D（0）	12	12	34
	2	安全事故率	重特大事故率	发生（0），未发生（7）	7	10	
			伤残率	A（3），B（2），C（1），D（0）	3		
	3	职业健康保障程度	人员健康体检率	A（3），B（2），C（1），D（0）	3	9	
			人员安全保险覆盖率	A（3），B（2），C（1），D（0）	3		
			职业病发病率	A（3），B（2），C（1），D（0）	3		
	4	职业教育培训程度	职业教育培训率	A（3），B（2），C（1），D（0）	3	3	
生产绿色度	5	矿山生态保护程度	充填率	A（4），B（2），C（1），D（0）	4	8	30
			采煤塌陷系数	A（4），B（2），C（1），D（0）	4		
	6	生态恢复度	复垦率	A（4），B（2），C（1），D（0）	4	7	
			塌陷土地绿化率	A（3），B（2），C（1），D（0）	3		
	7	矿山资源综合利用率	煤矸石综合利用率	A（3），B（2），C（1），D（0）	3	9	
			矿井水利用率	A（3），B（2），C（1），D（0）	3		
			瓦斯抽采利用率	A（3），B（2），C（1），D（0）	3		
	8	采区回采率	厚煤层	A（6），B（4），C（2），D（0）	6	6	
			中厚煤层				
			薄煤层				
			极薄煤层				
生产机械化程度	9	采掘机械化程度	采煤机械化程度	A（9），B（6），C（3），D（0）	9	21	36
			掘进机械化程度	A（9），B（6），C（3），D（0）	9		
			运输机械化程度	A（3），B（2），C（1），D（0）	3		
	10	原煤工效	工作面原煤工效	A（3），B（2），C（1），D（0）	3	6	
			矿井原煤工效	A（3），B（2），C（1），D（0）	3		
	11	矿井综合单产	厚煤层	A（3），B（2），C（1），D（0）	3	3	
			中厚煤层				
			薄煤层				
			极薄煤层				
			急倾斜煤层（≥45°）				
			高瓦斯和煤与瓦斯突出矿井				
	12	生产管理信息化程度	生产管理信息化程度	A（6），B（4），C（2），D（0）	6	6	

3.5 科学产能评价标准

根据科学产能的评价指标体系,结合我国五大产煤区域科学产能的现状、煤炭资源开采、技术水平现状与发展趋势,科学产能评价标准分为2011~2020年、2021~2030年两个时间段,采用"两步走"战略。两个时期科学产能关键指标及评价标准如下:

1) 2011~2020年,百万吨死亡率不高于0.1,无重特大事故,职业病发病率不高于3%,采煤塌陷系数不高于$0.25hm^2/万t$,采煤机械化程度达到80%,科学产能总得分达到70分。

2) 2021~2030年,百万吨死亡率不高于0.05,无重特大事故,职业病发病率不高于2%,采煤塌陷系数不高于$0.2hm^2/万t$,采煤机械化程度达到85%,科学产能总得分达到80分。

科学产能评价标准各指标中,百万吨死亡率高于《煤炭工业安全高效矿井(露天)评审办法》中行业一级矿井(0.4)的要求;新增了职业病发病率指标,更有利于对从业人员职业健康的保障。由于华南区大部分和东北区部分矿井煤层赋存地质条件复杂,很多矿井为薄煤层、急倾斜煤层开采,由于地质采矿条件所限,这些矿井原煤工效、采掘机械化程度相对较低,为更全面、准确地评价全国各产煤区科学产能,确定2011~2020年采煤机械化程度指标达到80%,高于《煤炭工业安全高效矿井(露天)评审办法》中行业二级矿井75%的要求,低于行业一级矿井85%的要求;2021~2030年采煤机械化程度达到85%。采用采煤塌陷系数指标进行生产绿色度的评价,并采用科学产能总得分来评价各矿井的安全、高效、绿色生产情况。

科学产能生产绿色度评价标准总体与中华人民共和国国家环境保护标准《煤炭采选业清洁生产标准》(HJ 446—2008)中国内先进生产水平相当,生产安全度及机械化程度评价标准总体略高于中国煤炭工业协会《煤炭工业安全高效矿井(露天)评审办法》行业二级矿井的要求,同时更全面地反映了"以人为本"、科学发展观的要求。该评价标准全面反映了煤炭安全、高效、绿色生产理念与内涵,基本达到了世界先进采煤国家平均开采水平。同时,该评价标准为综合考虑各产煤区煤炭赋存条件及开采现状所提出的最低标准,煤层赋存条件较好的产煤区应尽可能提高科学产能的比重及得分,实现更高水平的科学开采。

3.6 科学产能约束条件与五大矿区分析

3.6.1 科学产能的约束条件

煤炭科学产能受资源、安全、高效、环境、相对深部极限开采深度五个条件的约束。

3.6.1.1 资源条件约束

资源条件约束主要指某产煤区的煤炭储量情况对科学产能影响。矿区的科学产能,应符合矿区总体规划确定的规模;煤矿的科学产能,应符合设计规范确定的矿井生产能力。以区域基础储量和保有资源量为基础,参照计算矿区服务年限的方法估算区域的服务年限,通过合适的服务年限选定较为合适的产能作为资源约束的产能。

3.6.1.2 安全条件约束

安全条件约束包括矿井的水文地质条件、开采地质环境及煤层赋存情况等约束条件。煤矿安全开采受到地应力、瓦斯、地下水、自燃倾向、"三下"开采等多方面地质采矿条件的约束。

3.6.1.3 高效条件约束

煤矿高效开采是指采用正规开采技术、采用先进适用的机械化装备进行煤炭开发的过程。在资源约束产能的基础上，扣除特殊煤层开采的产能（如薄煤层、急倾斜煤层等）和不能采用机械化开采的小煤矿产能后，作为高效生产约束的产能。

3.6.1.4 环境条件约束

煤矿的科学开采应尽可能保护矿区生态环境，实现资源的综合利用，主要包括煤炭开采中的矿山生态保护、水资源的保护和利用、矿区的生态恢复、矿山资源的综合利用等方面对煤炭产能的约束。

3.6.1.5 相对深部极限开采深度

受地温、地压等自然条件限制，以现有技术与装备无法实现煤炭资源安全、经济开采的最大深度称为相对深部极限开采深度，简称相对极限采深。此深度以下的煤炭资源，无法以现有的技术与装备进行安全、经济性开采，仅属于远景资源。只有当深部灾害防治技术、少人或无人智能开采技术、地下气化等其他非硐室开采技术等发展到一定水平，才能实现该部分资源的科学开采。

(1) 地温及平均温度梯度

常温带以下，岩层的温度将以一定的温度梯度上升，温度梯度的平均值约为3℃/100m，最高可达4℃/100m。俄罗斯千米平均地温为30~40℃，个别达到52℃，印度某金矿3000m时地温达70℃。而我国矿区地温梯度为2.5~3.0℃/100m，恒温带深度多在10~50m，恒温带温度在15~17℃。图3-2为新汶矿务局钻孔岩温测试曲线。

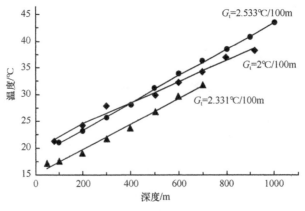

图 3-2　钻孔岩温测试曲线

可见，岩温随埋深的变化为

$$T_{gu} = T_o + G_t (H - H_o) \tag{3-17}$$

式中，T_{gu} 为岩温；T_o 为恒温带温度，平均温度为 16℃；G_t 为温度梯度，取新汶矿务局某些钻孔岩温实测曲线计算的平均值为 2.29℃/100m；H 为埋深；H_o 为恒温带深度，一般平均值为 30m。

（2）基于人体承受的极限温度确定的相对极限采深

煤矿开采的相对极限采深将取决于矿井降温技术和装备的发展水平，在矿井可能遇到各种不利的微气候，其中主要是矿井的高温、高湿。高温是指气温超过 30℃；高湿是指相对湿度超过 80%（谢和平等，2012）。在高湿作业环境中，热害可能使机体产生一系列生理功能的改变：体温调节发生障碍，主要表现为体温和皮肤温度升高；水盐代谢出现紊乱，使肌体的机能受到影响；消化系统、泌尿系统、神经系统等均会因高温、高湿大量失水，改变正常的功能，甚至致病。高温环境对劳动效率和安全产生影响，在高温环境中人的中枢神经系统容易失调，从而感到精神恍惚、疲劳、周身无力、昏昏沉沉，这种精神状态成为诱发事故的原因之一。

近年来的统计资料表明，我国已有 140 余对矿井出现了不同程度的高温问题，其中采掘工作面风流温度超过 30℃ 的矿井已达 60 余对（表 3-6）。在高温矿井中，一般生产率均较低，并且随着井下温度的升高，事故率呈现急剧增大的现象。

表 3-6 深部开采岩温与风流温度比较

煤矿名称	岩温/℃	风流温度/℃	温差/℃	埋深/m
唐口煤矿 1302 工作面	37	22.8~28.4	14.2	
平煤六矿	41~53（采掘面气温 32~35）	<30	23	670~850
平煤五矿 23220 采面	35.4（气温）	<28	7.4	830~1045
十矿三水平己四回风下山巷道	32~35（气温）	27.5	7.5	1028
平煤四矿己三采区	>35	<28	7	

考虑通风或空调降温条件下，岩温的降低将有助于形成采掘空间的合适温度，根据安全开采要求和我国目前煤炭资源开采的现状，《煤矿安全规程》明确规定，采掘工作面空气温度不得超过 26℃，硐室的空气温度不得超过 30℃，以 T_{cr} 表示。假设目前技术水平通过通风或空调降温能达到的岩温与降温后空气温度极限差值为 S，根据表 3-6，该值可取极限值 23℃，则安全温度满足的关系为

$$T_{gu} - S \leqslant T_{cr} \tag{3-18}$$

将式（3-17）代入式（3-18），则可得到煤矿相对极限采深为

$$H \leqslant \frac{T_{cr} - T_o + S}{G_t} + H_o = H_{cr} \tag{3-19}$$

若 T_{cr} 取工作面空气极限温度 26℃，则

$$H_{cr} = 1471 \text{（m）} \tag{3-20}$$

若 H_{cr} 取硐室空气极限温度 30℃，则

$$H_{cr} = 1618 \text{（m）} \tag{3-21}$$

可见，深部极限开采深度上限值为1471m，下限值为1618m（图3-3）。根据计算结果及目前我国煤矿开采现状，将1500m作为极限开采深度，1500m以下的资源可在技术与装备进一步发展之后开采，或采用地下气化等其他非硐室开采方式。

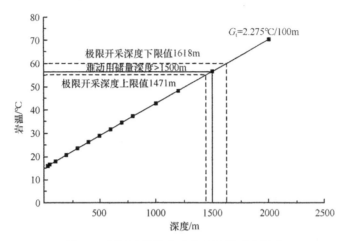

图3-3　根据地温梯度确定的极限开采深度

3.6.2　五大矿区主要约束条件分析

1）晋陕蒙宁甘区。该区煤炭资源丰富、煤种齐全、开采条件好；以大型煤矿为主，生产力水平较高，安全保障程度较高；生态环境脆弱、水资源不足是制约该区发展的主要因素。环境是该区科学开采的首要制约因素，其次是安全和高效因素。

2）华东区。该区煤层赋存及开采条件较好、煤类齐全、煤质优良；历经多年开发后，保有资源储量不多，规划建设的大型矿井少；部分矿井进入深部开采，灾害威胁加重；"三下"压煤问题突出，采煤沉陷对土地和地面设施的影响较大。安全是该区科学开采的首要制约因素，其次是高效和环境因素。

3）东北区。该区煤类齐全、煤质优良；开采历史长、强度大，剩余资源量少，规划建设的大型矿井很少；开采条件较差，随着矿井进入深部开采，灾害威胁加重；小煤矿较多，生产力水平不高；采煤沉陷对土地和地面设施影响较大。安全是该区科学开采的首要制约因素，其次是环境和高效因素。

4）华南区。除云南、贵州外，该区其他省份煤炭资源匮乏，资源分布零星；煤炭开采条件差，灾害威胁严重；以小煤矿为主，生产力水平不高，安全保障程度较差；西南的高硫煤消费对环境影响较大。高效是该区科学开采的首要制约因素，其次是安全和环境因素。

5）新青区。该区煤炭资源丰富，开采条件好，开发前景广阔，是未来我国主要的煤炭接续区、生产基地和调出基地；目前该区煤炭消费市场有限，煤炭竞争能力不强，且受外运通道能力不足限制；此外，生态环境脆弱、水资源匮乏是制约本区发展的主要因素。环境是该区科学开采的首要制约因素，其次是安全和技术因素。

3.7 中国现有煤炭科学产能分析

3.7.1 晋陕蒙宁甘区

3.7.1.1 典型矿井科学产能调研与分析

在晋陕蒙宁甘区,本研究选取了中国神华能源股份有限公司补连塔煤矿、神东煤炭集团大柳塔煤矿活鸡兔井、神华宁夏煤业集团金能煤业分公司、石炭井焦煤公司四个矿井进行科学产能现场调研与分析。

(1) 中国神华能源股份有限公司补连塔煤矿

补连塔煤矿于1997年10月建成投产,截至目前已有16年,矿井核定生产能力2500万t/a,年平均产量1200万t。1000m以浅煤炭可采储量为15.117亿t。补连塔煤矿所处井田基本构造形态为一单斜构造,井田内局部有小断层,偶尔也有短轴向斜和背斜出现,赋存条件简单,井田地质构造属简单类型,属于低瓦斯矿井,煤层易自燃。

2010年,补连塔煤矿百万吨死亡率为0,无重特大事故,职业病发病率为0.4%,采煤塌陷系数为0.134hm²/万t,采煤机械化程度为100%;生产安全度得分34分,生产绿色度得分25.5分,生产机械化程度得分36分,总得分为95.5分。

综合各项评价指标,2010年补连塔煤矿实现了科学产能,但生产绿色度仍可进一步提高。

(2) 神东煤炭集团大柳塔煤矿活鸡兔井

大柳塔煤矿活鸡兔井地层平缓,煤层倾角1°~3°,埋藏浅(至2-2煤层底板垂深为120m左右),煤层结构简单,顶底板岩性好,煤层厚度稳定。地层为缓西倾的大单斜构造,倾角1°左右。井田内断裂构造不发育,仅在井田西南部有一条较大的隐伏正断层。1000m以浅煤炭可采储量为4.559亿t。属于低瓦斯矿井,煤层易自燃,核定生产能力1100万t/a。

2010年,大柳塔煤矿活鸡兔井百万吨死亡率为0,无重特大事故,职业病发病率为0.17%,采煤塌陷系数为0.17hm²/万t,采煤机械化程度为100%;生产安全度得分34分,生产绿色度得分24分,生产机械化程度得分36分,总得分为94分。

综合各项评价指标,2010年大柳塔煤矿活鸡兔井实现了科学产能,但生产绿色度可进一步提高。

(3) 神华宁夏煤业集团金能煤业分公司

神华宁夏煤业集团金能煤业分公司矿井水文地质条件复杂,属于高瓦斯矿井,煤层自然发火,截止到2010年年底,1000m以浅煤炭可采储量为2735.8万t,矿井核定生产能力为315.7万t/a。公司已投产52年,年平均产量300万t。

2010年，神宁集团金能煤业分公司百万吨死亡率为0，无重特大事故，职业病发病率为0.4%，采煤塌陷系数为0.027hm²/万t，采煤机械化程度为100%；生产安全度得分33分，生产绿色度得分21分，生产机械化程度得分24.5分，总得分为78.5分。

综合各项评价指标，2010年神宁集团金能煤业分公司实现了科学产能，但生产绿色度和生产机械化程度仍可进一步提高。

(4) 石炭井焦煤公司

石炭井焦煤公司石炭井自1961年投产，年均产量112.2万t，目前1000m以浅煤炭可采储量为2016.8万t。矿井含水层富水性较差，补给来源缺乏，故水文地质条件简单。地表无水体，无奥灰水威胁，水文类型划分为中等。根据宁夏煤炭工业厅的测定井田煤层自然发火期为14~18个月。通过补6号钻孔煤芯煤样的测定，一、二、三、四、五、六层煤的原煤着火点为382~399℃。

2010年，石炭井焦煤公司百万吨死亡率为0，无重特大事故，职业病发病率为2.5%，采煤塌陷系数为0.0083hm²/万t，采煤机械化程度为100%；生产安全度得分32分，生产绿色度得分13.5分，生产机械化程度得分31分，总得分为76.5分。

综合各项评价指标，2010年石炭井焦煤公司实现了科学产能，但生产绿色度需进一步提高。

3.7.1.2 晋陕蒙宁甘区煤炭资源现有科学产能分析

该区域资源丰富，煤种齐全、煤炭产能高，是我国煤炭资源的富集区、主要生产区和调出区。区内内蒙古保有资源最多，山西次之，陕西、宁夏、甘肃分列后三位（李晓红，1994）。截止到2010年年底，全区累计保有查明资源量为8276.9亿t，其中保有基础储量2210.8亿t。2010年该区域煤炭产量18.50亿t，占全国煤炭产量的57.10%。

根据科学产能评价指标体系及2010年晋陕蒙宁甘区煤炭生产现状，估算得出2010年晋陕蒙宁甘区生产安全度得分12分，生产绿色度得分11分，生产机械化程度得分25分，晋陕蒙宁甘区科学产能总得分为48分。该区科学产能综合评价各指标得分情况如表3-7所示。

晋陕蒙宁甘区的典型特点是灾害程度较小，但局部存在高瓦斯双突煤层、露头火等灾害。据中国煤炭工业协会《2010年度突出矿井和高瓦斯统计表》，2010年该区共有水文地质条件复杂矿井产量5.38亿t，占全区总产量的29.1%，其中符合生产安全度的约占28%；易自燃矿井852处，产量11.4亿t，占全区总产量的61.6%，其中符合生产安全度的约占30%；高瓦斯矿井261处，产量1.75亿t，占全区总产量的9.5%，其中符合生产安全度的约占20%；煤与瓦斯突出矿井32处，产量0.37亿t，占全区总产量的2.0%，其中符合生产安全度的约占10%；冲击地压矿井15处，产量0.25亿t，占全区总产量的1.4%，其中符合生产安全度的约占10%。考虑部分矿井同时受多种灾害影响的情况（表3-8），2010年达到生产安全度的约占全区的47.7%，产能约为8.82亿t。

表3-7 晋陕蒙宁甘区科学产能综合评价各指标得分情况

科学产能	序号	一级指标	二级指标	单位	选项	选择	数据	得分
生产安全度（34%）	1	百万吨死亡率	百万吨死亡率		(A) 0，(B) 0~0.05，(C) 0.05~0.1，(D) 0.1以上	D	0.182	0
	2	安全事故发生率	重特大事故率		0（一票否决）		5	0
			伤残率	%	(A) 0.5以下，(B) 0.5~1，(C) 1~1.5，(D) 1.5以下	B		2
	3	职业健康保障程度	人员健康体检率	%	(A) 80以上，(B) 60~80，(C) 40~60，(D) 40以下	A		3
			人员安全保险覆盖率	%	(A) 80以上，(B) 60~80，(C) 40~60，(D) 40以下	A		3
			职业病发病率	%	(A) 1以下，(B) 1~3，(C) 3~6，(D) 6以上	B		2	12
	4	职业教育培训程度	职业教育培训率	%	(A) 大于60，(B) 40~60，(C) 20~40，(D) 小于20	B		2
	5	矿山生态保护程度	充填率	%	(A) 75以上，(B) 50~75，(C) 25~50，(D) 25以下	D		0
			采煤塌陷系数	hm²/万t	(A) 0.1以下，(B) 0.1~0.25，(C) 0.25~0.4，(D) 0.4以上	C		1
	6	生态恢复度	复垦率	%	(A) 100以上，(B) 80~100，(C) 60~80，(D) 60以下	B		2
			塌陷土地绿化率	%	(A) 80以上，(B) 50~80，(C) 20~50，(D) 20以下	C		1
生产绿色度（30%）	7	矿山资源综合利用率	煤矸石综合利用率	%	(A) 80以上，(B) 60~80，(C) 40~60，(D) 40以下	C		1
			矿井水利用率	%	(A) 90以上，(B) 70~90，(C) 50~70，(D) 50以下	C		1	11
			瓦斯抽采利用率	%	(A) 80以上，(B) 60~80，(C) 40~60，(D) 40以下	C		1
	8	采区回采率	厚煤层	%	(A) 75以上，(B) 70~75，(C) 65~70，(D) 65以下	C		1
			中厚煤层	%	(A) 80以上，(B) 75~80，(C) 70~75，(D) 70以下	B		4
			薄煤层	%	(A) 85以上，(B) 80~85，(C) 75~80，(D) 75以下	C		
			极薄煤层	%	(A) 88以上，(B) 83~88，(C) 75~83，(D) 75以下	C		

续表

一级指标	序号	二级指标	单位	选项	选择	数据	得分
采掘机械化程度	9	采煤机械化程度	%	(A) 90以上, (B) 75~90, (C) 60~75, (D) 60以下	B		6
		掘进机械化程度	%	(A) 35以上, (B) 25~35, (C) 15~25, (D) 15以下	B		6
		运输机械化程度	%	(A) 95以上, (B) 85~95, (C) 75~85, (D) 75以下	A		3
原煤工效	10	工作面原煤工效	t/工	(A) 15以上, (B) 10~15, (C) 5~10, (D) 5以下	B		2
		矿井原煤工效	t/工	(A) 10以上, (B) 7~10, (C) 4~7, (D) 4以下	B		2
矿井综合单产	11	厚煤层	万t/个月	(A) 12以上, (B) 10~12, (C) 8~10, (D) 8以下	B		
		中厚煤层	万t/个月	(A) 10以上, (B) 8~10, (C) 6~8, (D) 6以下	B		
		薄煤层	万t/个月	(A) 5以上, (B) 4~5, (C) 3~4, (D) 3以下	B		2
		极薄煤层	万t/个月	(A) 4以上, (B) 3~4, (C) 2~3, (D) 2以下			
		急倾斜煤层(≥45°)	万t/个月	(A) 5以上, (B) 4~5, (C) 3~4, (D) 3以下	B		
		高瓦斯和煤与瓦斯突出矿井		(A) 8以上, (B) 6~8, (C) 4~6, (D) 4以下	B		
生产管理信息化程度	12	生产管理信息化程度		(A) 生产调度、电液系统、井下通信系统、人员定位系统、井下安全监测设备等全部配套完善, (B) 生产调度、电液系统、井下通信系统、人员定位系统、井下安全监测设备等5项中4项配套完善, (C) 生产调度、电液系统、井下通信系统、人员定位系统、井下安全监测设备等5项中3项配套完善, (D) 生产调度、电液系统、井下通信系统、人员定位系统、井下安全监测设备等5项中仅2项或以下配套完善	B		4

科学产能 / 生产机械化程度（30%） 小计：25

表 3-8　晋陕蒙宁甘区在不同安全生产度约束条件下煤炭产量表

安全约束条件	煤炭产量/亿 t	占全区总产量比例/%	不符合科学产能的产量/亿 t	不符合科学产能的产量所占比例/%
水文地质条件复杂矿井	5.38	29.1	3.89	72
易自燃矿井	11.4	61.6	7.98	70
高瓦斯矿井	1.75	9.5	1.4	80
煤与瓦斯突出矿井	0.37	2.0	0.33	90
冲击地压矿井	0.25	1.4	0.23	90
水文地质条件复杂矿井与易自燃矿井	3.31	17.9	2.65	80
水文地质条件复杂矿井与高瓦斯矿井	0.51	2.8	0.45	88
水文地质条件复杂矿井和煤与瓦斯突出矿井	0.11	0.6	0.10	95
水文地质条件复杂与冲击地压矿井	0.07	0.4	0.07	95
易自燃矿井与高瓦斯矿井	1.08	5.8	0.92	85
易自燃、煤与瓦斯突出矿井	0.23	1.2	0.22	95
易自燃与冲击地压矿井	0.15	0.8	0.14	95
水文地质条件复杂、易自燃、高瓦斯矿井	0.31	1.7	0.29	95
水文地质条件复杂、易自燃、煤与瓦斯突出矿井	0.07	0.4	0.7	100
水文地质条件复杂、易自燃、冲击地压矿井	0.04	0.2	0.04	100
达到生产安全度产量/亿 t	8.82			

晋陕蒙宁甘区煤层条件好，有利于采用大型煤机装备实现科学产能，高效生产约束较小，主要影响科学产能的因素是小煤矿生产机械化程度。2010 年，该地区小煤矿有 678 处，产量 1.2 亿 t。以采掘机械化程度、原煤工效、矿井综合单产和生产管理信息化程度衡量矿井的机械化程度，通过调研后认为该地区 90 万 t/a 产能的矿井基本能够达到科学产能的标准。目前，该地区 90 万 t/a 以上井型产量为 448 处，产能占全区总产能的 59.8%，约为 11.1 亿 t（谢和平等，2012）。

晋陕蒙宁甘区水资源相对匮乏，环境容量较小。在高强度的煤矿开发过程中导致的地表沉陷、耕地退化、山体滑坡、地下水位下降、井泉干涸、水体污染等将会给矿区人们的生存和社会发展带来严重威胁，因而迫切需要采用保水开采、充填开采等绿色开采技术和装备，降低煤炭开采对环境的负效应。据统计，目前采取绿色环保开采工艺和相应生态环境恢复措施的矿井仅占该地区矿井数的 1/3 左右，煤炭开采对环境的负面影响程度达到 65%。按 2010 年产能为 18.50 亿 t 计算，只有 6.48 亿 t 属于科学产能。

根据晋陕蒙宁甘区资源、安全、高效、环境约束条件对科学产能影响分析，该区域科学产能的提高主要受到绿色生产条件的制约，结合部分矿井科学产能现场调研结果，该区域 2010 年实现科学产能的矿井产量为 6.48 亿 t，占该区域煤炭总产量的 35.03%。

该区域中科学产能绝大多数来自于国有重点煤矿。

山西省科学产能超过90%来自于山西潞安矿业集团公司、山西焦煤集团公司、晋城煤业集团公司、大同煤矿集团公司、阳泉煤业集团公司、中煤能源集团公司所属重点煤矿。该省长治市三元煤业公司、经坊煤业公司、高平市赵庄煤矿、南阳煤矿，晋城市兰花股份公司唐安煤矿，忻州市鲁能河曲电煤公司上榆泉煤矿等，均达到科学产能的要求。

陕西省科学产能主要来自于陕北地区神华集团所属部分矿井，以及陕西煤化工集团和彬县煤炭公司，如陕西集华柴家沟矿业公司、陕西煤化工集团黄陵矿业集团公司一号煤矿及彬县下沟煤矿等。

内蒙古自治区科学产能主要来自于鄂尔多斯、包头、呼和浩特能源"金三角"地区及其东北部地区。内蒙古煤炭资源目前开采深度浅、煤层厚，大多数矿井瓦斯含量低，适合于大型煤炭基地建设，是整个晋陕蒙宁甘区域科学产能的重要增长极。

宁夏回族自治区科学产能主要来自于宁东矿区，该区域煤层较厚、地质构造相对简单，适合于大型矿井的建设，近几年科学产能增长速度较快。

甘肃省科学产能主要来自于华亭矿业集团公司、砚北煤矿、新窑煤矿公司、陈家沟煤矿等。在晋陕蒙宁甘区五省份中，受地质条件的限制，甘肃省煤炭资源科学产能最低，且增长相对缓慢。

3.7.2 华东区

3.7.2.1 典型矿井科学产能调研与分析

在华东区，本研究对淮南谢一矿进行了调研，并进行了科学产能分析。

2010年，淮南谢一矿百万吨死亡率为0.29，无重特大事故，职业病发病率为小于1%，采煤塌陷系数为0.4hm^2/万t，采煤机械化程度为70%；生产安全度得分24分，生产绿色度得分14.5分，生产机械化程度得分23分，总得分为61.5分。

综合各项评价指标，2010年淮南谢一矿未实现科学产能。

3.7.2.2 华东区煤炭资源现有科学产能分析

华东区内主要赋存石炭二叠系含煤地层，上组煤为主采煤层，以厚煤层为主，局部中厚煤层；下组煤为辅助开采煤层，薄煤层赋存。该区煤质优良，煤类齐全，以气煤、肥煤、1/3焦煤等煤种为主，是我国重要的动力煤和炼焦煤生产区。区内安徽保有资源最多，河南次之，山东、河北、江苏分列后三位。由于开采历史较长，区内浅部资源已剩余较少，主要进入深部开发。截止到2009年年底，华东区累计保有查明资源量为1040.3亿t，其中保有基础储量362.7亿t，2010年该区域煤炭产量6.40亿t，占全国煤炭产量的19.75%。

根据科学产能评价指标体系及2010年华东区煤炭生产现状，估算得出2010年华东区生产安全度得分10分，生产绿色度得分15分，生产机械化程度得分20分，华东区科学产能总得分为45分。该区科学产能综合评价各指标得分情况如表3-9所示（谢和平等，2012）。

表3-9 华东区科学产能综合评价各指标得分情况

科学产能	序号	一级指标	二级指标	单位	选项	选择	数据	得分
生产安全度(34%)	1	百万吨死亡率	百万吨死亡率	%	(A) 0, (B) 0~0.05, (C) 0.05~0.1, (D) 0.1以上	D	0.605	0
	2	安全事故发生率	重特大事故率	%	0 (一票否决)	D		0
			伤残率	%	(A) 0.5以下, (B) 0.5~1, (C) 1~1.5, (D) 1.5以下	D	8	0
	3	职业健康保障程度	人员健康体检率	%	(A) 80以上, (B) 60~80, (C) 40~60, (D) 40以下	A		3
			人员安全保险覆盖率	%	(A) 80以上, (B) 60~80, (C) 40~60, (D) 40以下	A		3
			职业病发病率	%	(A) 1以下, (B) 1~3, (C) 3~6, (D) 6以上	B		2
	4	职业教育培训程度	职业教育培训率	%	(A) 大于60, (B) 40~60, (C) 20~40, (D) 小于20	B		2	10
	5	矿山生态保护程度	充填率	%	(A) 75以上, (B) 50~75, (C) 25~50, (D) 25以下	D		0
			采煤塌陷系数	hm²/万t	(A) 0.1以下, (B) 0.1~0.25, (C) 0.25~0.4, (D) 0.4以上	B		2
生产绿色度(30%)	6	生态恢复度	复垦率	%	(A) 100以上, (B) 80~100, (C) 60~80, (D) 60以下	B		2
			塌陷土地绿化率	%	(A) 80以上, (B) 50~80, (C) 20~50, (D) 20以下	B		2
	7	矿山资源综合利用率	煤矸石综合利用率	%	(A) 80以上, (B) 60~80, (C) 40~60, (D) 40以下	C		1
			矿井水利用率	%	(A) 90以上, (B) 70~90, (C) 50~70, (D) 50以下	B		2
			瓦斯抽采利用率	%	(A) 80以上, (B) 60~80, (C) 40~60, (D) 40以下	B		2	15
	8	采区回采率	厚煤层	%	(A) 75以上, (B) 70~75, (C) 65~70, (D) 65以下	B		2
			中厚煤层	%	(A) 80以上, (B) 75~80, (C) 70~75, (D) 70以下	B		
			薄煤层	%	(A) 85以上, (B) 80~85, (C) 75~80, (D) 75以下	B		4
			极薄煤层	%	(A) 88以上, (B) 83~88, (C) 75~83, (D) 75以下			

续表

科学产能	一级指标	序号	二级指标	单位	选项	选择	数据	得分
生产机械化程度（36%）	采掘机械化程度	9	采煤机械化程度	%	(A) 90 以上，(B) 75～90，(C) 60～75，(D) 60 以下	B		6
			掘进机械化程度	%	(A) 35 以上，(B) 25～35，(C) 15～25，(D) 15 以下	C		3
			运输机械化程度	%	(A) 95 以上，(B) 85～95，(C) 75～85，(D) 75 以下	B		2
	原煤工效	10	工作面原煤工效	t/工	(A) 15 以上，(B) 10～15，(C) 5～10，(D) 5 以下	B		2
			矿井原煤工效	t/工	(A) 10 以上，(B) 7～10，(C) 4～7，(D) 4 以下	C		1
	矿井综合单产	11	厚煤层	万 t/个月	(A) 12 以上，(B) 10～12，(C) 8～10，(D) 8 以下	B		
			中厚煤层	万 t/个月	(A) 10 以上，(B) 8～10，(C) 6～8，(D) 6 以下	B		
			薄煤层	万 t/个月	(A) 5 以上，(B) 4～5，(C) 3～4，(D) 3 以下	B		2
			极薄煤层	万 t/个月	(A) 4 以上，(B) 3～4，(C) 2～3，(D) 2 以下	B		
			急倾斜煤层（≥45°）	万 t/个月	(A) 5 以上，(B) 4～5，(C) 3～4，(D) 3 以下			
			高瓦斯和煤与瓦斯突出矿井		(A) 8 以上，(B) 6～8，(C) 4～6，(D) 4 以下	B		
	生产管理信息化程度	12	生产管理信息化程度		(A) 生产调度、电液系统、井下通信系统、人员定位系统、井下安全监测设备等人员与设备全部配套完善 (B) 生产调度、电液系统、井下通信系统、人员定位系统、井下安全监测设备等人员与设备 5 项中 4 项配套完善 (C) 生产调度、电液系统、井下通信系统、人员定位系统、井下安全监测设备等人员与设备 5 项中 3 项配套完善 (D) 生产调度、电液系统、井下通信系统、人员定位系统、井下安全监测设备等人员与设备 5 项中仅 2 项或以下配套完善	B		4

20

华东区的典型特点是大部分矿区都是老矿区，开采深度最大达到 1300m。而许多新矿区开采深度也达到 800~1000m。根据有关资料，该区域 80% 左右的资源存在不同程度的灾害影响。根据中国煤炭工业协会《2010 年度突出矿井和高瓦斯统计表》，2010 年，该区水文地质条件复杂矿井产量 4.23 亿 t，占全区总产量的 66.1%，其中符合生产安全度的约占 43%；易自燃矿井 382 处，产量 3.32 亿 t，占全区总产量的 51.9%，其中符合生产安全度的约占 40%；高瓦斯矿井 73 处，产量 1.12 亿 t，占全区总产量的 17.5%，其中符合生产安全度的约占 40%；煤与瓦斯突出矿井 120 处，产量 1.68 亿 t，占全区总产量的 26.3%，其中符合生产安全度的约占 20%；冲击地压矿井 52 处，产量 1.04 亿 t，占全区总产量的 16.3%，其中符合生产安全度的约占 20%。考虑部分矿井同时受多种灾害影响的情况（表 3-10），符合生产安全度的矿井各省比例相差较大，其中 2009 年安徽、山东平均达 50% 以上，而江苏、河北、河南为 40%~50%。综合全区，2010 年达到生产安全度的矿井产能占 51.56%，按目前 6.4 亿 t 计算，约为 3.30 亿 t。

表 3-10 华东区在不同安全生产度约束条件下煤炭产量表

安全约束条件	煤炭产量/亿 t	占全区总产量比例/%	不符合科学产能的产量/亿 t	不符合科学产能的产量所占比例/%
水文地质条件复杂矿井	4.23	66.1	2.42	57
易自燃矿井	3.32	51.9	1.99	60
高瓦斯矿井	1.12	17.5	0.67	60
煤与瓦斯突出矿井	1.68	26.3	1.34	80
冲击地压矿井	1.04	16.3	0.83	80
水文地质条件复杂矿井与易自燃矿井	2.16	33.8	1.51	70
水文地质条件复杂矿井与高瓦斯矿井	0.73	11.4	0.55	75
水文地质条件复杂矿井和煤与瓦斯突出矿井	1.09	17.0	0.93	85
水文地质条件复杂与冲击地压矿井	0.68	10.6	0.61	90
易自燃矿井与高瓦斯矿井	0.57	8.9	0.46	80
易自燃、煤与瓦斯突出矿井	0.86	13.4	0.77	90
易自燃与冲击地压矿井	0.53	8.3	0.48	90
水文地质条件复杂、易自燃、高瓦斯矿井	0.37	5.8	0.35	95
水文地质条件复杂、易自燃、煤与瓦斯突出矿井	0.56	8.8	0.56	100
水文地质条件复杂、易自燃、冲击地压矿井	0.35	5.5	0.35	100
达到生产安全度产量/亿 t	3.30			

华东区煤炭开发时间长，主力矿区已进入开发中后期，转入深部开采，下组煤薄煤层、小煤矿的存在和采掘机械化程度是影响科学产能的重要因素。下组煤薄煤层资源量占总资源量的28%左右，由于厚度小，含硫高，且含硬质夹矸，难以实现机械化开采。该区内尽管经过多年的整顿关闭，小煤矿仍然较多。根据有关资料，2010年华东区内小煤矿有926处，产量约1.36亿t，约占该区域产量的1/5，基本不符合安全开采标准。以采掘机械化程度、原煤工效、矿井综合单产和生产管理信息化程度衡量矿井的机械化程度。通过调研后认为，该区机械化程度差别较大，山东、安徽、江苏等主要产煤地区的采掘机械化程度都达到90%以上，而河南只有70%左右，福建、江西只有50%。以该区目前6.4亿t的产能计算，除去1.72亿t的薄煤层资源和1.36亿t的小煤窑产能，达到科学产能生产机械化程度标准的矿井产能约3.32亿t。

华东区为我国平原地区，是我国的粮食生产基地和工业基地，地面城镇建筑多，交通设施发达，地面环境的约束对产能有一定影响。在煤炭开采活动中，对环境影响最大的因素是地表沉陷（杨东平，2011）。地表沉陷对生态环境和景观、对浅部含水层及民用井泉、对地面河流水系、公路、耕地等均产生一定的负面影响。因而，"三下"压煤是华东地区环境约束中最主要的因素。根据统计估算，目前采取绿色环保开采工艺和相应生态环境恢复措施的矿井占该地区矿井数的55%左右，煤炭开采对环境的负面影响程度为45%。按2010年的6.4亿t计算，其中3.5亿t属于科学产能。

根据华东区资源、安全、高效、环境约束条件对科学产能影响分析，该区域科学产能的提高主要受到安全生产条件的制约，结合部分矿井科学产能现场调研结果，该区域2010年实现科学产能的矿井产量为3.30亿t，占该区域煤炭总产量的51.56%。该区主要产煤省份包括河北、河南、山东、安徽和江苏（谢和平等，2012）。

河北省科学产能主要来自于开滦集团和冀中能源集团，开滦集团钱家营矿业分公司、范各庄矿业分公司，冀中能源集团东庞煤矿、邢台矿、邢东矿、万年矿、梧桐庄矿等矿井，实现了科学产能。

河南省平顶山煤业集团公司一矿、二矿、四矿、六矿、八矿、十一矿、十二矿，义马煤业集团公司耿村煤矿、杨村煤矿、常村煤矿、跃进煤矿，郑州煤业集团公司超化矿、裴沟煤矿、米村煤矿，神火集团公司新庄煤矿等，实现了科学产能。

山东省实现科学产能的矿井有30余个，主要来自于兖州矿业集团、肥城矿业集团、枣庄矿业集团、龙口矿业集团、新汶矿业集团等所属国有重点煤矿，主要包括：兴隆庄煤矿、鲍店煤矿、济宁二号煤矿、济宁三号煤矿、南屯煤矿、东滩煤矿、北宿煤矿、杨村煤矿、梁宝寺能源公司、高庄煤矿、付村煤业公司、新安煤矿、柴里煤矿、田陈煤矿、蒋庄煤矿、北皂煤矿、岱庄煤矿、许厂煤矿、翟镇煤矿、协庄煤矿等。

安徽省科学产能主要来自于淮北矿业集团公司、淮南矿业集团公司和皖北煤电集团公司。淮北矿业集团公司实现科学产能的矿井包括桃园煤矿、朱仙庄煤矿、朱庄煤矿、朔里煤矿等；淮南矿业集团公司实现科学产能的矿井包括谢桥煤矿、张集煤矿、潘一煤矿、潘三煤矿等；皖北矿业集团公司实现科学产能的包括恒源煤电、任楼煤矿等。

江苏省科学产能主要来自于徐州矿务集团公司，主要包括权台煤矿、旗山煤矿、庞庄矿庞庄井、张双楼煤矿、三河尖煤矿等。

华东区其他各省份开采矿井没有实现科学产能。

3.7.3 东北区

辽宁含煤面积较大，含煤煤层多，各成煤时期的含煤地层均有发育。首先是辽宁大部的上侏罗统煤田，煤种以长焰煤为主，深部个别块段有少量气煤；其次为辽宁大部的下第三系煤田，煤种以褐煤为主，有部分为长焰煤和气煤。位于辽宁南部的石炭二叠系煤田，含煤煤种主要为气煤和无烟煤。吉林为该区相对缺煤的省份，由于开采历史较长，省内剩余资源量较少，但煤种较齐全，如焦煤、肥煤、气煤、长焰煤、褐煤等均有一定的储量。黑龙江煤炭资源相对丰富，但分布不均衡，煤质优良，煤种齐全。在煤炭资源储量中，炼焦用煤占37.6%，非炼焦煤占62.4%。截止到2009年年底，东北区累计保有查明资源量为318.2亿t，其中基础储量125.6亿t。2010年该区域煤炭产量1.90亿t，占全国煤炭产量的5.86%。

根据科学产能评价指标体系及2010年东北区煤炭生产现状，估算得出2010年东北区生产安全度得分9分，生产绿色度得分11分，生产机械化程度得分13分，东北区科学产能总得分为33分。该区科学产能综合评价各指标得分情况如表3-11所示。

由于东北区普遍存在高瓦斯、松软地层、承压水等灾害威胁，加之矿井开采深度加大，地温、地压明显加剧，突水及煤与瓦斯突出灾害更趋严重。根据有关资料，该区域80%左右的资源存在不同程度的灾害影响。根据中国煤炭工业协会《2010年度突出矿井和高瓦斯统计表》，2010年，该区共有水文地质条件复杂矿井产量1.27亿t，占全区总产量的66.8%，其中符合生产安全度的约占24%；易自然矿井647处，产量1.15亿t，占全区总产量的60.5%，其中符合生产安全度的约占26%；高瓦斯矿井113处，产量0.85亿t，占全区总产量的44.7%，其中符合生产安全度的约占30%；煤与瓦斯突出矿井25处，产量0.35亿t，占全区总产量的18.4%，其中符合生产安全度的约占10%；冲击地压矿井21处，产量0.35亿t，占全区总产量的18.4%，其中符合生产安全度的约占10%。考虑部分矿井同时受多种灾害影响的情况（表3-12），全区2010年达到生产安全度的矿井产能约占28.9%，按目前产量1.90亿t计算，约为0.55亿t。

对于东北区，小煤矿的存在是影响科学产能的重要因素。尽管经过多年的整顿关闭，小煤矿仍然较多。根据有关资料，2010年东北区内小煤矿有1380处，产量约为7400万t/a，占该区域产量的38.9%。小煤矿开采条件较差，基本为非正规开采方式，更谈不上采用先进适用的机械化装备。因此应尽快增加投入，通过逐步整合和改造，一方面逐步降低其产能比例，另一方面尽快提高其采掘机械化程度。以该区目前1.90亿t/a的产能计算，除去0.74亿t/a的小煤窑产能，能够满足科学产能生产机械化程度要求的煤炭产量约为1.16亿t。

表 3-11 东北区科学产能综合评价各指标得分情况

科学产能	序号	一级指标	二级指标	单位	选项	选择	数据	得分
生产安全度(34%)	1	百万吨死亡率	百万吨死亡率	%	(A) 0, (B) 0~0.05, (C) 0.05~0.1, (D) 0.1 以上	D	1.066	0
	2	安全事故发生率	重特大事故率		0 (一票否决)	D		0
			伤残率	%	(A) 0.5 以下, (B) 0.5~1, (C) 1~1.5, (D) 1.5 以下	D		0
	3	职业健康保障程度	人员健康体检率	%	(A) 80 以上, (B) 60~80, (C) 40~60, (D) 40 以下	B		2	9
			人员安全保险覆盖率	%	(A) 80 以上, (B) 60~80, (C) 40~60, (D) 40 以下	A		3
			职业病发病率	%	(A) 1 以下, (B) 1~3, (C) 3~6, (D) 6 以上	B		2
	4	职业教育培训程度	职业教育培训率	%	(A) 大于 60, (B) 40~60, (C) 20~40, (D) 小于 20	B		2
	5	矿山生态保护程度	充填率	%	(A) 75 以上, (B) 50~75, (C) 25~50, (D) 25 以下	D		0
			采煤塌陷系数	hm²/万 t	(A) 0.1 以下, (B) 0.1~0.25, (C) 0.25~0.4, (D) 0.4 以上	B		2
生产绿色度(30%)	6	生态恢复度	复垦率	%	(A) 100 以上, (B) 80~100, (C) 60~80, (D) 60 以下	C		1	11
			塌陷土地绿化率	%	(A) 80 以上, (B) 50~80, (C) 20~50, (D) 20 以下	C		1
	7	矿山资源综合利用率	煤矸石综合利用率	%	(A) 80 以上, (B) 60~80, (C) 40~60, (D) 40 以下	C		1
			矿井水利用率	%	(A) 90 以上, (B) 70~90, (C) 50~70, (D) 50 以下	C		1
			瓦斯抽采利用率	%	(A) 80 以上, (B) 60~80, (C) 40~60, (D) 40 以下	C		1
	8	采区回采率	厚煤层	%	(A) 75 以上, (B) 70~75, (C) 65~70, (D) 65 以下			
			中厚煤层	%	(A) 80 以上, (B) 75~80, (C) 70~75, (D) 70 以下	B		4
			薄煤层	%	(A) 85 以上, (B) 80~85, (C) 75~80, (D) 75 以下	B		
			极薄煤层	%	(A) 88 以上, (B) 83~88, (C) 75~83, (D) 75 以下	B		

第3章 中国现有煤炭科学产能分析

续表

科学产能	序号	一级指标	二级指标	单位	选项	选择	数据	得分
生产机械化程度（30%）	9	采掘机械化程度	采煤机械化程度	%	(A) 90以上，(B) 75～90，(C) 60～75，(D) 60以下	C		2
			掘进机械化程度	%	(A) 35以上，(B) 25～35，(C) 15～25，(D) 15以下	C		2
			运输机械化程度	%	(A) 95以上，(B) 85～95，(C) 75～85，(D) 75以下	B		2
	10	原煤工效	工作面原煤工效	t/工	(A) 15以上，(B) 10～15，(C) 5～10，(D) 5以下	C		1
			矿井原煤工效	t/工	(A) 10以上，(B) 7～10，(C) 4～7，(D) 4以下	C		1
	11	矿井综合单产	厚煤层	万t/个·月	(A) 12以上，(B) 10～12，(C) 8～10，(D) 8以下			13
			中厚煤层	万t/个·月	(A) 10以上，(B) 8～10，(C) 6～8，(D) 6以下	C		
			薄煤层	万t/个·月	(A) 5以上，(B) 4～5，(C) 3～4，(D) 3以下	B		
			极倾斜煤层	万t/个·月	(A) 4以上，(B) 3～4，(C) 2～3，(D) 2以下	C		
			急倾斜煤层（≥45°）	万t/个·月	(A) 5以上，(B) 4～5，(C) 3～4，(D) 3以下	C		
			高瓦斯和煤与瓦斯突出矿井	万t/个·月	(A) 8以上，(B) 6～8，(C) 4～6，(D) 4以下	C		1
	12	生产管理信息化程度	生产管理信息化程度		(A) 生产调度、电液系统、井下通信系统、井下安全监测设备与人员、人员定位系统等全部配套完善 (B) 生产调度、电液系统、井下通信系统、井下安全监测设备与人员、人员定位系统等5项中4项配套完善 (C) 生产调度、电液系统、井下通信系统、井下安全监测设备与人员、人员定位系统等5项中3项配套完善 (D) 生产调度、电液系统、井下通信系统、井下安全监测设备与人员、人员定位系统等5项或以下配仅2项配套完善	B		4

表 3-12　东北区在不同安全生产度约束条件下煤炭产量表

安全约束条件	煤炭产量/亿 t	占全区总产量比例/%	不符合科学产能的产量/亿 t	不符合科学产能的产量所占比例/%
水文地质条件复杂矿井	1.27	66.8	0.97	76
易自燃矿井	1.15	60.5	0.85	74
高瓦斯矿井	0.85	44.7	0.60	70
煤与瓦斯突出矿井	0.35	18.4	0.32	90
冲击地压矿井	0.35	18.4	0.32	90
水文地质条件复杂矿井与易自燃矿井	0.75	39.5	0.56	75
水文地质条件复杂矿井与高瓦斯矿井	0.55	28.9	0.43	78
水文地质条件复杂矿井和煤与瓦斯突出矿井	0.23	12.1	0.22	95
水文地质条件复杂与冲击地压矿井	0.23	12.1	0.22	95
易自燃矿井与高瓦斯矿井	0.50	26.3	0.4	80
易自燃、煤与瓦斯突出矿井	0.21	11.0	0.20	95
易自燃与冲击地压矿井	0.21	11.0	0.20	95
水文地质条件复杂、易自燃、高瓦斯矿井	0.32	16.8	0.30	95
水文地质条件复杂、易自燃、煤与瓦斯突出矿井	0.14	7.4	0.14	100
水文地质条件复杂、易自燃、冲击地压矿井	0.14	7.4	0.14	100
达到生产安全度产量/亿 t	0.55			

东北区为我国的重要工业基地，地面城镇建筑、交通设施较为发达，地面环境的约束对产能有一定影响。在煤炭开采活动中，对环境影响最大的因素是地表沉陷。"三下"压煤是华东地区环境约束中最主要的因素。根据统计估算，目前采取绿色环保开采工艺和相应生态环境恢复措施的矿井占该地区矿井数的 41% 左右，煤炭开采对环境的负面影响程度为 59%。按 2010 年 1.90 亿 t 计算，其中 0.78 亿 t 属于科学产能（谢和平等，2012）。

根据东北区资源、安全、高效、环境约束条件对科学产能影响分析，该区域科学产能的提高主要受到资源和安全生产条件的制约，该区域 2010 年实现科学产能的矿井产量为 0.55 亿 t，占本区域煤炭总产量的 28.95%。东北区煤炭开采多为薄煤层开采，受资源条件的限制，该区域近几年煤炭科学产能增长较为缓慢。该区域科学产能主要分布于黑龙江省龙煤矿业集团公司、吉林省辽源矿业集团公司和辽宁省铁法矿业集团公司部分矿井。

黑龙江省龙煤矿业集团双鸭山分公司东荣二矿、东荣三矿，鸡西分公司杏花煤矿、鹤岗分公司南山煤矿等矿井实现了煤炭科学产能。

吉林省辽源矿业集团公司梅河煤矿三井、梅河煤矿二井等矿井实现了煤炭科学产能。

辽宁省实现科学产能的矿井相对较多，铁法煤业集团公司大平煤矿、大兴煤矿、晓南煤矿、大隆煤矿、大明煤矿、小青煤矿、红阳煤矿、小康煤矿等实现了煤炭科学产能。

3.7.4 华南区

3.7.4.1 典型矿井科学产能调研与分析

在华南区，本研究对川煤集团 22 个煤矿进行了调研，选择四川芙蓉集团实业有限责任公司白皎煤矿和川煤集团达竹公司小河嘴煤矿作为代表，分别对各矿井进行科学产能分析。

(1) 四川芙蓉集团实业有限责任公司白皎煤矿

四川芙蓉集团实业有限责任公司白皎煤矿于 1970 年投产，核定生产能力 75 万 t/a，年平均产量 60 万 t。地质构造极其复杂，可采煤层平均厚度均在 2m 以下，煤层倾角为 5°~17°。截止到 2010 年 8 月，白皎煤矿 1000m 以浅煤炭可采储量为 8836.56 万 t。矿井为高瓦斯突出矿井，煤层易自燃，自然发火期 3~8 个月，白皎煤矿为我国典型的高瓦斯突出矿井。

2010 年，白皎煤矿百万吨死亡率为 3.17，无重特大事故，职业病发病率为 1%，采煤塌陷系数为 0.05hm²/万 t，采煤机械化程度为 100%；生产安全度得分 11 分，生产绿色度得分 19 分，生产机械化程度得分 17 分，总得分为 47 分。

综合各项评价指标，2010 年白皎煤矿未实现科学产能。

(2) 川煤集团达竹公司小河嘴煤矿

川煤集团达竹公司小河嘴煤矿于 1998 年投产，核定生产能力 45 万 t/a，年平均产量 20 万 t。目前，该矿井 1000m 以浅煤炭可采储量为 1678 万 t。该矿井共 8 层煤，属于高瓦斯矿井，煤层无自燃发火倾向，煤层厚度为 0.40~0.65m，煤层倾角为 0°~60°，为我国南方地区典型的极薄煤层开采矿井。

2010 年，小河嘴煤矿百万吨死亡率为 0，无重特大事故，职业病发病率为 1%，采煤塌陷系数为 0，采煤机械化程度为 100%；生产安全度得分 29 分，生产绿色度得分 14 分，生产机械化程度得分 16 分，总得分为 59 分。

综合各项评价指标，2010 年小河嘴煤矿未实现科学产能。

3.7.4.2 华南区煤炭资源现有科学产能分析

华南区内主要赋存二叠系上统含煤地层，以薄—中厚煤层为主，局部（贵州省局部）赋存厚煤层。该区煤质优良，煤类齐全，以烟煤、无烟煤、气煤、肥煤、贫煤等煤种为主，是我国重要的无烟煤和炼焦煤生产区。区内贵州保有资源最多，约占云贵基地总保有资源量的 2/3 以上，云南次之，四川、重庆、湖南、湖北分列后四位。截止到 2009 年年底，全区累计保有查明资源量为 1073 亿 t，其中保有基础储量 309.1 亿 t。2010 年该区域煤炭产量 4.6 亿 t，占全国煤炭产量的 14.20%。

根据科学产能评价指标体系和 2010 年华南区煤炭生产现状，估算得出 2010 年华南区生产安全度得分 7 分，生产绿色度得分 10 分，生产机械化程度得分 6 分，华南区科学产能总得分为 23 分。该区科学产能综合评价各指标得分情况如表 3-13 所示。

表 3-13 华南区科学产能综合评价各指标得分情况

科学产能	序号	一级指标	二级指标	单位	选项	选择	数据	得分	得分
生产安全度 (34%)	1	百万吨死亡率	百万吨死亡率	%	(A) 0, (B) 0~0.05, (C) 0.05~0.1, (D) 0.1 以上	D	3.004	0	7
	2	安全事故发生率	重特大事故率	%	0（一票否决）			0	
			伤残率	%	(A) 0.5 以下, (B) 0.5~1, (C) 1~1.5, (D) 1.5 以下	C		1	
	3	职业健康保障程度	人员健康体检率	%	(A) 80 以上, (B) 60~80, (C) 40~60, (D) 40 以下	C		1	
			人员安全保险覆盖率	%	(A) 80 以上, (B) 60~80, (C) 40~60, (D) 40 以下	B		2	
			职业病发病率	%	(A) 1 以下, (B) 1~3, (C) 3~6, (D) 6 以上	B		2	
	4	职业教育培训程度	职业教育培训率	%	(A) 大于 60, (B) 40~60, (C) 20~40, (D) 小于 20	C		1	
	5	矿山生态保护程度	充填率	%	(A) 75 以上, (B) 50~75, (C) 25~50, (D) 25 以下	C		0	
			采煤塌陷系数	hm²/万 t	(A) 0.1 以下, (B) 0.1~0.25, (C) 0.25~0.4, (D) 0.4 以上	B		2	
生产绿色度 (30%)	6	生态恢复度	复垦率	%	(A) 100 以上, (B) 80~100, (C) 60~80, (D) 60 以下	D		0	10
			塌陷土地绿化率	%	(A) 80 以上, (B) 50~80, (C) 20~50, (D) 20 以下	C		1	
	7	矿山资源综合利用率	煤矸石综合利用率	%	(A) 80 以上, (B) 60~80, (C) 40~60, (D) 40 以下	C		1	
			矿井水利用率	%	(A) 90 以上, (B) 70~90, (C) 50~70, (D) 50 以下	C		1	
			瓦斯抽采利用率	%	(A) 80 以上, (B) 60~80, (C) 40~60, (D) 40 以下	C		1	
	8	采区回采率	厚煤层	%	(A) 75 以上, (B) 70~75, (C) 65~70, (D) 65 以下				
			中厚煤层	%	(A) 80 以上, (B) 75~80, (C) 70~75, (D) 70 以下	B			
			薄煤层	%	(A) 85 以上, (B) 80~85, (C) 75~80, (D) 75 以下	B			
			极薄煤层	%	(A) 88 以上, (B) 83~88, (C) 75~83, (D) 75 以下	A		4	

续表

科学产能	序号	一级指标	二级指标	单位	选项	选择	数据	得分
生产机械化程度（36%）	9	采掘机械化程度	采煤机械化程度	%	(A) 90 以上，(B) 75~90，(C) 60~75，(D) 60 以下	D		0
			掘进机械化程度	%	(A) 35 以上，(B) 25~35，(C) 15~25，(D) 15 以下	D		0
			运输机械化程度	%	(A) 95 以上，(B) 85~95，(C) 75~85，(D) 75 以下	C		1
	10	原煤工效	工作面原煤工效	t/工	(A) 15 以上，(B) 10~15，(C) 5~10，(D) 5 以下	C		1
			矿井原煤工效	t/工	(A) 10 以上，(B) 7~10，(C) 4~7，(D) 4 以下	C		1
	11	矿井综合单产	厚煤层	万 t/个/月	(A) 12 以上，(B) 10~12，(C) 8~10，(D) 8 以下			6
			中厚煤层	万 t/个/月	(A) 10 以上，(B) 8~10，(C) 6~8，(D) 6 以下	C		
			薄煤层	万 t/个/月	(A) 5 以上，(B) 4~5，(C) 3~4，(D) 3 以下	C		
			极薄煤层	万 t/个/月	(A) 4 以上，(B) 3~4，(C) 2~3，(D) 2 以下	D		
			急倾斜煤层（≥45°）	万 t/个/月	(A) 5 以上，(B) 4~5，(C) 3~4，(D) 3 以下	C		
			高瓦斯和煤与瓦斯突出矿井	万 t/个/月	(A) 8 以上，(B) 6~8，(C) 4~6，(D) 4 以下	D		1
	12	生产管理信息化程度	生产管理信息化程度		(A) 生产调度、电液系统、井下安全监测设备与人员、井下通信系统、人员定位系统等 5 项配套全部配备完善 (B) 生产调度、电液系统、井下安全监测设备与人员、井下通信系统、人员定位系统等 5 项中 4 项配套完善 (C) 生产调度、电液系统、井下安全监测设备与人员、井下通信系统、人员定位系统等 5 项中 3 项配套完善 (D) 生产调度、电液系统、井下安全监测设备与人员、井下通信系统、人员定位系统等 5 项中仅 2 项或以下配套完善	C		2

华南区的典型特点是普遍存在高瓦斯双突煤层、突水严重等灾害。随着矿井开采深度加大，突水及煤与瓦斯突出灾害更趋严重。根据有关资料，该区域90%以上的资源存在不同程度的突水及瓦斯灾害影响。根据中国煤炭工业协会《2010年度突出矿井和高瓦斯统计表》，2010年，该区共有水文地质条件复杂矿井产量3.53亿t，占全区总产量的76.7%，其中符合生产安全度的约占5%；易自燃矿井有1759处，产量2.23亿t，占全区总产量的48.5%，其中符合生产安全度的约占4%；高瓦斯矿井1733处，产量2.99亿t，占全区总产量的65.0%，其中符合生产安全度的约占4%；煤与瓦斯突出矿井859处，产量1.41亿t，占全区总产量的30.7%，其中符合生产安全度的约占3%；冲击地压矿井25处，产量0.08亿t，占全区总产量的1.7%，其中符合生产安全度的约占3%。考虑部分矿井同时受多种灾害影响的情况（表3-14），全区2010年达到生产安全度的矿井产能占6.5%左右，约为0.3亿t。

表3-14 华南区在不同安全生产度约束条件下煤炭产量表

安全约束条件	煤炭产量/亿t	占全区总产量比例/%	不符合科学产能的产量/亿t	不符合科学产能的产量所占比例/%
水文地质条件复杂矿井	3.53	76.7	3.35	95
易自燃矿井	2.23	48.5	2.14	96
高瓦斯矿井	2.99	65	2.87	96
煤与瓦斯突出矿井	1.41	30.7	1.37	97
冲击地压矿井	0.08	1.7	0.08	97
水文地质条件复杂矿井与易自燃矿井	1.71	37.2	1.66	97
水文地质条件复杂矿井与高瓦斯矿井	2.04	49.8	1.98	97
水文地质条件复杂矿井和煤与瓦斯突出矿井	1.08	23.5	1.06	98
水文地质条件复杂与冲击地压矿井	0.06	1.3	0.06	98
易自燃矿井与高瓦斯矿井	1.45	31.5	1.42	98
易自燃、煤与瓦斯突出矿井	0.68	14.8	0.67	99
易自燃与冲击地压矿井	0.04	0.9	0.04	99
水文地质条件复杂、易自燃、高瓦斯矿井	0.83	18.0	0.83	100
水文地质条件复杂、易自燃、煤与瓦斯突出矿井	0.52	11.3	0.52	100
水文地质条件复杂、易自燃、冲击地压矿井	0.03	0.7	0.03	100
达到生产安全度产量/亿t	0.3			

对于华南区,薄及极薄煤层开采、急倾斜煤层开采和小煤矿的存在是影响科学产能的重要因素。薄煤层资源量约占总资源量的37.5%左右,由于厚度小,含硫高,只有很小部分实现机械化开采。倾斜及急倾斜煤层占总资源量的20%左右,难以实现机械化开采。另外,该区内尽管经过多年的整顿关闭,小煤矿仍然较多。根据有关资料,2010年该区内小煤矿有3962处,产量约4亿t,约占该区域产量的87.0%。中型以上煤矿约1/3能达到科学产能生产机械化程度要求,达到科学产能生产机械化程度的煤炭产量约为0.2亿t。

华南区以山区和丘陵较多,水资源相对丰富,塌陷影响较弱,环境容量较大。该地区"三下"压煤比例不大,占可采储量的17%,约25.5亿t,主要集中在人口密集、开采时间较长的矿区。根据统计估算,目前,采取绿色环保开采工艺和相应生态环境恢复措施的矿井占该地区矿井数的43.5%左右,煤炭开采对环境的负面影响程度为56.5%。按2010年4.6亿t计算,其中2亿t属于科学产能。

根据华南区资源、安全、高效、环境约束条件对科学产能影响分析,该区域科学产能的提高主要受到高效生产条件的制约,结合部分矿井科学产能现场调研结果,该区域2010年实现科学产能的矿井产量为0.2亿t,占该区域煤炭总产量的4.35%。华南区矿井生产规模总体较小,矿井地质条件复杂,薄煤层、急倾斜煤矿分布较为广泛,瓦斯含量高,该区域实现科学产能的矿井主要分布在云南、四川和贵州三个西南省份。实现科学产能的煤矿包括四川华蓥山广能公司李子垭煤矿、四川华蓥山广能集团龙滩煤电公司、云南小龙潭矿务局布沼坝露天矿、云南小龙潭矿物局小龙潭露天矿、东源煤业集团公司先锋露天矿等。

3.7.5 新青区

3.7.5.1 典型矿井科学产能调研与分析

在新青区,本研究选择神新公司碱沟煤矿和神新公司小红沟煤矿作为代表,分别对其进行科学产能调研。

(1) 神新公司碱沟煤矿

神新公司碱沟煤矿于1956年投产,核定生产能力180万t/a,2010年煤炭产量为164万t。目前,该矿井300m以浅煤炭可采储量为2.320亿t。该矿井总共含煤54层,煤层总厚169.81米,含煤系数20.76%,可采煤层25层,平均煤层厚度135.48m,含煤系数16.6%,煤层倾角87°,主采煤层为特厚煤层,结构简单,属于高瓦斯矿井,煤层自然发火期3~6个月,该矿井为新青区典型的特厚煤层开采。

2010年,神新公司碱沟煤矿百万吨死亡率为0,无重特大事故,职业病发病率为0.307%,采煤塌陷系数为0.06hm^2/万t,采煤机械化程度为100%;生产安全度得分33分,生产绿色度得分9分,生产机械化程度得分33分,总得分为75分。

综合各项评价指标,2010年神新公司碱沟煤矿实现了科学产能,但应该加大绿色开采方面的投入,提高生产绿色度。

(2) 神新公司小红沟煤矿

神新公司小红沟煤矿自1983年技术改革以来，核定生产能力160万t/a，年平均产量44.56万t。目前，该矿井1000m以浅煤炭可采储量为1.576亿t，井田含煤32层，按煤层赋存特征分为四组，其中两组为特厚煤层，一组为中厚煤层，另一组为薄煤层。煤层倾角平均为87°，属于急倾斜煤层。矿井属于低瓦斯矿井，煤层易自燃发火。

2010年，神新公司小红沟煤矿百万吨死亡率为0，无重特大事故，职业病发病率为0.1%，采煤塌陷系数为0，采煤机械化程度为100%；生产安全度得分32分，生产绿色度得分18分，生产机械化程度得分34分，总得分为84分。

综合各项评价指标，2010年神新公司碱沟煤矿实现了科学产能，但生产绿色度需进一步提高。

3.7.5.2 新青区煤炭资源现有科学产能分析

新青区内主要赋存中—下侏罗系二叠系上统含煤地层，以中厚—厚煤层为主，局部赋存特厚煤层。该区煤质优良，煤类齐全，以不黏煤、长焰煤为主，局部矿区含气煤、1/3焦煤、焦煤、肥煤、瘦煤、贫煤等煤种。区内新疆维吾尔自治区保有资源最多，青海省次之。截止到2009年年底，全区累计保有查明资源量为2350.8亿t，其中保有基础储量168亿t。2010年该区域煤炭产量1.00亿t，占全国煤炭产量的3.09%（谢和平等，2012）。

根据科学产能评价指标体系和2010年华南区煤炭生产现状，估算得出2010年新青区生产安全度得分9分，生产绿色度得分8分，生产机械化程度得分17分，新青区科学产能总得分为34分。该区科学产能综合评价各指标得分情况如表3-15所示。

新青区的典型特点是煤层赋存年代较近，顶底板岩石强度较低，矿井支护难度大。根据中国煤炭工业协会《2010年度突出矿井和高瓦斯统计表》，2010年，该区共有水文地质条件复杂矿井产量0.32亿t，占全区总产量的32.0%，其中符合生产安全度的约占17%；易自燃矿井237处，产量0.90亿t，占全区总产量的90.0%，其中符合生产安全度的约占23%；高瓦斯矿井17处，产量0.03亿t，占全区总产量的3.0%，其中符合生产安全度的约占18%；煤与瓦斯突出矿井8处，产量0.01亿t，占全区总产量的1.0%，其中符合生产安全度的约占10%；冲击地压矿井3处，产量0.02亿t，占全区总产量的2.0%；其中符合生产安全度的约占10%。考虑部分矿井同时受多种灾害影响的情况（表3-16），全区目前达到生产安全度的矿井产能占30%左右，按目前1亿t计算，约为0.3亿t。

根据国家关于13个大型煤炭基地的规划及新疆大型煤炭基地规划，对于新青区，新疆地区的薄煤层和局部的特厚煤层、青海地区的急倾斜厚煤层是影响科学产能的重要因素。薄煤层资源量占总资源量的5%~10%，由于厚度小，顶底板条件较差，难以实现机械化开采。青海省的急倾斜、亚急倾斜厚煤层也一直未形成成熟的回采工艺。另外，新疆地区的特厚煤层（20m以上），除露天开采区域外，尚无成熟可靠的开采工艺。根据有关资料，2010年该区内30万t/a以下的煤矿291处，产量约4200万t，约占该区域产量的42%。因此，该地区高效条件约束下的科学产能为30万t/a以上规模矿井中厚煤层产能约0.58亿t/a。

第 3 章 中国现有煤炭科学产能分析

表 3-15 新青区科学产能综合评价各指标得分情况

科学产能	序号	一级指标	二级指标	单位	选项	选择	数据	得分
生产安全度 (34%)	1	百万吨死亡率	百万吨死亡率	%	(A) 0, (B) 0~0.05, (C) 0.05~0.1, (D) 0.1 以上	D	1.12	0
	2	安全事故发生率	重特大事故率		0 (一票否决)		1	0
			伤残率	%	(A) 0.5 以下, (B) 0.5~1, (C) 1~1.5, (D) 1.5 以下	C		1
	3	职业健康保障程度	人员健康体检率	%	(A) 80 以上, (B) 60~80, (C) 40~60, (D) 40 以下	B		2	9
			人员安全保险覆盖率	%	(A) 80 以上, (B) 60~80, (C) 40~60, (D) 40 以下	B		2
			职业病发病率	%	(A) 1 以下, (B) 1~3, (C) 3~6, (D) 6 以上	B		2
	4	职业教育培训程度	职业教育培训率	%	(A) 大于 60, (B) 40~60, (C) 20~40, (D) 小于 20	B		2
	5	矿山生态保护程度	充填率	%	(A) 75 以上, (B) 50~75, (C) 25~50, (D) 25 以下	D		0
			采煤塌陷系数	hm²/万 t	(A) 0.1 以下, (B) 0.1~0.25, (C) 0.25~0.4, (D) 0.4 以上	C		1
生产绿色度 (30%)	6	生态恢复度	复垦率	%	(A) 100 以上, (B) 80~100, (C) 60~80, (D) 60 以下	C		1	8
			塌陷土地绿化率	%	(A) 80 以上, (B) 50~80, (C) 20~50, (D) 20 以下	C		1
	7	矿山资源综合利用率	煤矸石综合利用率	%	(A) 80 以上, (B) 60~80, (C) 40~60, (D) 40 以下	C		1
			矿井水利用率	%	(A) 90 以上, (B) 70~90, (C) 50~70, (D) 50 以下	D		0
			瓦斯抽采利用率	%	(A) 80 以上, (B) 60~80, (C) 40~60, (D) 40 以下	D		0
	8	采区回采率	厚煤层	%	(A) 75 以上, (B) 70~75, (C) 65~70, (D) 65 以下	B		
			中厚煤层	%	(A) 80 以上, (B) 75~80, (C) 70~75, (D) 70 以下	B		4
			薄煤层	%	(A) 85 以上, (B) 80~85, (C) 75~80, (D) 75 以下	B		
			极薄煤层	%	(A) 88 以上, (B) 83~88, (C) 75~83, (D) 75 以下			

续表

一级指标	序号	二级指标	单位	选项	选择	数据	得分
科学产能 生产机械化程度(36%)	9	采煤机械化程度	%	(A) 90以上, (B) 75~90, (C) 60~75, (D) 60以下	B		2
		掘进机械化程度	%	(A) 35以上, (B) 25~35, (C) 15~25, (D) 15以下	C		3
		运输机械化程度	%	(A) 95以上, (B) 85~95, (C) 75~85, (D) 75以下	B		2
	10	工作面原煤工效	t/工	(A) 15以上, (B) 10~15, (C) 5~10, (D) 5以下	B		2
		矿井原煤工效	t/工	(A) 10以上, (B) 7~10, (C) 4~7, (D) 4以下	B		2
	11	厚煤层	万t/个/月	(A) 12以上, (B) 10~12, (C) 8~10, (D) 8以下	B		2
		中厚煤层	万t/个/月	(A) 10以上, (B) 8~10, (C) 6~8, (D) 6以下	B		
		薄煤层	万t/个/月	(A) 5以上, (B) 4~5, (C) 3~4, (D) 3以下	B		
		急倾斜煤层(≥45°)	万t/个/月	(A) 4以上, (B) 3~4, (C) 2~3, (D) 2以下	B		
		高瓦斯和煤与瓦斯突出矿井	万t/个/月	(A) 5以上, (B) 4~5, (C) 3~4, (D) 3以下	B		
	12	生产管理信息化程度		(A) 生产调度、电液系统、井下通信系统、人员定位系统、井下安全监测设备与人员配备等全部配套完善 (B) 生产调度、电液系统、井下通信系统、人员定位系统、井下安全监测设备与人员等5项中4项配套完善 (C) 生产调度、电液系统、井下通信系统、人员定位系统、井下安全监测设备与人员等5项中3项配套完善 (D) 生产调度、电液系统、井下通信系统、人员定位系统、井下安全监测设备与人员等5项中仅2项或以下配套完善	B		4
							17

表 3-16 新青区在不同安全生产度约束条件下煤炭产量表

安全约束条件	煤炭产量/亿 t	占全区总产量比例/%	不符合科学产能的产量/亿 t	不符合科学产能的产量所占比例/%
水文地质条件复杂矿井	0.32	32	0.27	83
易自燃矿井	0.90	90	0.69	77
高瓦斯矿井	0.03	3	0.02	82
煤与瓦斯突出矿井	0.01	1	0.01	90
冲击地压矿井	0.02	2	0.02	90
水文地质条件复杂矿井与易自燃矿井	0.29	29	0.25	85
水文地质条件复杂矿井与高瓦斯矿井	0.01	1	0.01	88
水文地质条件复杂矿井、煤与瓦斯突出矿井	0	0	0	0
水文地质条件复杂与冲击地压矿井	0	0	0	0
易自燃矿井与高瓦斯矿井	0.03	3	0.03	85
易自燃、煤与瓦斯突出矿井	0.01	1	0.01	95
易自燃与冲击地压矿井	0.02	2	0.02	95
水文地质条件复杂、易自燃、高瓦斯矿井	0.01	1	0.01	95
水文地质条件复杂、易自燃、煤与瓦斯突出矿井	0	0	0	0
水文地质条件复杂、易自燃、冲击地压矿井	0	0	0	0
达到生产安全度产量/亿 t	0.3			

新青区水资源相对紧缺，生态环境较为脆弱。根据统计估算，目前，采取绿色环保开采工艺和相应生态环境恢复措施的矿井占该地区矿井数的 25% 左右，煤炭开采对环境的负面影响程度为 75%。按 2010 年 1 亿 t 计算，其中 0.25 亿 t 属于科学产能。

根据新青区资源、安全、高效、环境约束条件对科学产能影响分析，该区域科学产能的提高主要受到绿色生产条件的制约，结合部分矿井科学产能现场调研结果，该区域 2010 年实现科学产能的矿井产量为 0.25 亿 t，占该区域煤炭总产量的 25%。

新青区目前开采规模较小，该地区大部分矿区煤层很厚，适合大规模机械化开采，但受交通运输条件的限制，该区域目前产量较低。新青区矿井生产安全度和机械化程度较高，但该区生态环境较为脆弱，因此煤炭科学产能总体水平不高。近几年，其他产煤区域大型煤炭企业集团开始在新疆大规模建设矿井，该区域科学产能有望快速提升。目前，该区实现科学产能的矿井包括神新公司的碱沟煤矿、小红沟煤矿、大洪沟煤矿、六道湾煤矿、铁厂沟煤矿等。

3.7.6 现阶段中国煤炭科学产能综合评价

根据科学产能综合评价指标体系，按各产煤区煤炭产量加权平均，得出目前全国煤炭科学产能生产安全度得分 10.63 分，生产绿色度得分 11.57 分，生产机械化程度得分 20.38 分，科学产能总得分为 42.58 分，各产煤区和全国煤炭科学产能综合评价指标得分情况如表 3-17 所示。

表 3-17　各产煤区和全国煤炭科学产能综合评价指标得分情况　（单位：分）

产煤区	生产安全度（共34分）	生产绿色度（共30分）	生产机械化程度（共36分）	科学产能得分（共100分）
晋陕蒙宁甘区	12	11	25	48
华东区	10	15	20	45
东北区	9	11	13	33
华南区	7	10	6	23
新青区	9	8	17	34
全国（按煤炭产量加权平均）	10.63	11.57	20.38	42.58

3.7.7　现阶段中国煤炭科学产能分布

2010 年各产煤区域在资源、安全、高效、环境等不同约束条件下科学产能分布情况如表 3-18 所示。

表 3-18　2010 年各产煤区域不同约束条件下科学产能分布情况　（单位：亿 t）

项目	晋陕蒙宁甘区	华东区	东北区	华南区	新青区
资源约束	18.50	6.40	1.90	4.60	1.00
安全约束	8.82	3.30	0.55	0.30	0.30
高效约束	11.10	3.32	1.16	0.20	0.58
环境约束	6.48	3.50	0.78	2.00	0.25
各产煤区科学产能	6.48	3.30	0.55	0.20	0.25
全国科学产能	10.78				

2010 年全国煤矿现有煤炭产量 32.4 亿 t，其中符合科学产能要求的煤炭产量仅 10.78 亿 t。按煤炭生产五大区域划分，2010 年我国煤矿科学产能的分布如表 3-19 所示。

表 3-19　2010 年各产煤区域科学产能分布情况

项目	晋陕蒙宁甘区	华东区	东北区	华南区	新青区	全国
煤炭产量/亿 t	18.50	6.40	1.90	4.60	1.00	32.40*
科学产能/亿 t	6.48	3.30	0.55	0.20	0.25	10.78
本区域科学产能占全国科学产能比例/%	60.11	30.61	5.10	1.86	2.32	100.00
科学产能占全区域煤炭产量比例/%	35.03	51.56	28.95	4.35	25.00	33.27

* 此处为省略小数前计算，不是直接相加所得。

3.8 世界先进采煤国煤炭科学产能对比

美国的主要产煤区位于东部的阿巴拉契亚区、内陆区和西部区,有 28 个州产煤,怀俄明、西弗吉尼亚和肯塔基是 3 个最大的产煤州。据美国能源信息署(Energy Information Administration)的年报(*Annual Coal Report*),近年的原煤产量约 10 亿 t。目前,美国有露天煤矿 812 座,生产的原煤占全国年产量的 70% 左右,井工煤矿 612 座,生产原煤占全国年产量的 30.9%。美国井工煤矿开采主要采用连续采煤机房柱式开采和长壁综采。由于美国地质条件较为优越,自 20 世纪 40 年代开始大力发展露天开采,露天产量不断增加。美国拥有 Joy 公司等高端煤机装备生产企业,煤炭开采技术与装备程度及原煤工效很高,安全保障制度健全,百万吨死亡率低。21 世纪以来美国煤矿死亡人数及百万吨死亡率如表 3-20 所示(申宝宏等,2011)。

表 3-20　21 世纪以来美国煤矿死亡人数及百万吨死亡率

项目	2001 年	2002 年	2003 年	2004 年	2005 年	2006 年
年死亡人数/人	42	27	30	28	22	47
百万吨死亡率/%	0.0402	0.027	0.0312	0.0273	0.0196	0.040

英国的煤炭资源划分为 4 个煤区。南部煤区包括德安福斯特煤田、萨默塞特煤田、格洛斯特郡煤田和肯特煤矿以及南威尔士大煤田,储量占总储量的 26%;中部煤区包括约克郡—诺丁汉郡煤田和兰开夏、斯塔福德、北威尔士等煤田,储量占总储量的 56%;北部煤区包括范围广大的诺森伯兰—达勒姆煤田和坎布兰小煤田,储量占总储量的 10%;苏格兰煤区包括米德兰山脉的煤层群,储量占总储量的 8%。英国煤炭产量总体呈现下降的趋势,2008 年煤炭产量为 0.18 亿 t,百万吨死亡率基本都在 0.1 以下,近 1/3 年份百万吨死亡率为零(申宝宏等,2011)。塞尔比煤矿是英国产量最大、装备最先进的矿井,1994 年年产量达到 1200 万 t,工作面全部采用强力重型装备生产。

德国的主要硬煤煤田有鲁尔煤田、萨尔煤田、亚琛煤田和伊本比伦煤田,主要的褐煤煤田有西部的莱茵煤田、东部的劳齐茨煤田和中部煤田等。德国矿井硬煤开采条件困难,煤层多为薄及较薄煤层,一般厚 0.5~1.5m,开采深度较大,地温高,矿山压力大,井下运输距离长。德国的褐煤储量丰富,煤层厚,埋藏浅,全部采用露天开采。硬煤产量逐年下降,褐煤产量呈增加趋势。目前,德国煤炭年产量在 2 亿 t 左右。德国煤炭开采技术与装备先进,薄煤层主要采用刨煤机,中厚煤层采用强力采煤机,采煤机、液压支架等开采装备可靠性高,原煤工效高。德国所有的硬煤矿井均为瓦斯矿井,并且普遍存在冲击地压危险,开采深度较大。自 1988 年以来,硬煤矿井百万吨死亡率一直保持在 0.42 以下,很多年份低于 0.1(申宝宏等,2011)。受开采条件限制,德国煤矿百万吨死亡率略高于美国、澳大利亚等国家。

澳大利亚是世界主要的煤炭生产大国之一,2010 年煤炭产量为 4.24 亿 t。澳大利亚煤田构造简单,断层少,煤层埋藏浅,倾角几近水平,主要采煤方法是房柱式开采和长壁式开采,开采装备先进,综合机械化程度高。澳大利亚煤矿生产安全状况良好,

2000~2007年，澳大利亚煤矿死亡人数共18人。澳大利亚煤炭工业安全状况保持着世界最好水平（申宝宏等，2011）。

总体来看，美国、英国、德国、澳大利亚煤矿从业人员安全与健康能得到充分保障，生产安全度均能达到科学产能要求，得分为满分。美国井工矿大多数位于人口密度小的地区，煤炭开采后上覆岩层出现下沉，生产绿色度中扣除充填率、采煤塌陷系数、塌陷土地绿化率3个指标各2分，共6分。英国、德国、澳大利亚煤炭生产对环境保护要求很高，扣除煤炭开采对水资源与煤岩层的小范围破坏共3分，生产绿色度为28分。由于英国、德国煤炭开采深度相对较大，在采煤机械化程度、掘进机械化程度、矿井综合单产、原煤工效4个指标各扣1分，共4分。

我国煤炭科学产能总体水平相对较低，与世界先进采煤国家相比有较大差距。国内外煤炭生产科学产能得分情况对比如表3-21所示。

表3-21　我国与世界先进采煤国家煤炭科学产能情况　　　　　（单位：分）

产煤国	生产安全度 （共34分）	生产绿色度 （共30分）	生产机械化程度 （共36分）	科学产能得分 （共100分）
美国	34	24	36	94
英国	34	27	32	93
德国	34	27	32	93
澳大利亚	34	27	36	97
中国	10.63	11.57	20.38	42.58

3.9　小结

我国煤炭资源丰富，市场需求旺盛，采用"以需定产"的发展模式，煤炭产能的开发已大大超出了本行业在资源、技术、环境、安全等方面所能承载的能力。煤炭生产应坚持科学发展观，改变"要多少，产多少"的发展思路进行科学开采，彻底扭转我国煤炭工业"高危、污染、粗放、无序"的行业现状，实现煤炭产业健康可持续发展。

针对我国煤炭资源开采的现状及所存在的问题，本研究提出了煤炭资源"科学开采"的概念。科学开采是指在以科学发展观引领的与地质、生态环境相协调理念下最大限度地获取自然资源，在不断克服复杂地质条件和工程环境带来的安全隐患前提下进行的安全、高效、绿色、经济、社会协调地可持续开采。根据"科学开采"的理念，提出了科学产能概念，即在具有保证一定时期内持续开发的储量前提下，用安全、高效、环境友好方法将煤炭资源最大限度地采出的生产能力。

科学产能要求"资源、人力、科技与装备"都必须达到相应的要求和标准，是煤炭行业和一个矿区综合能力的体现。科学产能在煤炭资源开采中主要有三个方面的要求即安全开采、绿色开采、高效开采，其所对应的科学产能评价指标体系主要包括生产安全度、生产绿色度、生产机械化程度。

煤炭生产安全度是指煤矿从业人员在生产和运营过程中的安全健康保障程度。生产安全度评价指标包括百万吨死亡率、安全事故发生率、职业健康保障程度、职业教育培训程度四个方面。

生产绿色度是指在煤炭开发过程中实现对矿区生态及资源环境的保护程度。生产绿色度评价指标包括矿山生态保护程度、生态恢复度、矿山资源综合利用率、采区回采率四个方面。

生产机械化程度是指在特定地质条件下采用最适宜的采煤方法所达到的高效开采的机械化程度。煤炭生产机械化程度评价指标包括采掘机械化程度、原煤工效、矿井综合单产、生产管理信息化程度四个方面。

根据科学产能的定义和内涵，提出了科学产能评价指标体系，按"两步走"战略给出了不同时期矿井科学产能评价标准：① 2011~2020年，百万吨死亡率不高于0.1，无重特大事故；职业病发病率不高于3%，采煤塌陷系数不高于$0.25hm^2/万t$，采煤机械化程度达到75%；科学产能总得分达到70分。② 2021~2030年，百万吨死亡率不高于0.05，无重特大事故；职业病发病率不高于2%，采煤塌陷系数不高于$0.2hm^2/万t$，采煤机械化程度达到80%；科学产能总得分达到80分。

采用科学产能评价指标体系对各区域煤炭科学产能进行了综合评价。2010年，晋陕蒙宁甘区煤炭科学产能总得分为47分，华东区为46分，东北区为33分，华南区为23分，新青区为34分。按照煤炭产量对各区域煤炭科学产能进行了加权平均，得出2010年全国煤炭科学产能为42.58分。由对美国、英国、德国、澳大利亚等世界先进产煤国煤炭生产情况的调研与科学产能评价，估算得出美国煤炭科学产能得分为94分，英国、德国得分均为93分，澳大利亚为97分。总体来看，我国各区域煤炭科学产能得分存在较大差异，我国与世界先进采煤国家科学产能得分差距较大。

针对我国煤炭资源的开采现状，通过对各产煤区资源、安全、高效、环境等四个科学产能约束条件分析，结合现场调研结果，估算得出2010年我国实现煤炭资源科学产能约为10.78亿t，占全国煤炭总产量的33.27%。其中，晋陕蒙宁甘区科学产能约为6.48亿t，科学产能占全国科学产能的比例为60.11%，占本区域煤炭产量比例为35.03%；华东区科学产能约为3.3亿t，科学产能占全国科学产能的比例为30.61%，占本区域煤炭产量比例为51.56%；东北区科学产能约为0.55亿t，科学产能占全国科学产能的比例为5.10%，占本区域煤炭产量比例为28.95%；华南区科学产能约为0.2亿t，科学产能占全国科学产能的比例为1.86%，占本区域煤炭产量比例为4.35%；新青区科学产能约为0.25亿t，科学产能占全国科学产能的比例为2.32%，占本区域煤炭产量比例为25.00%。

第 4 章 实现科学产能的科技支撑与开发战略

在分析现阶段科学产能的基础上，本研究对未来自律投入、加强技术与装备改造和国家政策扶持及投入三种情景下的新增科学产能进行分析预测；以五大区的地质条件为基础，分析各区煤矿开发生产的现状，提出各区提高科学产能所应优先发展的开采技术与装备，提出以增加科学产能为目标的煤炭开发战略。

4.1 科学产能情景分析

4.1.1 科学产能构成

煤炭科学产能来自于三个方面：一是现有达到科学开采标准的产能；二是通过对现有未达标的矿井实施安全、高效和绿色开采技术与装备升级改造实现的科学产能；三是新建矿井直接实现的科学产能。现有科学产能已经在第 3 章进行了详细分析，基本占现有煤炭总产能的 1/3。

对于现有未达标矿井的改造重点是进行安全、高效和绿色开发技术及装备的升级。安全技术与装备的升级改造主要是对高瓦斯矿井、煤与瓦斯突出矿井、煤层自燃、水文地质条件复杂矿井等未达到科学产能安全标准的矿井进行技术与装备的投入，充分预防和治理灾害，降低事故发生的概率。预测科学产能时以一定投入条件下可能治理完成的灾害矿井释放的产能计算；高效技术与装备的升级改造主要是对小煤矿、机械化程度低、薄煤层、急倾斜及大倾角煤层等未达到科学产能高效生产标准的矿井进行治理和技术装备投入，提高生产效率和能力，降低工人劳动强度。预测科学产能时以一定投入条件下可能治理完成的矿井释放的产能计算；绿色技术与装备的升级改造主要是解放"三下"压煤、治理地表沉降、地下水系破坏、采空区复垦、共伴生资源开采、地热循环利用等技术与装备的投入，降低煤炭开采对环境的负效应。预测科学产能时以一定投入条件下实施环境保护和生态恢复措施的矿井对应的产能计算。

各区地质资源、煤炭赋存条件、开采时间和规模不尽相同，新建矿井规模受到限制，其实现科学开采的程度也不尽相同。预测分析时，根据每个区探明的资源储量和基础储量可持续开采时间、煤层赋存特征、环境承受能力等确定可能的新建矿井规模，其科学产能以一定投入条件下新建矿井中符合安全、高效和绿色开采标准的产能比例计算。

根据预测和规划，未来 20 年全国各区新建矿井产能情况，如表 4-1 所示。

表 4-1　五大区新建矿井产能情况分析　　　　（单位：亿 t）

区域	2011~2015 年	2016~2020 年	2021~2030 年
晋陕蒙宁甘区	4.95	4.95	6.16
华东区	0.45	0.8	0.6
东北区	0.2	0.1	0.1
华南区	0.41	0.2	0.2
新青区	2	3	5
合计	8.01	9.05	12.06

资料来源：《煤炭工业发展"十二五"规划》（初稿）

从图 4-1 中可以看到，未来 20 年东北区、华东区和华南区的新建矿井产能将逐渐下降，且占全国的比例也将下降。晋陕蒙宁甘区和新青区新建矿井产能则快速增长，成为全国煤炭新增产能的主要区域。

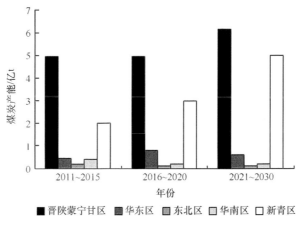

图 4-1　五大区新增煤炭产能对比图

4.1.2　科学产能情景设置

在资源保障的基础上，科学产能为同时满足安全、高效、绿色要求的产能，而受安全、高效和绿色约束条件制约的产能都是非科学产能。提升科学产能必须进行技术与装备投入，投入规模直接影响着三个约束条件的改造程度和科学产能的增量。为此，设置三种情景对"十二五"（2015 年）、"十三五"（2020 年）和远期（2030 年）三个时期的科学产能进行分析预测：情景 1——自律投入、情景 2——加强技术与装备改造、情景 3——国家政策扶持及投入。

情景 1——自律投入：全国煤炭企业按照目前科技和投入水平，自觉投入和自然发展所能够达到的科学开采程度。

情景 2——加强技术与装备改造：企业在国家产业规划和要求下，通过加强科技装备开发与技术改造使煤炭行业所能达到的科学开采程度。

情景 3——国家政策扶持及投入：依据国家经济和社会发展目标，制定煤炭有序开发和科学发展的强制性政策措施，实行行业统一管理和执行，加强政府投入后所能达到的科学开采程度。

4.1.3 投入分析

不同情景下增加的科学产能不同，相应的投入也不同，有必要对不同情景的成本投入进行分析。由于各地区地质条件、开采工艺、劳动效率等不同，煤炭成本存在显著差异。根据《煤炭工业统计年报》资料计算整理，2009 年五大煤炭生产区的单位原煤成本分别为晋陕蒙宁甘区 225 元、华东区 330 元、东北区 290 元、华南区 250 元、新青区 125 元。从中可以看出，五大煤炭生产区的原煤单位成本有较大差异，华东区原煤单位成本最高，新青区最低。

以目前物价水平和投入情况估算，提升每吨科学产能大约需增加安全投入 120 元（包括建设避难硐室，瓦斯、水、火、冲击地压等的监测与预防发生的费用），高效技术装备投入 60 元（包括提高采煤机械化、自动化水平的设备费用，研发新型高效开采装备的投入等），环境投入 100 元（包括充填、地表植被恢复、水资源保护等投入），如表 4-2 所示。考虑物价增长因素，2015 年、2020 年和 2030 年三个阶段安全、高效和绿色投入成本增长率，如表 4-3 所示。

表 4-2 2009 年五大区提升科学产能投入成本分析　　（单位：元/t）

序号	区域	正常成本	增加成本			综合成本		
		2009 年	安全	高效	绿色	安全	高效	绿色
1	晋陕蒙宁甘区	225	120	60	100	345	285	325
2	华东区	330	120	60	100	450	390	430
3	东北区	290	120	60	100	410	350	390
4	华南区	250	120	60	100	370	310	350
5	新青区	125	120	60	100	245	185	225

表 4-3 煤炭未来 20 年安全、高效和绿色投入成本增长率　　（单位：%）

项目	2011~2015 年			2016~2020 年			2021~2030 年		
	安全	高效	绿色	安全	高效	绿色	安全	高效	绿色
年均增长率	10	15	10	5	10	5	5	7	5

4.2 五大区科学产能分析预测

4.2.1 晋陕蒙宁甘区

4.2.1.1 资源约束条件下的产能

晋陕蒙宁甘区域是我国煤炭资源的富集区，资源丰富、煤种齐全、煤炭产能高，也是煤炭资源主要生产区和调出区，主要以厚煤层为主，局部赋存中厚~薄煤层。区域水资源匮乏，生态环境脆弱。大多数煤层赋存稳定，结构简单，倾角缓。煤层自燃现象严重,瓦斯、油气等多种资源共存,压力大,易于造成突出。开采条件相对简单,基本属全国最优之列,但生态环境相对脆弱,煤矿生产必须注重环境保护工作。

区内内蒙古保有资源最多,山西次之,陕西、宁夏、甘肃分列后三位。截止到2009年年底,全区累计保有查明资源量为8276.9亿t,其中保有基础储量2210.8亿t,2010年煤炭产量18.56亿t。详见表4-4。

表4-4 晋陕蒙宁甘区煤炭产量及资源统计表 （单位：亿t）

省份	2010年煤炭产量	至2009年基础储量	至2009年资源量	至2009年保有查明资源储量
合计	18.56	2210.8	6066.1	8276.9
山西	7.00	1055.5	1606.1	2661.6
陕西	3.55	268.7	1414.8	1683.5
内蒙古	6.93	772.7	2693.2	3465.9
宁夏	0.62	55.5	269.9	325.4
甘肃	0.45	58.4	82.1	140.5

资料来源：中华人民共和国国土资源部发布的《2010年全国矿产资源储量通报》

根据晋陕蒙宁甘区资源量状况,生产矿井的基础储量为2210.8亿t。根据通常算法,资源量按照1/2的折算系数计入基础储量,采用1.5的储量备用系数和60%的回采率,在区域产能40亿t/a、30亿t/a、20亿t/a的不同情况下,区域服务年限分别为52年、70年和105年。因此从资源总量约束方面分析,显然20亿～30亿t/a的区域服务年限均在70年以上是合适的。2030年之前,该区的产量应保持在30亿t/a左右。

根据《2010年全国矿产资源储量通报》,该地区大型煤炭基地1.3m以下薄煤层可采储量为73.7亿t,占该区可采资源量的14.78%。由于薄煤层赋存条件复杂,开采难度大,安全难以保障,能够实现科学开采的只占30%左右,约22亿t。此外,厚度在20m以上的厚煤层可采储量为37亿t,占该区可采资源量的7.43%。其分层开采难度较大,且资源回采率低,目前一次采全厚比例还很低。因而,从煤层赋存条件看,2030年之前该地区实现科学产能的可采储量占82.23%,以中厚煤层为主。

从新建矿井规模,该地区"十一五"结转煤矿建设规模为2.3亿t/a,占全国的63.8%。根据《煤炭工业发展"十二五"规划》（初稿）,"十二五"期间,该地区为重点开发地区,区内各省份预计新开工规模3.72亿t/a,占全国的72.6%。据此推算,2015年资源条件约束下的合理新增科学产能应为五年预计新增产能的82.23%,约为4.95亿t/a;随着开采技术的进步,薄煤层和20m以上厚煤层也能够逐步释放出一定的科学产能。到2020年,薄煤层按其60%实现科学开采,20m以上厚煤层70%实现科学开采,则资源约束条件下的合理产能为新增产能的85.93%。新增产能按与"十二五"时期持平计算,该地区合理产能增加5.2亿t/a。预计2021～2030年,一些薄煤层资源因受地质条件制约已无法通过技术进步采出。伴随着部分矿井资源的枯竭,新增产能与减少的产能基本持平,全区总产能维持在28.7亿t/a。

4.2.1.2 安全生产约束下的产能预测

晋陕蒙宁甘区的典型特点是灾害程度较小,但局部存在高瓦斯突出煤层、露头火等灾害。提高该地区安全约束条件下的产能有两种方式：一是通过上述推广、发展和储备灾害防治技术，对原有矿井进行安全技术改造和升级；二是新建矿井应向瓦斯、火灾较小的地区倾斜，控制灾害严重地区新增产能，以提高全区的科学产能比例。按企业自律投入计算现有投入与技术发展速度，预计到2015年可升级改造高瓦斯矿井50个，增加科学产能0.34亿t/a，治理煤矿火区100处，增加科学产能1.34亿t/a；新建矿井中在灾害较小地区布置的产能按新增产能的60%计算，预计可增加科学产能2.97亿t/a。因而，"十二五"期间，晋陕蒙宁甘区安全约束条件下的科学产能预计能够增加4.65亿t，达到13.4亿t/a。到2020年和2030年，受资源条件的制约，灾害较小地区的新增产能迅速下降，符合安全标准的矿井产能分别占新建矿井产能的40%和25%，分别为2.08亿t/a和0.75亿t/a。其他矿井只能通过加大安全装备技术的投入提高科学产能，而且，易于升级改造的矿井数量也在下降，剩余多为煤与瓦斯突出、自燃倾向性高的难以治理的矿井。预计到2020年和2030年，可分别治理灾害矿井180处和160处，分别提高产能2亿t和1.7亿t。综上所述，全区总的安全约束产能在2020年和2030年分别提高至17.48亿t/a和19.93亿t/a（谢和平等，2012）。

4.2.1.3 技术装备约束下的产能预测

晋陕蒙宁甘区煤层条件好，有利于采用大型煤机装备实现科学产能，技术装备约束较小，主要影响科学产能的因素是小煤矿的存在。提高该地区技术装备约束条件下的产能有两种方式：一是加强煤炭资源整合，关闭、合并小煤窑，对矿井进行技术改造和升级；二是新建矿井应以集中度高的大型现代化矿井为主，减少地方小煤矿的审批和建设，增加年产90万t以上井型的比例，以提高全区的科学产能比例。

按企业自律投入考虑现有投入与技术发展速度，预计到2015年可升级改造小煤矿280个，释放产能0.42亿t/a；在新建矿井中，90万t以上井型的产能按新增产能的90%计算，预计可增加科学产能4.45亿t/a（"十二五"期间新增产能4.95亿t/a）。因而，"十二五"期间，晋陕蒙宁甘区技术装备约束条件下的科学产能预计能够增加4.87亿t，达到16.72亿t/a，占该时期资源约束合理产能（23.45亿t）的71.3%。到2020年，改造小煤矿的难度有所增加，预计可升级改造小煤矿230个，释放产能0.34亿t/a；受资源条件的制约，新建矿井规模逐年递减，除接续枯竭矿井产能外，新增产能按"十二五"时期的85%计算，预计可增加科学产能3.8亿t/a。因此，2020年技术装备约束下的产能可提高4.14亿t，达到20.86亿t/a，占该时期资源约束合理产能（28.7亿t）的72.3%。

到2030年，基本解决小煤矿问题，释放科学产能0.44亿t/a。受资源条件的制约，中厚煤层的新增产能迅速下降，只能通过加大开采装备技术的投入释放薄煤层和20m以上厚煤层的产能。新增产能除接续枯竭矿井产能外，预计可增加科学产能2.56亿t/a。因此，2030年技术装备约束下的产能可提高3亿t，达到23.86亿t/a，占该时期资源约束合理产能（28.7亿t）的83.1%。

4.2.1.4 环境约束下的产能预测

该地区环境约束条件下的新增科学产能主要来自于两个方面：一是采用保水开采、

充填开采等技术和装备开采,实施煤与瓦斯共采、煤矸石利用、矿井水利用等绿色环保技术的矿井的产能;二是从"三下"压煤(铁路公路下、建筑物下和水体下)释放出来的煤炭资源。

按企业自律投入计算现有投入与技术发展速度,预计到 2015 年,可在 70 个产能 90 万 t/a 以上的矿井采用保水开采、充填开采,可实现新增科学产能 1.87 亿 t/a;采用复采技术与装备回收"三下"压煤是充分利用煤炭资源、降低采煤环境负效应的重要组成部分。晋陕蒙宁甘区现有"三下"压煤 45 亿 t,占可采储量的 9%,主要集中在山西大同等人口密集、开采时间较长的矿区,预计"十二五"期间可从"三下"压煤中释放 0.3 亿 t 煤炭资源。因此,"十二五"期间,晋陕蒙宁甘区环境约束下的产能可增加 2.17 亿 t,达到 8.65 亿 t/a。

到 2020 年,实施绿色环保开采技术的矿井可到达 150 个,对应的科学产能为 2.16 亿 t/a。"十二五"期间,由于区内适宜开采的煤层较多,因此"三下"压煤的开采所占比重不大。随着易于开采资源的逐渐减少,"三下"压煤开采就成为延长矿井服务年限、增加煤炭产量的重要手段。预计到 2020 年,可从"三下"压煤中释放 0.45 亿 t 煤炭资源。因此,2020 年环境约束下的科学产能可增加 2.61 亿 t,达到 11.26 亿 t/a。

2030 年,该区总产能保持稳定,但基于绿色环保开采技术的持续推广和发展,环境约束下的科学产能比例在逐步提高。预计该阶段实施绿色环保开采技术的矿井可到达 240 个,增加科学产能 2.36 亿 t/a。"三下"压煤开采更是成为科学产能增加的主要因素。预计该阶段可从"三下"压煤中释放 0.8 亿 t 煤炭资源。因此,2030 年环境约束下的科学产能可增加 3.16 亿 t,达到 14.42 亿 t/a。

4.2.1.5 晋陕蒙宁甘区科学产能分析预测

(1) 科学产能预测

根据以上对科学产能约束的分析,按企业自律投入计算现有投入与技术发展速度,该区 2015 年、2020 年和 2030 年的科学产能预测如表 4-5 所示。

表 4-5 晋陕蒙宁甘区企业自律投入情况下科学产能分析预测

区域	约束条件	2010 年	2011~2015 年	2016~2020 年	2021~2030 年
晋陕蒙宁甘区	预计产能/亿 t	18.5	23.45	28.7	28.7
	资源/亿 t	18.5	23.45	28.7	28.7
	安全/亿 t	8.82	13.4	17.48	19.93
	技术/亿 t	11.1	15.97	20.86	23.86
	环境/亿 t	6.48	8.65	11.26	14.42
	综合科学产能/亿 t	6.48	8.65	11.26	14.42
	科学产能所占比例/%	35	37	40	51

从表 4-5 中可以看出，环境因素始终是该地区科学产能发展的首要制约因素。如果不改变现有投入与技术发展方式，煤炭开采的环境代价将会越来越大，科学产能将很难有大的提高，科学产能以约束因素中最强的一个所对应的产能计算，其次是安全和技术因素。由此分析以下三种情景下科学产能的发展状况和相应的投入。

（2）科学产能预测情景分析

环境是晋陕蒙宁甘区科学产能提高的首要制约因素，其次是安全和技术。

情景 1：设定本区安全、高效和环境约束下的科学产能按企业自律投入情况考虑，其在 2015 年、2020 年和 2030 年的科学产能如表 4-5 所示。提高环境约束下的产能是提高本区科学产能需要解决的首要问题。2015 年、2020 年和 2030 年实现科学产能的增长分别为 2.17 亿 t、2.61 亿 t 和 3.16 亿 t，需分别投入 1136 亿元、1744 亿元和 3439 亿元。

情景 2：设定在情景 1 的基础上加强环境治理投入，可将科学产能提高至安全约束下的产能，即 2015 年、2020 年和 2030 年分别为 13.40 亿 t、17.48 亿 t 和 19.93 亿 t。按环境投入成本，则情景 2 模式下 2015 年、2020 年和 2030 年实现科学产能的增长需在情景 1 投入基础上再分别投入 2486 亿元、2411 亿元和 5996 亿元，达到 3622 亿元、4155 亿元和 9435 亿元。

情景 3：靠情景 2 的加强改造技术与装备的投入，科学产能也只能达到 60% 左右，比例依然较低。为彻底扭转煤炭非科学产能带来的安全、环境等负面影响，国家应制定发展科学产能的政策措施，加大投入。对于晋陕蒙宁甘区来说应重点加强安全投入，可将科学产能提高至高效约束下的产能，即 2015 年、2020 年和 2030 年分别为 15.97 亿 t、20.86 亿 t 和 23.86 亿 t。以安全投入成本计算，则情景 3 模式下 2015 年、2020 年和 2030 年实现科学产能的增长需在情景 2 投入基础上再分别投入 1878 亿元、4141 亿元和 4540 亿元，达到 5500 亿元、8296 亿元和 13 975 亿元。

晋陕蒙宁甘区三种情景下科学产能情况下投入分析见表 4-6。

表 4-6 晋陕蒙宁甘区不同情景下科学产能情况下投入分析

区域	情景	2011~2015 年		2016~2020 年		2021~2030 年	
		达到的科学产能/亿 t	投入/亿元	达到的科学产能/亿 t	投入/亿元	达到的科学产能/亿 t	投入/亿元
晋陕蒙宁甘区	情景 1	8.65	1 136	11.26	1 744	14.42	3 439
	情景 2	13.40	3 622	17.48	4 155	19.93	9 435
	情景 3	15.97	5 500	20.86	8 296	23.86	13 975

该地区三种情景下的煤炭科学产能预测，如图 4-2 所示。

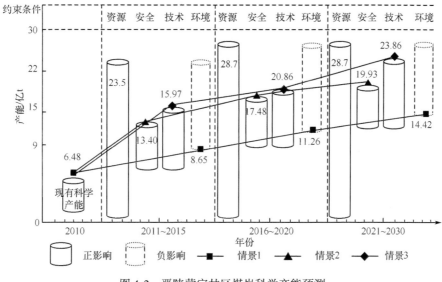

图 4-2 晋陕蒙宁甘区煤炭科学产能预测

4.2.2 华东区

4.2.2.1 资源条件下的产能预测

华东区拥有较大的煤炭生产能力,主要集中在河南、山东、安徽。区内主要赋存石炭二叠系含煤地层,上组煤为主采煤层,厚煤层为主,局部中厚煤层;下组煤为辅助开采煤层,薄煤层赋存。本区煤质优良,煤类齐全,以气煤、肥煤、1/3焦煤等煤种为主,是我国重要的动力煤和炼焦煤生产区。但该区主要煤田煤层埋深大、表土层厚、开采条件日益困难。目前开采条件好的矿区都已开发,主力矿区已进入开发中后期,均转入深部开采。区内安徽保有资源最多,河南次之,山东、河北、江苏分别列后三位。

截止到 2009 年年底,全区累计保有查明资源量为 1040.3 亿 t,其中保有基础储量 362.7 亿 t,2010 年产量为 6.5 亿 t。详见表 4-7。

表 4-7 华东区产量和已查明煤炭资源统计表　　　　　　　　（单位:亿 t）

地区	2010 年煤炭产量	至 2009 年基础储量	至 2009 年资源量	至 2009 年保有查明资源储量
华东区	6.5	362.7	677.6	1040.3
山东	1.5	82.1	174.0	256.1
安徽	1.3	83.7	206.8	290.5
河南	2.1	114.7	166.2	280.9
河北	0.9	56.3	95.9	152.2
江苏	0.2	14.5	21.4	35.9
福建	0.2	4.2	6.2	10.4
江西	0.3	7.2	7.1	14.3

资料来源:中华人民共和国国土资源部发布的《2010年全国矿产资源储量通报》

根据华东区资源量状况，在生产矿井的基础储量362.7亿t的基础上，资源量按照1/2的折算系数计入基础储量，考虑资源大部分位于深部和地面建筑物压煤状况，采用1.5的储量备用系数和40%的回采率，在区域产能6亿t/a、5亿t/a、4亿t/a的不同情况下，区域服务年限分别为30年、36年和45年。因此从资源约束方面分析，显然6亿t/a的区域产能过高，区域服务年限仅30年。对于华东区域缺煤地区而言，服务年限应适当延长。因此区域产能逐步降低到4亿～5亿t/a，使区域服务年限维持在36～45年是合适的。

从薄煤层赋存条件来看，该地区大型煤炭基地1.3m以下薄煤层可采储量为45.83亿t，占该区可采资源量的33.3%，是我国薄煤层的主要赋存区域和主采区。由于薄煤层赋存条件复杂，开采难度大、安全保障困难，其产能只有20%可作为科学产能计算。因而，该地区科学产能占可采储量的73.4%，其中以中厚煤层为主。

从新建矿井规模来看，该地区"十一五"结转煤矿建设规模0.2亿t/a，占全国的5.6%。根据《2010年全国矿产资源储量通报》，"十二五"期间，该地区重点建设接续型矿井，预计新开工规模0.41亿t/a，占全国的8%。"十一五"结转的在建煤矿全部建成投产，新建和改扩建矿井增加产能0.3亿t（考虑资源枯竭引发的产能下降）。据此推算，2015年该地区煤炭产能可增长0.61亿t/a，其资源约束条件下的科学产能增加0.45亿t，达到6.95亿t/a。

经过多年的开发利用，华东区资源缺乏情况将会越来越严重。2015年之后，受资源赋存条件限制，新增产能将无法弥补资源枯竭矿井的产能。例如，山东省煤炭资源现有可采储量也只能保证生产30年左右，届时将有108对矿井因资源枯竭而报废，77%的矿山保有储量不到5年即可采完。初步估算，2015年后全区矿井服务年限在5年以内的至少占到30%，产能下降2.1亿t；考虑到新探明的可采储量，新建矿井规模为0.8亿t/a。据此推算，2020年，该地区煤炭产能为5.65亿t/a。2020年后，全区矿井服务年限在10年以内的矿井将占到40%以上，产能下降2.25亿t；考虑到新探明的可采储量，新建矿井规模为0.6亿t/a。据此推算，2030年该地区煤炭产能为4亿t/a。

4.2.2.2 安全生产约束下的产能预测

华东区的典型特点是大部分矿区都是老矿区，开采深度最大达到1300m，而许多新矿区开采深度也达到800～1000m。该地区提高安全约束条件下的产能主要是通过上述推广、发展和储备灾害防治技术，对原有矿井进行安全技术改造和升级；而且随着矿井开采深度加大，开采条件更加恶化，表现为地温、地压明显加剧，突水及顶板灾害更趋严重，受灾害影响的新矿井数量占新建矿井总数的比例将逐渐增加。

按现有企业自律投入与技术发展速度，预计到2015年可升级改造高瓦斯矿井20个，产能0.3亿t/a；水文地质条件复杂矿井60处，产能0.5亿t/a。但与此同时，85%新建矿井的灾害并没有消除（高于当前80%的比例），则2015年新增产能中将有0.52亿t/a受到地质灾害影响（0.61亿t/a的85%）。因而，"十二五"期间华东区安全约束条件下的科学产能预计能够增加0.28亿t，达到3.58亿t/a。

到2020年和2030年，受资源条件的制约，易于升级改造的矿井数量逐渐下降，剩余多为难以治理和规模较小的矿井。安全矿井产能的增加将无法抵消灾害加剧影响的新增产能,导致该地区安全约束下的产能逐步下降。到2020年,华东地区煤炭产能整体下降约13%,其中安全矿井产能约下降10%,降至3.22亿t/a。2030年煤炭产能整体下降29%,安全矿井产能约下降25%,降至2.42亿t/a。

4.2.2.3 技术装备约束下的产能预测

华东区煤炭开发时间长,主力矿区已进入开发中后期,转入深部开采,下组薄煤层、小煤矿的存在和采掘机械化程度是影响科学产能的重要因素。华东区的主产区矿井机械化程度较高,提高该技术装备约束条件下的产能主要通过以下两种方式:一是加强煤炭资源整合,关闭、合并小煤窑,对矿井进行技术改造和升级;二是大力发展薄煤层开采技术与装备,提高其采掘机械化程度和自动化程度,以提高全区的科学产能比例。

按现有企业自律投入与技术发展速度,预计到2015年可升级改造小煤矿280个,释放产能0.4亿t/a;新增的薄煤层机械化产能0.2亿t/a。二者共提供新增产能0.6亿t/a。考虑资源枯竭矿井影响,"十二五"期间,技术装备约束条件下的科学产能增加0.3亿t,达到3.62亿t/a,占该时期资源约束合理产能(6.95亿t)的52.6%。

到2020年,预计可升级改造小煤矿300个,释放产能0.42亿t/a;随着技术的不断发展,新增的薄煤层机械化产能逐渐增多,按"十二五"时期的1.5倍计算,预计可增加科学产能0.3亿t/a,二者共提供新增产能0.72亿t/a。但资源枯竭矿井增多,华东区在该时期内整体煤炭产量将下降约13%,对应技术装备约束条件下的科学产能下降约0.6亿t/a。因此,2020年技术装备约束条件下的科学产能达到3.74亿t/a左右,占该时期资源约束合理产能(5.65亿t)的66.2%。

到2030年,华东地区基本解决小煤矿问题,释放科学产能0.53亿t/a。薄煤层的新增产能比例逐渐增大,预计可增加科学产能0.4亿t/a。同时,该时期内整体煤炭产量将下降约25%,对应技术装备约束条件下的科学产能下降约1.4亿t/a。因此,2030年技术装备约束下的产能将降低至3.28亿t/a,占该时期资源约束合理产能(4亿t)的82%。

4.2.2.4 环境约束下的产能预测

华东区为我国平原地区,是我国的粮食生产基地和工业基地,地面城镇建筑多,交通设施发达,地面环境的约束对产能有一定影响。在煤炭开采活动中,对环境影响最大的因素是地表沉陷。地表沉陷对生态环境和景观、对浅部含水层及民用井泉、对地面河流水系、对公路、耕地等均产生一定的负面影响。该地区环境约束下的新增科学产能主要来自于"三下"压煤释放出来的煤炭资源。华东区现有"三下"压煤37.5亿t,占可采储量的26.8%,主要集中在山东、安徽等人口密集、开采时间较长的矿区,预计"十二五"期间可从"三下"压煤中释放0.2亿t煤炭资源。因此,"十二五"期间,华东区环境约束下的产能可增加至3.7亿t/a,占同时期产能的53.2%。

预计到2020年,可从"三下"压煤中释放0.6亿t煤炭资源,但部分矿井资源枯竭使得环境约束下的产能下降0.4亿t。因此,2020年环境约束下的科学产能降至3.5

亿 t/a，占同时期产能的62%。

2030年，该区煤炭总产能持续下降，环境约束下的科学产能下降约0.55亿t。该阶段可从"三下"压煤中释放0.3亿t资源。因此，2030年环境约束下的科学产能为3.1亿t/a，但占同时期产能的比例上升至77.5%。

4.2.2.5 华东区科学开发战略

(1) 科学产能

根据以上对科学产能约束的分析，按现有企业自律投入与技术发展速度，该地区2015年、2020年和2030年的科学产能预测见表4-8。

表4-8 华东区企业自律投入情况下科学产能分析预测表

区域	约束条件	2010年	2011~2015年	2016~2020年	2021~2030年
华东区	预计产能/亿t	6.5	6.95	5.65	4
	资源/亿t	6.5	6.95	5.65	4
	安全/亿t	3.3	3.58	3.22	2.42
	技术/亿t	3.32	3.62	3.74	3.28
	环境/亿t	3.5	3.7	3.5	3.1
	综合科学产能/亿t	3.3	3.58	3.22	2.42
	科学产能所占比例/%	50.7	51.5	57	60.5

科学产能以约束因素中最强的一个所对应的产能计算，从表4-8中可以看出，安全因素始终是该地区科学产能发展的首要制约因素。如果不改变现有投入与技术发展方式，该地区科学产能将逐步下降，煤炭开采的安全威胁将会越来越大。

(2) 科学产能预测情景分析

安全是华东区科学产能提高的首要制约因素，其次是技术和环境因素。通过上述增大投资、技术升级改造、生产技术条件改善等措施，可在今后三个阶段不同程度的提高科学产能，分析不同投入情况下本区科学产能可能的发展情况。

情景1：设定该区安全、高效和环境约束下的科学产能按现有企业自律投入情况考虑，其在2015年、2020年和2030年的科学产能如表4-8所示。提高安全约束下的产能是提高本区科学产能需要解决的首要问题。2015年、2020年和2030年实现科学产能的增长需分别投入203亿元、333亿元和1205亿元。

情景2：设定在情景1的基础上加强安全投入，可将科学产能提高至高效约束下的产能，即2015年、2020年和2030年分别为3.62亿t、3.74亿t和3.28亿t。情景2模式下2015年、2020年和2030年实现科学产能增长需在情景1投入基础上分别再投入87亿元、259亿元和1025亿元，分别达到290亿元、592亿元和2230亿元。

情景3：靠情景2的加强改造技术与装备的投入，科学产能可达到该区总产能76%左右，比例较高。因此，受限于资源赋存条件，国家制定政策措施和加大投入对华东区发展科学产能作用有限。情景3通过加强高效装备与技术的投入,可将科学产能提高至环境约束下的产能,即2015年、2020年和2030年分别为3.7亿t、3.5亿t和3.1亿t。情景3模式下2015年、2020年和2030年实现科学产能的增长需在情景2投入基础上再分别投入163亿元、803亿元和1447亿元,分别达到453亿元、1395亿元和3677亿元。

华东区三种情景下的科学产能情况,如表4-9所示。

表4-9 华东区不同科学产能情况下投入分析

区域	情景	2011~2015年		2016~2020年		2021~2030年	
		达到的科学产能/亿t	投入/亿元	达到的科学产能/亿t	投入/亿元	达到的科学产能/亿t	投入/亿元
华东区	情景1	3.58	203	3.22	333	2.42	1205
	情景2	3.62	290	3.74	592	3.28	2230
	情景3	3.70	453	3.50	1395	3.10	3677

该地区三种情景下的科学产能预测,如图4-3所示。

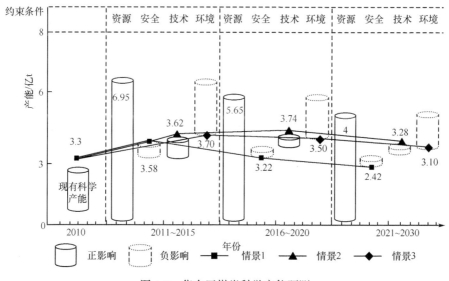

图4-3 华东区煤炭科学产能预测

4.2.3 东北区

4.2.3.1 资源约束条件下的产能预测

东北区域的煤矿开采历史悠久,开采深度大,是20世纪中叶以前我国的主要煤炭生产区。目前,煤炭资源量、产量占全国的比例不断下降。厚煤层已被建设利用,不具备新建大型矿井条件,只能对现有矿井进行改造。其中,黑龙江尚未利用资源相对较多,可建设一些大中型煤矿,同时还可以加强现有矿区的深部资源勘探,增加接续资源,延长服务年限,稳定生产规模。吉林和辽宁经过多年来开采后煤炭资源量日益萎缩，尚未利用资源少，后续资源严重不足，矿井接续十分困难，未来煤炭生产能力将逐年下降。

截止到2009年年底，全区累计保有查明资源量为318.2亿t，其中基础储量125.6亿t。2010年煤炭产量1.96亿t，详见表4-10。

表4-10　东北区产量和已查明煤炭资源统计表　　　　（单位：亿t）

地区	2010年煤炭产量	至2009年基础储量	至2009年资源量	至2009年保有查明资源储量
东北区	1.96	125.6	192.6	318.2
辽宁	0.57	43.8	30.6	74.4
吉林	0.43	12.8	14.1	26.9
黑龙江	0.96	69.0	147.9	216.9

资料来源：中华人民共和国国土资源部发布的《2010年全国矿产资源储量通报》

根据东北区资源量状况，在生产矿井的基础储量125.6亿t的基础上，资源量按照1/2的折算系数计入基础储量，考虑资源大部分位于深部和地面建筑物压煤状况，采用1.5的储量备用系数和40%的回采率，在区域产能1.9亿t/a、1.5亿t/a、1.0亿t/a的不同情况下，区域服务年限分别为31年［举例：（125.6+192.6/2）/1.5×0.4/1.9＝31（年）］、39年和59年。因此从资源总量约束方面分析，显然1.9亿t/a的区域产能过高，区域服务年限过短；区域产能降低至1.0亿～1.5亿t/a，区域服务年限可延长到50年左右，对于东北区的资源合理利用，保证东北老工业基地的可持续发展，是合适的。

根据《2010年全国矿产资源储量通报》，从薄煤层赋存条件来看，该地区大型煤炭基地1.3m以下薄煤层可采储量为13.06亿t，占该区可采资源量的26.2%。由于薄煤层赋存条件复杂，开采难度大，安全保障困难，其产能只有20%可作为科学产能计算。因而，该地区科学产能占可采储量的79%，以中厚煤层为主。

东北区大部分矿区都是老矿区，一些煤矿已有百年历史。目前部分主力矿井生产水平剩余可采储量已严重不足，矿井已进入衰老报废期，可供接续的煤炭资源严重不足，矿井接续十分困难。该地区"十一五"结转煤矿建设规模0.096亿t/a，占全国的2.7%。根据《煤炭工业发展"十二五"规划》，"十二五"期间，该地区重点建设接续型矿井，预计新开工规模0.13亿t/a，占全国的2.6%。"十五"期间结转的在建煤矿全部建成投产，新建和改扩建矿井增加产能按79%推算，2015年该地区新建矿井产能0.2亿t/a。但受资源赋存条件限制，新增产能无法弥补资源枯竭矿井的产能。初步统计，目前东北地区服务年限小于5年的矿井有150多处，产量0.26亿t/a。因此，全区2015年煤炭产能将会逐步缩减至1.9亿t/a左右；服务年限小于10年的矿井有65处左右，产量0.1亿t/a。据此推算，到2020年，该地区煤炭产能下降约1.8亿t/a。到2030年，2020年之前新建的服务年限小于10年的矿井将无法持续生产，约占全区矿井产量的15.7%左右。因此，到2030年，全区煤炭产能将逐步萎缩至1.5亿t/a。

4.2.3.2　安全生产约束下的产能预测

该地区提高安全约束条件下的产能主要是通过上述推广、发展和储备灾害防治技术，对原有矿井进行安全技术改造和升级；而且随着矿井开采深度的增加，开采条件更加恶化，受灾害影响的新矿井数量占新建矿井总数的比例将逐渐增加。

按现有企业自律投入与技术发展速度，预计到2015年可升级改造高瓦斯矿井20个，产能0.15亿t/a；水文地质条件复杂矿井50处，产能0.3亿t/a。但与此同时，85%新建矿井的灾害并没有消除（高于当前80%的比例），则2015年新增产能中将有0.24亿t受到地质灾害影响。因而，"十二五"期间东北区安全约束条件下的科学产能预计能够增加0.21亿t，达到0.76亿t/a。

到2020年，东北地区煤炭产能整体下降约8.4%，但通过改造高瓦斯矿井和水文地质条件复杂矿井，其安全产能可保持在0.76亿t/a。2030年煤炭产能整体下降约16%，安全产能约降至0.7亿t/a。

4.2.3.3 技术装备约束下的产能预测

对于东北区，小煤矿的存在是影响科学产能的重要因素。尽管经过多年的整顿关闭，小煤矿仍然较多。按现有投入与技术发展速度，预计到2015年可升级改造小煤矿350个，释放产能0.19亿t/a。"十二五"期间，技术装备约束条件下的科学产能增加至1.41亿t/a，占该时期资源约束合理产能（1.91亿t）的73.8%。

到2020年，预计可升级改造小煤矿400个，解放产能0.22亿t/a；但资源枯竭矿井增多，东北区在该时期内整体煤炭产量将下降约8.4%，对应技术装备约束条件下的科学产能下降约0.17亿t/a。因此，技术装备约束条件下的科学产能为1.46亿t/a左右，占该时期资源约束合理产能（1.8亿t）的81%。

到2030年，可升级改造小煤矿320个，释放科学产能0.18亿t/a。同时，该时期内整体煤炭产量将下降约16%，对应技术装备约束条件下的科学产能下降约0.24亿t/a。因此，2030年技术装备约束下的产能为1.38亿t/a，占该时期资源约束合理产能（1.5亿t）的92%。

4.2.3.4 环境约束下的产能预测

东北区为煤炭生产老区，煤炭开采对环境的影响较为严重，许多老矿区面临着资源枯竭、城市衰退的问题。当前急需进行生态环境的修复，大力发展循环经济。推广采煤沉陷区的复垦技术，对沉陷土地进行恢复和利用；进一步回收"三下"压煤资源，提高资源回收率。

东北区现有"三下"压煤19.5亿t，占可采储量的39%，主要集中在人口密集、开采时间较长的矿区，预计"十二五"期间可从"三下"压煤中释放0.1亿t/a产能，环境约束下的产能可增加至0.9亿t/a。

预计到2020年，可从"三下"压煤中释放0.15亿t煤炭资源，环境约束下的科学产能可增加至1.05亿t/a。2030年，该区煤炭总产能持续下降，但环境约束下的科学产能比例在逐步提高。"三下"压煤开采更是成为科学产能增加的主要因素。预计该阶段可从"三下"压煤中释放0.2亿t/a产能，环境约束下的科学产能可增加至1.25亿t/a。

4.2.3.5 东北区科学开发战略

(1) 科学产能

根据以上对科学产能约束的分析，按现有投入与技术发展速度和企业自律投入计算，该地区 2015 年、2020 年和 2030 年的科学产能预测见表 4-11。

表 4-11 东北区自律投入情况下科学产能分析预测表

区域	约束条件	2010 年	2011~2015 年	2016~2020 年	2021~2030 年
东北区	预测产能/亿 t	1.96	1.91	1.8	1.5
	资源/亿 t	1.96	1.91	1.8	1.5
	安全/亿 t	0.55	0.76	0.76	0.7
	技术/亿 t	1.22	1.41	1.46	1.38
	环境/亿 t	0.8	0.9	1.05	1.25
	综合科学产能/亿 t	0.55	0.76	0.76	0.7
	科学产能所占比例/%	28	40	43	47

从表 4-11 中可以看出，安全因素始终是该地区科学产能发展的首要制约因素。如果不改变现有投入与技术发展方式，科学产能将很难有大的提高，煤炭开采对该地区的安全威胁将会逐渐增大。

(2) 科学产能预测情景分析

安全是东北区科学产能提高的首要制约因素，其次是环境和技术因素。通过采取增大投资、技术升级改造、生产技术条件改善等措施，可在今后三个阶段不同程度的提高科学产能，分析不同投入情况下本区科学产能可能的发展情况。

情景1：设定该区安全、高效和环境约束下的科学产能按现有企业自律投入情况考虑，其在 2015 年、2020 年和 2030 年的科学产能如表 4-12 所示。提高安全约束条件下的产能是提高该区科学产能需要解决的首要问题。2015 年、2020 年和 2030 年实现科学产能的增长需分别投入 139 亿元、253 亿元和 480 亿元。

情景2：设定在情景 1 的基础上加强安全投入，可将科学产能提高至高效约束下的产能，即 2015 年、2020 年和 2030 年分别为 0.9 亿 t、1.05 亿 t、1.25 亿 t。情景 2 模式下 2015 年、2020 年和 2030 年实现科学产能增长需在情景 1 投入基础上分别再投入 92 亿元、244 亿元和 755 亿元，达到 231 亿元、497 亿元和 1235 亿元。

情景3：靠情景 2 的加强改造技术与装备的投入，科学产能可达到该区总产能 80% 多，比例较高。因此，受限于资源赋存条件，国家制定政策措施和加大投入对东北区发展科学产能作用有限。情景 3 加强高效装备与技术的投入，可将科学产能提高至环境约束下的产能，即 2015 年、2020 年和 2030 年分别为 1.41 亿 t、1.46 亿 t、1.38 亿 t。情景 3 模式下 2015 年、2020 年和 2030 年实现科学产能的增长需在情景 2 投入基础上分别再投入 320 亿元、1108 亿元和 995 亿元，达到 551 亿元、1605 亿元和 2230 亿元。

东北区三种情景下的科学产能情况见表4-12。

表4-12 东北区不同科学产能情况下投入分析

区域	情景	2011~2015年		2016~2020年		2021~2030年	
		达到的科学产能/亿t	投入/亿元	达到的科学产能/亿t	投入/亿元	达到的科学产能/亿t	投入/亿元
东北区	情景1	0.76	139	0.76	253	0.7	480
	情景2	0.9	231	1.05	497	1.25	1235
	情景3	1.41	551	1.46	1605	1.38	2230

该地区三种情景下的科学产能预测，如图4-4所示。

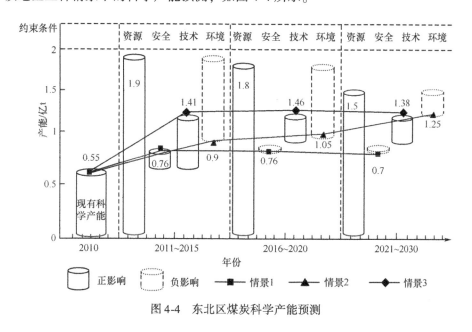

图4-4 东北区煤炭科学产能预测

4.2.4 华南区

4.2.4.1 资源条件下的产能预测

该区域煤炭资源主要赋存于贵州、云南、四川三省，特别是贵州西部、四川南部和云南东部地区是我国南方煤炭资源最为丰富的地区，其他地区均为贫煤地区，小而散。主要赋存二叠系上统含煤地层，以薄—中厚煤层为主，局部（贵州局部）赋存厚煤层。该区煤层不稳定，构造复杂，产状变化剧烈，区域差异大，多元地质灾害威胁严重。区内贵州保有资源最多，约占云贵基地总保有资源量的2/3以上，云南次之，四川、重庆、湖南、湖北分列后四位。

截止到2009年年底，全区累计保有查明资源量为1073亿t，其中保有基础储量309亿t，2010年产量4.6亿t（表4-13）。

表 4-13　华南区产量和已查明煤炭资源统计表　　　　　　（单位：亿 t）

地区	2010 年煤炭产量	至 2009 年基础储量	至 2009 年资源量	至 2009 年保有查明资源储量
华南区	4.6	309.1	763.5	1072.6
湖北	0.1	3.3	4.5	7.8
湖南	0.7	18.9	13.3	32.2
广西	0.06	7.7	14.0	21.7
贵州	1.6	128.1	444.0	572.1
云南	0.9	77.5	212.3	289.8
四川	0.8	52.3	59.5	111.8
重庆	0.4	21.3	15.9	37.2

资料来源：中华人民共和国国土资源部发布的《2010 年全国矿产资源储量通报》

根据华南区资源量状况，在生产矿井的基础储量 309 亿 t 的基础上，资源量按照 1/2 的折算系数计入基础储量，采用 1.5 的储量备用系数和 70% 的回采率，在区域产能 6 亿 t/a、5 亿 t/a、4 亿 t/a 的不同情况下，区域服务年限分别为 53 年、63 年和 79 年。因此从资源约束方面分析，显然 4 亿~6 亿 t/a 的区域服务年限均在 50 年以上，是可行的。

根据《2010 年全国矿产资源储量通报》，从薄煤层赋存条件看，该地区 1.3m 以下薄煤层可采储量为 45.88 亿 t，占该区可采资源量的 37.54%，且 0.6m 以下极薄煤层和大倾角、急倾斜煤层赋存占相当大的比例，是我国薄煤层的主要赋存区域和主采区。由于薄煤层赋存条件复杂，开采难度大，安全保障困难，其产能还无法作为科学产能计算。因而，该地区科学产能主要以占可采储量 62.46% 的中厚煤层为主。

从新建矿井规模来看，该地区"十一五"期间结转煤矿建设规模 0.17 亿 t/a，占全国的 4.7%。根据《煤炭工业发展"十二五"规划》（初稿），"十二五"期间，该地区重点建设接续型矿井，预计新开工规模 0.41 亿 t/a，占全国的 8%。该地区地质条件差、井型很小，新增产能增长缓慢。且从长期看，可供顺利开发的煤炭资源将逐渐减少。"十五"期间结转的在建煤矿全部建成投产，新建和改扩建矿井增加产能 0.2 亿 t/a（扣除资源枯竭矿井的产能）。据此推算，2015 年该地区煤炭产能可增长 0.37 亿 t，达到 4.97 亿 t/a。

2015 年之后，受资源赋存条件限制，条件过于复杂的矿井将不再开采，新增产能将无法弥补资源枯竭矿井的产能，该地区煤炭产能会逐步缩减。预计到 2020 年，华南区年产 9 万 t 以下的矿井 580 处不再开采，产量 0.57 亿 t，占全区矿井产量的 11.4% 左右。据此推算，2020 年，该地区煤炭产能应维持在 4.4 亿 t/a。到 2030 年，年产 20 万 t 以下的矿井 150 处不再开采，产量 0.3 亿 t，占全区矿井产量的 6.8% 左右，全区煤炭产能将逐步萎缩至 4.1 亿 t/a。

4.2.4.2　安全生产约束下的产能预测

该区是五大区域中提高科学产能最为困难的区域，而且随着开采范围和深度的扩大，安全形势将更加严峻。该地区提高安全约束条件下的产能主要是通过上述推广、发展和储备灾害防治技术，对原有矿井进行安全技术改造和升级；按现有企业自律投入与技术发展速度,按80%新建矿井的灾害没有消除计算,则2015年新增产能中有0.12亿t可计入科学产能,届时安全矿井产能提高至0.42亿t/a。

到2020年,华南区新建矿井产能0.4亿t/a,安全产能增加至0.5亿t/a。2030年新建矿井产能0.2亿t/a,安全产能增加至0.54亿t/a。

4.2.4.3 技术装备约束下的产能预测

华南区提高技术装备约束条件下的产能主要通过以下两种方式:一是加强煤炭资源整合,关闭、合并小煤窑,通过上述推广、发展和储备开采技术与装备,对矿井进行技术改造和升级;二是大力发展薄煤层开采技术与装备,提高其采掘机械化程度和自动化程度,以提高全区的科学产能比例。

按现有投入与技术发展速度和企业自律投入,预计到2015年可升级改造小煤矿150个,释放产能0.1亿t/a;扣除部分薄煤层非机械化产能(13%)和急倾斜煤层产能(20%),新增的薄煤层机械化产能0.04亿t/a。二者共提供新增产能0.14亿t/a。因而,"十二五"期间,技术装备约束条件下的科学产能增加至0.34亿t/a。

到2020年,预计可升级改造小煤矿250个,释放产能0.23亿t/a;随着技术的不断发展,新增的薄煤层机械化产能逐渐增多,按"十二五"时期的1.5倍计算,预计可增加科学产能0.06亿t/a,二者共提供新增产能0.29亿t/a。但与此同时,资源枯竭矿井增多,华南区在该时期内整体煤炭产量将下降约9%,对应技术装备约束条件下的科学产能下降约0.2亿t/a。因此,经过技术投入,技术装备约束条件下的科学产能的比例有所增加,绝对产能为0.43亿t/a左右。

到2030年,升级改造小煤矿难度逐渐增多,预计可改造180个左右,释放科学产能0.17亿t/a。薄煤层的新增产能比例逐渐增大,预计可增加科学产能0.1亿t/a。同时,该时期内整体煤炭产量将下降约7%,对应技术装备约束条件下的科学产能下降约0.2亿t/a。因此,2030年技术装备约束条件下的产能将降低至0.5亿t/a。

4.2.4.4 环境约束下的产能预测

华南区以山区和丘陵较多,水资源相对丰富,塌陷影响较弱,环境容量较大。该地区"三下"压煤比例不大,占可采储量的20%,约25.5亿t,主要集中在人口密集、开采时间较长的矿区。根据统计估算,目前采取绿色环保开采工艺和相应生态环境恢复措施的矿井占该地区矿井数的43.5%左右,煤炭开采对环境的负面影响程度为56.5%。按2010年4.6亿t计算,其中2亿t属于科学产能。在今后很长一段时间,该地区由于安全因素煤炭开采活动不会增强,对环境的负面影响不会扩大,到2020年和2030年至少能够维持在2亿t左右。

4.2.4.5 华南区科学开发战略

(1) 科学产能

根据以上对科学产能约束的分析,按现有企业自律投入与技术发展速度,该地区2015年、2020年和2030年的科学产能预测如表4-14所示。

表 4-14　华南区企业自律投入情况下科学产能分析预测表

区域	约束条件	2010 年	2011~2015 年	2016~2020 年	2021~2030 年
华南区	预测产能/亿 t	4.6	4.97	4.4	4.1
	资源/亿 t	4.6	4.97	4.4	4.1
	安全/亿 t	0.3	0.42	0.5	0.54
	技术/亿 t	0.2	0.34	0.43	0.5
	环境/亿 t	2	2	2	2
	综合科学产能/亿 t	0.2	0.34	0.43	0.5
	科学产能所占比例/%	5	7	10	13

从表 4-14 中可以看出，技术因素始终是该地区科学产能发展的首要制约因素。

（2）科学产能预测情景分析

高效装备与技术是华南区科学产能提高的首要制约因素，其次是安全和环境因素。通过采取增大投资、技术升级改造、生产技术条件改善等措施，可在今后三个阶段不同程度的提高科学产能，分析不同投入情况下该区科学产能可能的发展情况。

情景 1：设定该区安全、高效和环境约束下的科学产能按现有企业自律投入情况考虑，其在 2015 年、2020 年和 2030 年的科学产能如表 4-14 所示。提高高效约束下的产能是提高该区科学产能需要解决的首要问题。2015 年、2020 年和 2030 年实现科学产能的增长需分别投入 87 亿元、90 亿元和 138 亿元。

情景 2：设定在情景 1 的基础上加强高效装备技术投入，可将科学产能提高至安全约束下的产能，即 2015 年、2020 年和 2030 年分别为 0.42 亿 t、0.5 亿 t 和 0.54 亿 t。情景 2 模式下 2015 年、2020 年和 2030 年实现科学产能增长需在情景 1 投入基础上分别再投入 150 亿元、170 亿元、379 亿元，达到 237 亿元、260 亿元和 517 亿元。

情景 3：靠情景 2 的加强改造技术与装备的投入，科学产能只能达到该区总产能的 13% 左右，比例很低。急需国家制定政策措施和加大科技投入，大力发展华南区科学产能。情景 3 加强高效装备与技术的安全投入，可将科学产能提高至环境约束下的产能，即 2015 年 2 亿 t、2020 年 2 亿 t 和 2030 年 2 亿 t。情景 3 模式下 2015 年、2020 年和 2030 年实现科学产能的增长需在情景 2 投入基础上分别再投入 660 亿元、941 亿元和 1309 亿元，达到 897 亿元、1201 亿元和 1826 亿元。

华南区三种情景下的科学产能情况，如表 4-15 所示。

表 4-15　华南区不同科学产能情况下投入分析

区域	情景	2011~2015 年		2016~2020 年		2021~2030 年	
		达到的科学产能/亿 t	投入/亿元	达到的科学产能/亿 t	投入/亿元	达到的科学产能/亿 t	投入/亿元
华南区	情景 1	0.34	87	0.43	90	0.50	138
	情景 2	0.42	237	0.50	260	0.54	517
	情景 3	2.00	897	2.00	1201	2.00	1826

该地区三种情景下的煤炭科学产能预测,如图4-5所示。

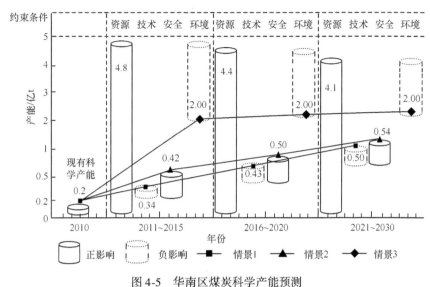

图4-5 华南区煤炭科学产能预测

4.2.5 新青区

4.2.5.1 资源条件下的产能预测

该区煤炭资源非常丰富,主要集中在新疆,但勘探程度较低,是国家中长期规划的储备开发区。新疆作为我国煤炭资源储量最大的省份,是我国第14个煤炭基地。青海只在黄河上游祁连山地区、冻土地区等特定区域有煤炭资源。

新青区内主要赋存中—下侏罗系二叠系上统含煤地层,以中厚—厚煤层为主,局部赋存特厚煤层。该区煤质优良,煤类齐全,以不黏煤、长焰煤为主,局部矿区含气煤、1/3焦煤、焦煤、肥煤、瘦煤、贫煤等煤种。区内新疆保有资源最多,青海次之。截止到2009年年底,全区累计保有查明资源量为2350.8亿t,其中保有基础储量168亿t,2010年煤炭产量1.07亿t(表4-16)。

表4-16 新青区产量和已查明煤炭资源统计表　　　　(单位:亿t)

地区	2010年煤炭产量	至2009年基础储量	至2009年资源量	至2009年保有查明资源储量
新青区	1.07	168	2182.8	2350.8
新疆	0.94	148	2147.3	2295.3
青海	0.14	20	35.5	55.5

资料来源:中华人民共和国国土资源部发布的《2010年全国矿产资源储量通报》

根据新青区资源量状况,在生产矿井的基础储量168亿t的基础上,资源量按照1/2的折算系数计入基础储量,采用1.5的储量备用系数和75%的回采率,在区域产能5亿t/a、10亿t/a、15亿t/a的不同情况下,区域服务年限分别为126年、63年和42年。因此从资源约束方面分析,显然产能控制在5亿~10亿t/a,区域服务年限均在60

年以上是合适的。

根据《2010年全国矿产资源储量通报》，从煤层赋存条件看，该地区厚煤层可采储量为45亿t，占该区可采资源量的73.45%，且急倾斜煤层赋存占相当大的比例。由于急倾斜厚煤层开采工艺复杂、安全保障困难，因而其产能还无法作为科学产能计算。这里以中厚煤层储量的75%作为科学产能的主要来源。

从新建矿井规模来看，该地区已经进入快速发展时期。"十一五"期间，新疆煤炭地质勘查投资约26亿元，规划矿区32个，规模达到8.5亿t。根据《煤炭工业发展"十二五"规划》（初稿），"十二五"期间，该地区为重点开发地区，预计新开工规模0.4亿t/a。初步推算，2015年该地区煤炭产能可增长1.5亿t，达到2.5亿t/a。

2015年之后，随着开采技术的进步，该地区薄煤层和20m以上厚煤层，特别是急倾斜厚煤层也能够释放出产能。初步估计，到2020年该地区合理产能将达到5亿t。2030年，产量达到10亿t左右。

4.2.5.2 安全生产约束下的产能预测

提高该地区安全约束条件下的产能有两种方式：一是通过上述推广、发展和储备灾害防治技术，对原有矿井进行安全技术改造和升级；二是新建矿井应向火灾较小的地区倾斜，控制灾害严重地区新增产能，以提高全区的科学产能比例。按现有投入与技术发展速度和企业自律投入计算，预计到2015年可治理煤矿火区50处，增加科学产能0.17亿t/a；新建矿井中在灾害较小地区布置的产能按新增产能的70%计算，预计可增加科学产能0.75亿t/a。因而，"十二五"期间，新青区安全约束条件下的科学产能预计能够增加1.22亿t，达到1.52亿t/a。到2020年和2030年，可分别治理灾害矿井60处和80处，新建矿井按90%产能符合安全标准计算，全区总的科学产能提高至4.2亿t/a和8.5亿t/a。

4.2.5.3 技术装备约束下的产能预测

提高该地区技术装备约束条件下的产能主要是通过上述推广、发展和储备开采技术与装备，建设集中度高的大型现代化矿井，减少地方小煤矿的审批和建设，以提高全区的科学产能比例。

按现有投入与技术发展速度和企业自律投入考虑，预计到2015年新建矿井中30万t以上井型的产能按新增产能的80%计算，预计可增加科学产能1.2亿t/a。小煤矿改造60处，释放科学产能0.1亿t/a。因而，"十二五"期间，该区技术装备约束条件下的科学产能预计能够增加1.3亿t，达到1.95亿t/a，占该时期资源约束合理产能（2.5亿t）的78%。到2020年，新建矿井规模增速加快，新增产能按"十二五"时期的1.5倍计算，预计可增加科学产能1.95亿t/a。小煤矿改造80处，释放科学产能0.35亿t/a。因此，2020年技术装备约束条件下的产能可提高2.3亿t，达到4.25亿t/a，占该时期资源约束合理产能（5亿t）的81%。

到2030年，中厚煤层的新增产能下降，需通过加大开采装备技术的投入释放薄煤层和20m以上厚煤层的产能，预计可增加科学产能4.3亿t/a。小煤矿改造100处，释放科学产能0.2亿t/a。因此，2030年技术装备约束条件下的产能可提高4.5亿t，达到

8.75亿t/a，占该时期资源约束合理产能（10亿t）的85.5%。

4.2.5.4 环境约束下的产能预测

在资源综合利用和矿区环境保护及恢复方面，新青区"十二五"期间的目标是：煤矸石利用率要达到50%，矿井水净化利用率达到90%以上，瓦斯利用率达到73%。按现有投入与技术发展速度，预计到2015年，可在80个矿井采用绿色环保开采技术，全区环境约束条件下的产能可增加1亿t，达到1.25亿t/a。

到2020年，实施绿色环保开采技术的矿井可达到150个，对应的科学产能为3亿t/a。2030年，基于绿色环保开采技术的持续推广和发展，环境约束下的科学产能比例在逐步提高。预计该阶段实施绿色环保开采技术的矿井可达到200个，对应的产能可达到6.8亿t/a。

4.2.5.5 新青区科学开发战略

（1）科学产能

根据以上对科学产能约束的分析，按现有企业自律投入与技术发展速度，该地区2015年、2020年和2030年的科学产能预测见表4-17。

表4-17 新青区自律投入情况下科学产能分析汇总表

区域	约束条件	2010年	2011~2015年	2016~2020年	2021~2030年
新青区	预计产能/亿t	1	2.5	5	10
	资源/亿t	1	2.5	5	10
	安全/亿t	0.3	1.52	4.2	8.5
	技术/亿t	0.65	1.95	4.25	8.75
	环境/亿t	0.25	1.25	3	6.8
	综合科学产能/亿t	0.25	1.25	3	6.8
	科学产能所占比例/%	25	50	60	68

环境约束和运输瓶颈是该地区科学产能发展的重要制约因素。国家应从战略高度规划新青区煤炭开发战略以及煤炭运输的交通与路网，打通煤炭外运通道。

（2）科学产能预测情景分析

环境是新青区科学产能提高的首要制约因素，其次是安全和技术因素。通过采取增大投资、技术升级改造、生产技术条件改善等措施，可在今后三个阶段不同程度的提高科学产能，分析不同投入情况下该区科学产能可能的发展情况。

情景1：设定该区安全、高效和环境约束下的科学产能按现有企业自律投入情况考虑，其在2015年、2020年和2030年的科学产能如表4-17所示。提高环境约束下的产能是提高该区科学产能需要解决的首要问题。2015年、2020年和2030年实现科学产能的增长需分别投入362亿元、462亿元和753亿元。

情景2：设定在情景1的基础上加强环境治理投入，可将科学产能提高至安全约束下的产能，即2015年、2020年和2030年分别为1.52亿t、4.2亿t和8.5亿t。情景2模式下2015年、2020年和2030年实现科学产能的增长需在情景1投入基础上分别再投入598亿元、925亿元和1203亿元，分别达到960亿元、1387亿元和1956亿元。

情景3：靠情景2的加强改造技术与装备的投入，科学产能达到该区总产能85%左右，比例较高。因此，该区只要大力推广其他区域的技术与装备即可，国家应制定政策措施加大对新青区的投入，大力发展该区科学产能。按情景3加强安全投入，可将科学产能提高至高效约束下的产能，即2015年、2020年和2030年分别为1.95亿t、4.25亿t和8.75亿t。情景3模式下2015年、2020年和2030年实现科学产能的增长需在情景2投入基础上分别再投入870亿元、1217亿元和1813亿元，分别达到1830亿元、2604亿元和3769亿元。新青区三种情景下的科学产能情况如表4-18所示。

表4-18　新青区不同科学产能情况下增加投入分析

区域	情景	2011~2015年		2016~2020年		2021~2030年	
		达到的科学产能/亿t	投入/亿元	达到的科学产能/亿t	投入/亿元	达到的科学产能/亿t	投入/亿元
新青区	情景1	1.25	362	3	462	6.8	753
	情景2	1.52	960	4.2	1387	8.5	1956
	情景3	1.95	1830	4.25	2604	8.75	3769

该地区三种情景下的煤炭科学产能预测，如图4-6所示。

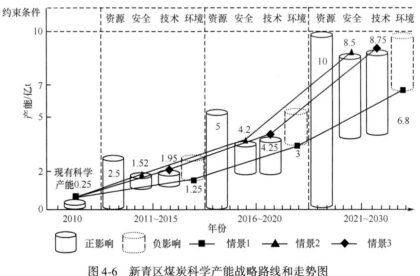

图4-6　新青区煤炭科学产能战略路线和走势图

4.2.6　全国煤炭科学产能总体分析

综合各区科学产能，得出形成五大区科学产能发展情况分析结果，如表4-19所示。

表4-19 五大区科学产能数据汇总　　　　　　　　（单位：亿t）

区域	约束条件	2010年	2011~2015年	2016~2020年	2021~2030年
晋陕蒙宁甘区	资源	18.5	23.45	28.7	28.7
	安全	8.82	13.4	17.48	19.93
	技术	11.1	15.97	20.86	23.86
	环境	6.48	8.65	11.26	14.42
华东区	资源	6.5	6.95	5.65	4
	安全	3.3	3.58	3.22	2.42
	技术	3.32	3.62	3.74	3.28
	环境	3.5	3.7	3.5	3.1
东北区	资源	1.96	1.91	1.8	1.5
	安全	0.55	0.76	0.76	0.7
	技术	1.22	1.41	1.46	1.38
	环境	0.8	0.9	1.05	1.25
华南区	资源	4.6	4.97	4.4	4.1
	安全	0.3	0.42	0.5	0.54
	技术	0.2	0.34	0.43	0.5
	环境	2	2	2	2
新青区	资源	1	2.5	5	10
	安全	0.3	1.52	4.2	8.5
	技术	0.65	1.95	4.25	8.75
	环境	0.25	1.25	3	6.8

不同情景模式下五大区科学产能及投入情况，如表4-20所示。

表4-20 不同情景下五大区科学产能及投入情况分析汇总表

情景	区域	2011~2015年	2016~2020年	2021~2030年
一	全国总产能/亿t	40	45	45
情景1	晋陕蒙宁甘区/亿t	8.65	11.26	14.42
	华东区/亿t	3.58	3.22	2.42
	东北区/亿t	0.76	0.76	0.7
	华南区/亿t	0.34	0.43	0.5
	新青区/亿t	1.25	3	6.8
	合计/亿t	14.58	18.67	24.84
	比例/%	36.5	41.5	55.2
	投入/亿元	1 927	2 882	6 015

续表

情景	区域	2011~2015年	2016~2020年	2021~2030年
情景2	晋陕蒙宁甘区/亿t	13.4	17.48	19.93
	华东区/亿t	3.7	3.5	3.1
	东北区/亿t	0.9	1.05	1.25
	华南区/亿t	0.42	0.5	0.54
	新青区/亿t	1.52	4.2	8.5
	合计/亿t	19.94	26.73	33.32
	比例/%	49.9	59.4	74.0
	投入/亿元	5 340	6 891	15 373
情景3	晋陕蒙宁甘区/亿t	15.97	20.86	23.86
	华东区/亿t	3.62	3.74	3.28
	东北区/亿t	1.41	1.46	1.38
	华南区/亿t	2.00	2.00	2.00
	新青区/亿t	1.95	4.25	8.75
	合计/亿t	24.95	32.31	39.27
	比例/%	62.4	71.8	87.3
	投入/亿元	9 231	15 101	25 477

全国煤炭科学产能发展预测，如图4-7所示。

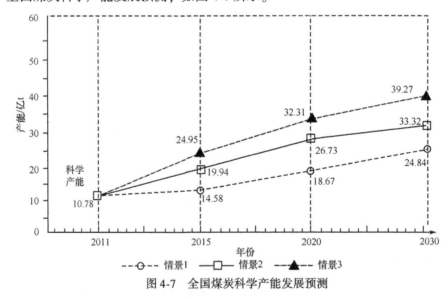

图4-7 全国煤炭科学产能发展预测

情景1：企业自律投入情况下全国科学产能未来三个阶段的发展情况。预计2015年、2020年、2030年的科学产能分别达到14.58亿t、18.67亿t、24.84亿t，相应的投入分别为1927亿元、2882亿元和6015亿元。研究发现，如果按照企业自律投入情景考虑，科学产能分别只占当时总产能的36.5%、41.5%和55.2%，比例过低，仍然没有改变非科学产能对环境、社会造成的破坏和影响。

情景 2：通过采取增大投资、技术改造和升级、生产技术条件改善等措施，各区可以突破其科学产能发展首要制约因素，预计 2015 年、2020 年、2030 年的科学产能分别达到 19.94 亿 t、26.73 亿 t、33.32 亿 t，占对应时期总产能的 49.9%、59.4% 和 74.0%，相应需再投入 3413 亿元、4009 亿元和 9358 亿元，分别达到 5340 亿元、6891 亿元和 15 373 亿元。此情景下，2/3 的矿井可实现科学生产，煤炭行业基本摆脱高危、低效和破坏环境的发展模式，但仍与不断发展和进步的社会要求及环保要求有一定的差距，这些差距单纯靠煤炭行业自身的力量是无法消除的，需要国家从战略高度做出规划，引导和促进非科学产能向科学产能过渡，要加强投入，确保新建矿井均能够达到科学产能标准。

情景 3：据初步分析，在加强改造的基础上，国家制定明确的政策措施并加强安全、科技等领域的投入后，预计 2015 年、2020 年、2030 年的科学产能分别达到 24.95 亿 t、32.31 亿 t 和 39.27 亿 t，分别占当时总产能的 62.4%、71.8% 和 87.3%，相应投入需 9200 亿元、15 000 亿元和 25 000 亿元左右。

其中，晋陕蒙宁甘区在此种情景下科学产能增加最为明显，应尽快制定区域性的煤炭资源开发与利用规划及科技研究发展规划；华东和东北地区受资源条件限制，科学产能无法继续提高，在政策上应关停无法改造的非科学产能矿井；华南区地质条件复杂，科学产能虽有提高的潜能，但无法利用现有技术改造实现，需要国家在安全、开采装备等方面加强科技投入，解决各种影响科学产能的因素；新青区目前处于开发初期，今后将成为我国最重要的煤炭能源生产基地，其科学产能大部分都可以通过加强技术改造和投入来实现。因此，在目前还没有大规模开发的情况下，国家应该早作规划、合理安排，严格开发准入制度和科学产能标准，避免增加非科学产能，不要走对环境造成破坏、对工人身心健康产生重大损伤后再去治理的老路，有些破坏和损失是无法恢复和弥补的。

4.3 科学产能发展的战略目标

根据未来 20 年科学产能的情景分析及预测，本研究提出我国煤炭工业科学发展的战略目标、发展阶段和战略部署。

(1) 科学产能的战略目标

以科学开采为理念、以科学产能为依据，全面提高煤炭开采的科学化水平，建立安全、高效、绿色、经济等社会全面协调的可持续的现代化煤炭工业生产体系，真正以煤炭科学开采的科学产能来支撑和保障国民经济和社会发展的能源需求。

(2) 实现科学产能的发展阶段

第一阶段：2011~2020 年，基本达到科学化开采水平，即百万吨死亡率不高于 0.1，职业病发病率不高于 3%；采煤塌陷系数不高于 0.25hm^2/万 t；采煤机械化程度达到 80%；科学产能总得分达到 70 分以上，科学产能比重达到 70%，确保科学产能 32 亿 t 以上。

第二阶段：2021~2030 年，全面实现科学开采科学化水平，即百万吨死亡率不高于 0.05，职业病发病率不高于 2%；采煤塌陷系数不高于 0.2hm^2/万 t；采煤机械化程度达到 85%；科学产能总得分达到 80 分以上，科学产能比重力争达到 100%，确保科学产能 39 亿 t 以上。

（3）实现科学产能的战略部署

第一步（2010~2015年）：保持现有1/3属于安全高效、达到科学产能标准的矿井，改造1/3未达标的矿井；剩下1/3落后和不可改造的部分逐步予以淘汰，形成科学产能约24亿t。

第二步（2016~2020年）：国家加大投入，全面进行技术改造升级，完成煤炭产业布局和产能调整，形成科学产能32亿t。

第三步（2020~2030年）：全面实行煤炭科学化开采，形成科学产能39亿t。

4.4 五大区科学产能的技术与装备发展路线图

科学产能的发展需要技术与装备的支撑。由于各区的地质条件不同，本节将分区研究情景2技术与装备改造所需要的推广技术与装备，情景3所需要的发展技术与装备及储备技术与装备。给出五大区技术与装备的发展路线图，为科学产能的发展提供技术与装备支撑。

4.4.1 晋陕蒙宁甘区

4.4.1.1 安全开采技术与装备发展路线

（1）主要特点

晋陕蒙宁甘区煤矿的地质条件的主要特点如下：

1）该地区资源储量丰富，以厚煤层和中厚煤层为主，多数煤层赋存稳定，结构简单，倾角缓，开采技术条件好，适合建设安全、高效、大型现代化矿井。

2）晋城、潞安、阳泉、西山、离柳、渭北、乌达、石嘴山、石炭井、汝箕沟、靖远、窑街等矿区高瓦斯矿井多，少数矿井具有煤与瓦斯突出危险，部分中生代盆地煤、油气共（伴）生，煤系砂岩的油气容易进入巷道（如黄陇地区），成为煤矿安全生产的隐患。

3）许多矿区煤层易自燃，煤尘具有爆炸危险性，煤层火灾和地下煤矿火灾是煤矿安全生产的重要威胁。

总体来说，晋陕蒙宁甘区主要是厚及中厚煤层，埋深普遍较浅，倾角小，具有良好的开采条件。该区域的主要灾害为煤层自燃和煤与瓦斯突出等，需要大力推广应用适合于该区条件的煤层自燃、煤与瓦斯突出灾害防治的技术与装备。

（2）推广技术与装备

1）煤层自燃灾害防治现有技术及装备。晋陕蒙宁甘区煤种以低变质烟煤和焦煤为主，其中自燃倾向性等级为Ⅰ、Ⅱ类的矿井占66%。区内内蒙古、宁夏较大的煤田火区众多，共计16处，灭火难度大。应在该区大力推广煤自燃危险性评估、煤自燃预测预报、火源探测和煤矿井下自燃火灾防治等技术与装备，主要包括"束管"监测技术与装备、航天航空遥感探测、注氮、封堵地表裂缝和井下巷道漏风通道灭火等。该区域内预防性灌浆受地形地貌、水源、土源枯竭和冬季气温影响，开展的并不多。

2）瓦斯灾害防治技术及装备。晋陕蒙宁甘区域的晋城、潞安、阳泉、西山等矿区高瓦斯矿井多，少数矿井具有煤与瓦斯突出危险。应根据各矿区的矿井瓦斯情况，大力推广地面钻井瓦斯抽采、大功率钻机递进式模块瓦斯抽采、高瓦斯矿井的双系统瓦斯抽采系统、低瓦斯矿井的移动式抽采系统、与大采高工艺相配套的高瓦斯矿井通风系统、两个"四位一体"防治煤与瓦斯突出措施和煤与瓦斯突出综合预警等技术与装备。推广垂直压裂井、分支水平井、定向羽状水平井等地面煤层气抽采技术和本煤层、采空区钻孔抽采等井下抽采技术。主要装备包括车载式的地面潜孔锤钻机、煤矿用履带式全液压钻机等。

（3）发展技术与装备

随着煤炭开采强度的加大，开采深度的增加，煤层自燃、瓦斯灾害的程度也在不断加剧，影响了该地区科学产能的提高，需进一步发展相关的安全开采技术与装备。

1）煤层自燃灾害防治的发展技术及装备。晋陕蒙宁甘区应重点发展整合煤矿小窑火区探测、治理，地面露头与井下火区综合治理，火区控制与火区下采煤，地面新防火方法及新型材料，新型煤自燃预测预报等技术与装备。具体包括：隐蔽火区探测技术，研究采用注泥浆、粉煤灰、凝胶等地面注浆系统治理地表露头火，正压通风、均压通风等手段控制自燃生成气体流向，新型泡沫封堵材料进行井下堵漏控制 CO 涌出等综合治理技术、预埋式采空区无线信息监测技术与装备、分布式光纤测温技术与装备等。

2）瓦斯灾害防治发展技术及装备。发展高强度开采条件下的瓦斯灾害防治技术，开展高强度开采条件下的通风系统可靠性、有效性的研究，地面井抽采未采区、采动区煤层瓦斯技术研究，基于两个"四位一体"煤与瓦斯突出监控预警技术与系统研究，研发低浓度瓦斯的发电、浓缩、液化、焚烧等综合利用技术和装备等。

（4）储备技术与装备

为有效解决影响该地区煤炭安全开采的煤层自燃、煤与瓦斯突出等灾害，大幅度提升该地区安全约束条件下的科学产能，需进行相关的基础理论研究作为技术储备。

1）煤层自燃灾害防治储备技术与装备。该方面的基础理论研究主要包括：研究煤炭自燃发生发展机理与阻化减弱原理技术、煤田（矿）煤自燃灾害演生与防治理论、氧与煤、瓦斯相互作用致灾的理论。研究破碎煤、岩表面和 CO_2 及有害气体的前沿轨道能量，以反映破碎煤、岩对 CO_2 及有害气体的吸附能力以及各组成原子对前沿轨道电子云的贡献；研究破碎煤、岩表面对 CO_2 及有害气体吸附的化学本质；研究破碎煤、岩与 CO_2 及有害气体的物理吸附、化学吸附过程；建立煤、岩表面与 CO_2 及有害气体的微观吸附封存机理理论。

2）瓦斯灾害防治储备技术与装备。晋陕蒙宁甘区域煤层条件好的矿井其开采强度、深度将进一步加大，而煤层瓦斯含量及应力也将增大，该区域的煤矿在高强度开采条件下的煤岩瓦斯动力灾害发生机理需要深入研究，以及瓦斯综合利用的途径、相关技术和装备等。

4.4.1.2 高效开采技术与装备发展路线

（1）推广技术与装备

由于良好的煤炭赋存条件，该地区集中了国内外最先进的现代化综合开采设备，已经成为国内外煤机生产企业装备展示和竞争的竞技场。已建成的大型现代化矿井和高产、高效工作面多数都是在该地区。该地区推广技术与装备情况如下：

1）4~7m厚煤层一次采全高大功率自动化技术装备。包括5.0~7.2m系列大采高电液控制强力液压支架、大功率电牵引采煤机和SGZ1000系列工作面刮板输送机等配套设备；ZY12000/28/64D型大采高电液控制强力液压支架，MG2500-WD型大采高电牵引采煤机，SGZ1200/3X1000重型刮板输送机及转载设备等（王国法，2008）。

2）15~20m特厚煤层大采高综放装备。包括5.2m大采高放顶煤液压支架及成套装备（ZF15000/25/38型放顶煤液压支架、MG750/1915-GWD采煤机和SGZ1200/2×1000刮板输送机配套）等。

3）煤巷掘锚一体化装备。

4）井下无轨胶轮车辅助运输车。

5）矿井提升、定量装车与运输系统自动化技术。

6）露天开采装备。包括大型电铲、重载汽车、露天连续采煤机、大型自卸车、大倾角运输机等。

(2) 发展技术与装备

大功率、自动化、高可靠性是该地区开采装备发展的方向。研究重点主要有以下几个方面：

1）大采高安全高效综采技术与装备。包括大采高综采地质条件适应性研究、大工作阻力大采高两柱掩护式液压支架及其电液控制技术；具有煤岩识别功能的大功率厚煤层电牵引采煤机；超长软启动大功率重型刮板输送机、转载机、破碎机；大运力长距离顺槽带式输送机；超大断面煤巷掘锚支护一体化装备；综合开采工作面计算机集中控制自动化系统等。

2）特厚煤层大采高综放开采技术与装备。包括新型大采高综放液压支架研制、大采高综放设备配套技术研究等。

3）安全高效综采工作面自动化技术与装备。包括大功率变频调速控制技术、采煤机截割煤岩识别技术、液压支架跟随采煤机自动操作技术、工作面装备三机联动远程可视化控制技术、工作面自动化网络通信技术、地面远程监控技术、成套装备故障诊断与寿命预测专家系统等。

4）矿井系列化辅助运输装备研制。包括辅助运输系统配套工艺及设备的研究，防爆高能量密度电池组的研发，防爆蓄电池多功能车的研制，大吨位铰接式防爆柴油机无轨胶轮车的研制，安全高效无极绳运输技术与装备的研究，防爆柴油机单轨吊的研制等。

5）露天开采装备。包括露天与井工联合开采技术研究；千万吨级大型露天矿电驱动半连续开采工艺技术；露天矿用大型自移式破碎站、转载机、带式输送机、排土机等关键装备研制；大型露天矿半连续工艺性匹配自适应集成控制系统；多台大型复杂装备性能匹配及移动中准确自动衔接技术；露天煤矿连续采煤工艺技术的研究；露天煤矿连续采煤机、连续输送系统、带式输送机及机尾刚性结构架、端头专用带式输送机及端帮转载设备的研制；矿用大型挖掘机挖掘理论、设计体系和设计方法的研究；超大型矿用挖掘机专用传动减速、传动件、高强度铸锻件、焊接工艺、交流变频调速传动系统等优化设计。

(3) 储备技术与装备

1) 25m 以上特厚煤层安全高效开采技术与装备。针对该区大量存在 25m 以上的特厚煤层,目前开采仅能采用分层开采,由于该区域煤层自燃发火期短,安全问题突出,分层开采技术难以满足该厚度煤层安全开采和高回收的开采要求。需要研究适合该类煤层的开采技术与成套装备。

2) 自动化、智能化综合开采工作面成套装备技术。需要能够实现智能化自动采掘的高可靠性技术装备,实现煤矿生产的自动化、智能化和无人化。

4.4.1.3 绿色开采技术与装备发展路线

(1) 推广技术与装备

晋陕蒙宁甘区作为我国重点开发的煤炭基地,在绿色开采技术方面发展十分迅速,近年来正在逐步加大在绿色开采方面的投入,取得了一系列成果。目前,该地区发展绿色开采的重点为煤与瓦斯共采和保水采煤两个方面。

在山西的高瓦斯矿区,开展了大量煤与瓦斯共采技术的研究,其中,阳泉矿业集团四矿首先试验成功采用穿层钻孔抽采上邻近层卸压瓦斯技术。晋城矿业集团试验并成功掌握了欠平衡钻井和完井技术、多分支水平井钻井和完井技术、水力加砂压裂技术、N_2 泡沫压裂技术、清洁压裂液压裂技术、注 CO_2 提高煤层气采收率技术、分散集输一级增压气田集输技术、稳控精细排采技术等国际领先的煤层气开发技术。

我国西部煤炭资源丰富,但水资源较为缺乏。随着煤炭资源的大规模开采,研究和开发保水采煤方法,保护大规模煤炭开发中地区生态环境尤其是水资源,是西部煤炭开发前所未遇到,而且是必须解决的科技难题。"十一五"期间,开发成功了干旱、半干旱矿区保水采煤技术,主要从矿区水文地质结构分析、采动覆岩导水裂隙通道发育规律与隔水关键层稳定性、有隔水层上覆含水层保水采煤方法、无隔水层区上覆含水层预疏放转移存储等多个方面,展开了对干旱、半干旱矿区水资源保护性采煤的基础与应用研究工作。

此外,内蒙古自治区在煤炭地下气化方面进行了较深入的研究,于 2007 年建设了一套日生产煤气 15 万 m^3 的"无井式煤炭地下气化"试验系统和生产系统,并实现了煤炭地下气化燃烧发电,为我国开展无井式煤炭地下气化技术研究提供了良好的平台。

(2) 发展技术与装备

开发创新安全、高效和现代化装备的煤矿绿色开采技术是晋陕蒙宁甘区的重要发展方向,主要体现在如下几个方面:

1) 改造装备安全、高产的煤与瓦斯共采技术,装备大功率、长钻孔智能化的井上、井下煤层瓦斯抽采钻机,达到既高产高效采出煤炭,又大量安全采出煤层气的双重目标。

2) 研究以矸石、风积沙、黄土等为充填材料的固体废弃物充填采煤技术与装备,既可实现大范围保水采煤,又可高效回收"三下"压煤和煤柱资源。

3) 研究矿区矿井水排、供、保结合的综合利用技术。需要研究和改进的相关装备主要包括井下的大型排水装备、地面蓄水调节装备和设施等,矿井水井下处理技术与装备。

(3) 储备技术与装备

1）重点研发以矿区水资源保护为核心的大规模煤炭资源绿色开采技术。

2）研发较薄大煤层的井下自动化无人采煤技术。

3）研发大型矿区采选充填一体化技术，即井下采煤与选煤一体化技术和矸石不出井充填与采煤一体化技术的有机综合技术。

4）废弃煤炭资源的复采技术与装备。

4.4.1.4 晋陕蒙宁甘区科学产能技术装备发展路线图

晋陕蒙宁甘区主要是厚和中厚煤层，埋深普遍较浅，倾角小，具有良好的开采条件。该区域煤炭开采的主要难点是煤层自燃、煤层火灾和地下煤矿火灾威胁严重。水资源较为缺乏，生态环境脆弱，对开采扰动特别敏感。为此，该区技术与装备发展的重点是：大力发展保水开采、充填开采、地表沉降区治理等绿色开采技术与装备；探索厚煤层安全高效开采技术、工作面信息化和智能化技术的试验应用；突破煤炭自燃发生发展机理及火灾防治关键技术；优先规划并开发大型露天煤矿；加强煤层气开发，重点建设沁水盆地和鄂尔多斯盆地东缘煤层气产业基地。

晋陕蒙宁甘区技术与装备发展路线图，如图4-8所示。

4.4.2 华东区

4.4.2.1 安全开采技术与装备发展路线

(1) 主要特点

华东区域煤矿的开采地质条件和灾害的主要特点是：构造变形比较强烈，煤田构造条件中等—复杂，顶板稳定性较差；除山东、北京外，高瓦斯矿井多，煤与瓦斯突出是安全生产的主要隐患之一；除皖南、苏南的小型煤矿外，奥灰水对煤矿安全生产造成严重威胁；除北京外，其他矿区都有不同程度的煤层自燃发火和煤尘爆炸危险；随着煤矿开采深度的增加，煤矿冲击地压和热害将成为煤矿生产需要解决的重要课题。

总体来说，华东区开采条件较为复杂，该区域的主要灾害为顶板与冲击地压灾害、水害及矿井热害等。因此，应大力推广应用适合于该区条件的灾害防治新技术与装备。

(2) 推广技术与装备

1）顶板及冲击地压灾害防治技术及装备。华东区域大部分矿井属典型的"三软"（软的顶板岩层、软的主采煤层和软的煤层底板岩层）煤层，开采深度大，地压高，巷道支护困难，维护工程量繁重。需推广的顶板及冲击地压灾害防治技术主要有巷道局部大变形防治技术、巷道联合支护技术、顶板动态监测技术、冲击地压预测预报技术及装备、冲击地压的区域综合防治措施、冲击地压的局部防治措施等。具体包括推广锚杆支护、爆破卸压与锚注加固、"锚网梁索"支护等联合支护方式、顶板动态监测及专家分析系统，计算机模拟、综合指数法、钻屑法、微震法、声发射等冲击地压预测预报技术与装备等。

第 4 章 实现科学产能的科技支撑与开发战略

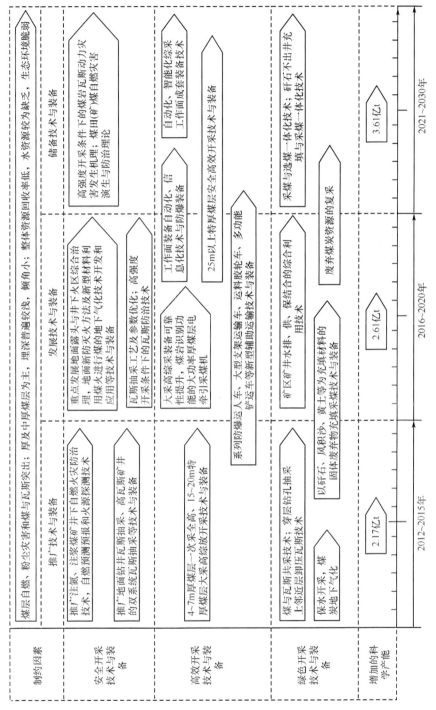

图 4-8 晋陕蒙宁甘区技术与装备发展路线图

2）水害防治现有技术及装备。华东区应推广的矿井水害防治技术与装备有地下水害防治技术、探测技术与装备、钻探技术与装备、大流量全自动地面注浆系统、水源快速判别技术及装备和水害预警系统等。具体应用技术包括疏干降压技术、带（水）压开采技术、注浆堵水及帷幕截流技术、地面电磁法综合探测技术、巷道顶底板与瞬变电测侧向探测技术、煤层底板加固与注浆技术等。

3）矿井热害防治技术及装备。该区应推广非人工制冷降温、局部制冷、井下集中制冷、地面集中降温、地面制冰降温等矿井热害防治技术及装备。具体包括煤层注水预冷煤层、在进风巷道放置冰块、利用调热圈巷道进风、直冷式和水冷式机组、制冰系统等。

(3) 发展技术与装备

安全开采技术与装备在华东区应用广泛，顶板与冲击地压灾害、水害及矿井热害的治理技术与装备发展在全国处于前列。随着煤炭开采深度的增加，灾害程度也在加剧，影响了该地区科学产能的提高。因此，需进一步发展相关的安全开采技术与装备。

1）顶板与冲击地压灾害防治技术及装备。深部开采矿井煤岩冲击地压危险性评价技术体系研究，深部开采冲击地压控制技术研究，冲击地压矿井工作面超前支护系统和冲击地压巷道支护系统研究等。

2）水害防治技术及装备。华东区域各矿区采用井下超前探测、探放水、地面与井下注浆、疏水降压等综合措施控制水患，取得较大成效，但仍存在许多技术及装备问题需要进一步研究，包括小煤矿及废弃矿井老空水的高精度探测技术及装备研究；井下高承压含水层钻探技术与专用设备研制；水源参数精确测定技术及动态预警技术研究；被淹矿井抢险救援技术和装备研究等。

3）矿井热害防治技术及装备。国内外矿井热害治理的发展趋势是开发高效节能的矿井降温装备和能量利用装备，因此将矿井通风与人工制冷整体结合、综合规划，开发高效节能矿井降温装备是将来的发展趋势。需要开发高效节能降温装备，研究合理矿井降温工艺，以及开发深部开采地热防治和利用技术及装备，包括地面集中制冷、井下集中制冷、井下局部制冷等高效节能降温装备研究，合理矿井降温工艺研究，深部开采地热防治和利用技术及装备研究等。

(4) 储备技术与装备

为有效解决影响该地区煤炭安全开采的煤与瓦斯突出灾害、水害、顶板与冲击地压灾害及矿井热害等灾害，大幅度提升本地区安全约束下的科学产能，需进行相关的基础理论研究作为储备技术。

1）顶板与冲击地压灾害防治储备技术与装备。需要研究的理论包括：大采深高强度开采采动应力场诱发冲击地压机理，冲击地压、岩爆、矿震与瓦斯灾害的相关性，深部矿井围岩与支架相互作用理论等；研究适合矿区深部软岩巷道施工与支护技术理论体系。

2）水害防治储备技术与装备。主要开展深部矿井井下大测深高精度探测理论和大埋深快速机械化采矿条件下矿井突水机理研究，包括深部矿井地质构造（断层、陷落柱等）及隔含水层富水性的相关探测理论、深部矿井井下三维地震勘探理论和大埋深快速机械化采矿条件下的矿井突水机理研究。

4.4.2.2 高效开采技术与装备发展路线

(1) 推广技术与装备

该地区受资源条件和煤层地质条件限制，矿井井型均不大。工作面参数也较小，工作面单产能力一般在 300 万 t/a 左右。在山东兖州、济宁等中厚煤层矿区一般采用放顶煤或大采高一次全高方式开采。在河北峰峰、邢台等薄煤层较多地区，采用配套滚筒采煤机的薄煤层自动化开采装备。主要推广技术与装备有以下几点：

1) 中厚煤层自动化放顶煤技术与装备，包括新型的两柱式放顶煤支架、两柱式放顶煤液压支架自动化开采方法和工艺体系等。

2) 中厚煤层深部开采大采高开采技术与装备，包括抗冲击立柱、大流量的安全阀、适合于大功率重型刮板输送机布置的排头支架等。

3) 薄煤层安全高效开采技术与装备，包括矮机身、大功率电牵引采煤机、薄煤层两柱掩护式液压支架等。

4) 巷道掘进技术与装备，包括截割硬度≤80MPa 的中型掘进机等。

5) 大功率、长运距矿井提升与运输系统。

(2) 发展技术与装备

华东地区在经历了几十年的开采之后，目前资源主要集中在深部煤层和薄煤层，因而技术与装备的发展也主要解决这两种煤层开采过程中遇到的问题。

1) 薄煤层高产高效自动化开采。薄及较薄煤层开采由于设备尺寸受限，难以装备大功率装备，人员操作困难，目前工作面开采能力最大达到 90 万 t/a，普遍年产量在 40 万 t 以下，效率低下。需要研究的技术有：①薄煤层开采装备。研制低矮型半煤岩采煤机，实现含硬夹矸薄煤层机械截割，整体实现复杂条件下薄煤层综合机械化开采；提高极薄煤层机械化开采装备水平，研制极薄型掩护式支架，极薄型大功率采煤机，极薄型大功率刮板运输机等。②薄煤层自动检测、监控技术与装备。③薄煤层刨煤机综采工作面技术与装备。研究刨煤机无人工作面工作模式与系统协调配套技术，与刨煤机配套的自动耦合支架，刨煤机及控制系统和刨煤运输机。

2) 复杂中厚煤层高效综放开采装备技术。主要是回采巷道快速掘进技术，采煤工作面快速推进技术，高性能、高可靠性设备的国产化研究等。

3) 厚煤层综采放顶煤装备技术。进一步完善综采放顶煤成套装备技术，改进工作面配套方式，推广后部输送机交叉侧卸布置方式，提高端头过渡段顶煤放出率，以提高工作面回采率。进一步改进完善放顶煤液压支架架型，提高采煤机和运输机的可靠性，发展自动化放顶煤工艺技术。

4) 深部安全高效开采技术与装备。深部矿井围岩控制与巷道支护关键技术，掘进工作面地质构造超前探测技术，掘进工作面超前加固及临时支护技术，掘进与支护一体化机组，巷道快速支护材料与技术，深部矿井沿空留巷成套技术与装备，深部巷道底鼓控制技术等。

深部安全高效开采技术与装备：深井开采抗冲击工作面支护技术与装备研究；深井开采工作面装备降温技术研究。

5）厚煤层矿井高效辅助运输系统。建立大型、高效的机械化运输体系，以发展卡轨车、齿轮车为主，形成单一的辅助运输系统；在简化辅助运输系统、减少作业工人、减少岩石巷道、规范矿井下井材料和设备等方面加强研究。

(3) 储备技术与装备

1）煤炭地下气化、液化技术与装备。对于老旧矿区和条件复杂煤层的开采，煤炭地下气化或液化技术是一种行之有效的方法，目前地下气化和地面液化技术均处于试验阶段，需要进一步研究其可行性，同时研制适宜的装备和适宜开采煤层的条件，加快实用的步伐。

2）采掘作业机械化、智能化技术研究。

3）特殊作业用机器人。井下工作强度大、危险性高，人工难以操作的工作可交与特殊功能的机器人来完成。一方面可以提高作业效率，另一方面可减少对人员健康和安全造成的危害。根据需要如深部钻井、井下凿岩、巷道喷浆、深孔爆破、瓦斯聚集区作业、采空区作业等工作，可设计相应的机器人进行作业。

4.4.2.3 绿色开采技术与装备发展路线

(1) 推广技术与装备

华东地区是我国经济较为发达、人口稠密地区，同时也是我国绿色开采技术研究和应用最多的区域，在瓦斯抽采、充填开采、矿井水处理利用等方面处于全国领先地位。

在煤矿瓦斯抽采方面，对淮南等高瓦斯矿区进行了煤与瓦斯共采技术的研究，主要研究了瓦斯抽放规律与抽放的工艺、材料和设备。2005年世界首座低浓度瓦斯发电站在安徽淮南煤矿开机运营，将瓦斯的利用范围扩大到瓦斯浓度6%以上。在抽放瓦斯装备上，研制了一系列抽放钻机，研制和推广应用了抽放管道正负压自动放水器，新型抽放管"三防"装置（防回火装置、防爆炸装置和防回气装置），快速接头及化学材料密封钻孔等。

华东地区在土地沉陷治理技术上有丰富的积累，提出了部分开采、协调开采和充填开采等技术，在建筑物下、铁路下压煤开采技术等方面处于国际领先地位。近年来，华东区在充填开采方面也有较大突破，开发了矸石巷式充填技术和膏体、超高含水材料充填技术，并研制了抛矸机、充填用刮板输送机、新型反四连杆充填液压支架和直线式充填液压支架等充填装备。如2006年研发成功的综合机械化矸石充填采煤一体化技术，是在综合开采液压支架的后方增加了一条悬空高度可以调节的刮板输送机，刮板输送机上的底部钢板可以拆卸，以实现矸石的分段漏放。目前，我国已经开发定型了综合机械化固体废弃物密实充填采煤技术，建立了相应的采场矿压理论和岩层运动与地表沉陷预计理论，开发出了矿井上下固体废弃物连续输送系统与装备，尤其研制出了具有完全独立自主知识产权的双顶梁正四连杆六柱支撑式充采一体化液压支架，可以实现充填与采煤并行作业。采用该技术采空区固体充填密实度超过90%、采区煤炭回收率超过85%、单面年产超过 100 万 t，经济、社会和环境效益十分突出。

华东地区在近水体开采方面有较丰富的技术积累，提出了以"上三带"（跨落带、导水裂隙带、弯曲带）理论为基础的松散层下开采防水安全煤岩柱的留设，并写入规程，既实现了水体下的安全生产，同时也保护了上覆水资源。在水体下开采方面也提出了诸多理论，主要是突水系数预测法和"下三带"（底板导水破坏带、有效隔水层保护带、承压水导升带）理论、关键层理论、原位张裂与零位破坏理论等，并发展了底板含水层注浆改造技术和以防水闸门等装备设施为基础的分区隔离技术。

此外，矿井水的利用和处理率也以华东地区为最高，目前国内各类矿井水处理的原理与国外目前的水平相近。我国矿井水处理技术总体上处于满足环保达标排放要求的水平，对含放射性等特殊污染物的处理技术还处于试验阶段。对矿井水利用主要局限于矿区自主利用，如洗煤、防尘、绿化等，其利用领域有待扩展。

华东地区是我国最早进行煤炭地下气化工业试验的地区，先后在徐州、新汶等十余个矿区进行了试验，研究开发了"矿井长通道、大断面煤炭地下气化工艺"、"两阶段煤炭地下气化工艺"和"推进供风式煤炭地下气化炉"等。

（2）发展技术与装备

1）瓦斯抽采技术。进一步在高产高效工作面或高瓦斯矿井实施综合抽采瓦斯方法，完善抽采装备，研究提高开采层（尤其是透气性较低的突出危险煤层）瓦斯抽放效率的方法。

2）矿井水综合利用技术和装备。研究控水开采技术和装备，加强矿井水处理技术与装备的研究，提高矿井水的处理率和利用率。

3）充填开采技术与装备。

4）三下开采技术与装备。

5）保水开采及回收煤柱开采技术与装备。

6）矿井低温热源利用技术与装备。

（3）储备技术与装备

1）地下水人工补给技术和装备。

2）开采煤炭地下气化技术与装备研究，重点进行地下气化过程稳定控制工艺技术、燃空区扩展规律监测和控制技术等方面的研究。

4.4.2.4 华东区科学产能技术装备发展路线图

华东区开采条件较为复杂，构造变形比较强烈，顶板稳定性较差。该区域煤炭开采的主要难点是长期开采后转入深部开采，顶板与冲击地压、奥灰水及矿井高温威胁较大；地表人口稠密，开采对生活环境的影响难以控制。为此，该区技术与装备的发展重点包括：加大区域资源勘查力度，增加资源储备；突破煤岩动力灾害预测与控制、地下水预测预警、高效降温等关键技术；大力发展巷道与工作面岩层控制技术；探索深部资源科学开采新模式，发展煤炭地下气化、液化、煤与瓦斯共采等绿色开采技术与装备；考虑对安全生产影响较大，灾害特别严重的矿区和深度 1500m 以深资源暂缓开发。华东区技术与装备发展路线，如图 4-9 所示。

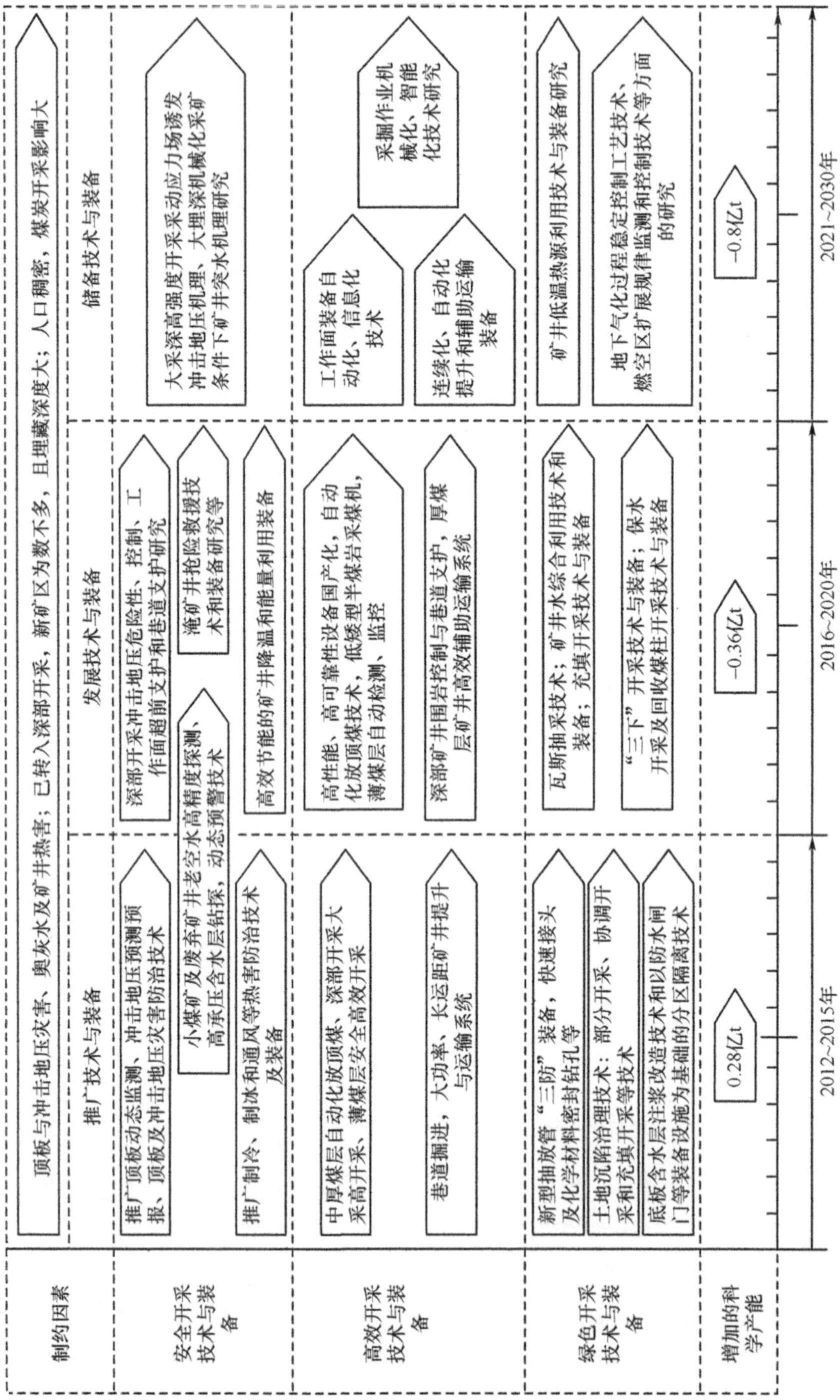

图 4-9 华东区技术与装备发展路线图

4.4.3 东北区

4.4.3.1 安全开采技术与装备发展路线

(1) 主要特点

东北区域煤矿开采的地质条件具有以下特点：煤田构造条件中等—复杂，高瓦斯矿井多，煤和瓦斯突出是煤矿生产的主要隐患；随着煤矿开采深度的增加，冲击地压问题日益突出。因此，该区在大力推广应用适合于该区条件的煤与瓦斯突出灾害防治和冲击地压灾害防治的技术与装备的同时，需要加强适用于防治该区主要灾害的新技术与装备的研发。

(2) 推广技术与装备

1）瓦斯灾害防治现有技术及装备。东北区域属于高瓦斯区，除舒兰、珲春新近纪褐煤矿区外，煤层瓦斯含量都比较高，多次发生过煤和瓦斯突出事故。需推广瓦斯抽采技术及装备、地面垂直采动井抽采技术和煤岩瓦斯动力灾害防治技术，具体包括顶板巷抽放、仰斜钻孔采空区抽放、高位长钻孔抽放、顺层长钻孔抽放、下临近层卸压抽放、穿层钻孔抽放等抽放技术。

2）顶板与冲击地压灾害防治现有技术及装备。东北区域的煤系岩体受构造扰动较强烈，加之含煤岩系的成岩程度较低，煤层顶板的稳定性较差，容易发生顶板事故。需要推广急倾斜薄及中厚煤层柔性掩护支架支护技术、坚硬顶板弱化技术与装备、冲击地压预测预报技术及装备、冲击地压的区域综合防治措施、冲击地压的局部防治措施等，具体包括开采保护层；巷道布置时尽可能将主要巷道和硐室布置在底板中，回采巷道采用宽幅掘进；优化开采顺序等。采用震动爆破、煤层注水和钻孔卸压冲击地压的局部防治措施。

(3) 发展技术与装备

安全开采技术与装备在东北区发展较为缓慢，随着灾害程度的加剧，影响了该地区科学产能的提高。因此，需进一步发展相关的安全开采技术与装备。

1）瓦斯灾害防治发展技术及装备。低透气性煤层瓦斯强化抽采技术研究，突出松软煤层抽采钻孔施工的关键技术装备研究，煤矿井下瓦斯抽采长钻孔施工技术研究，煤与瓦斯突出区域预测及防治技术及装备研究，矿井动态防突体系研究，矿井抽采达标评价体系研究，基于两个"四位一体"煤与瓦斯突出监控预警技术及系统研究，突出煤层群开采与瓦斯抽采工艺技术及装备研究等。

2）顶板与冲击地压灾害防治发展技术及装备。开展高地压软岩支护技术、冲击地压厚煤层大断面锚网支护技术、大倾角薄煤层机采支护、坚硬顶板快速弱化技术与装备、采准巷道岩层灾害控制技术与装备的研究。铁煤集团小康矿等属于世界罕见的高地压软岩矿井，需要深入分析深部软岩巷道两帮缩进、底鼓、冲击地压等原因，研究适合矿区深部软岩的巷道施工与支护技术。研究冲击地压条件下的厚煤层大断面锚网支护的施工工艺和关键技术；开发适用于极破碎煤岩体的全螺纹钻锚注一体化材料与技术；研究化学加固与钻锚注一体化配套机具与工艺;开发研制锚固与注浆加固工程质量检测仪器与技术;开发巷道安全与矿压综合监测系统。

(4)储备技术与装备

为有效解决影响该地区煤炭安全开采的煤与瓦斯突出灾害、顶板与冲击地压灾害,大幅度提升该地区安全约束下的科学产能,需进行相关的储备技术与装备研究,主要有:以煤层瓦斯赋存规律研究、煤岩瓦斯动力灾害发生机理及综合防治技术研究为主,其他还有探究煤与瓦斯突出、冲击地压等典型动力灾害及其二者耦合现象的发生机理,井田地应力场分布特征及采掘工作面地应力场演化分布规律的研究,煤与瓦斯突出倾向性及冲击倾向性耦合特性的研究,深井突出与冲击地压相关性的研究,动力灾害发生的多种致灾因子耦合作用机理的研究,冲击地压、岩爆、矿震与瓦斯灾害的相关性研究,探索冲击地压、岩爆、矿震与瓦斯灾害多种致灾因子耦合致灾的机理和预防控制技术研究。

4.4.3.2 高效开采技术与装备发展路线

(1)推广技术与装备

东北区目前煤炭资源赋存有限,现有矿井难以实现超大矿井规划设计要求。推广技术与装备主要在已有矿井基础上,经改造、升级,实现矿井的安全、高效、高回收率开采。例如,铁法矿区煤炭储量为22.59亿t,占整个辽宁煤炭总量的1/3以上。其中,1.5m以下煤层占总储量的26%。该矿区的小青矿为提升薄煤层工作面开采效率,于2000年引进德国DBT2×315kW刨煤机,配合工作面运输机端卸布置。该矿刨煤机自使用以来,未出现较大问题。刨煤机开采技术在理论上和技术上是比较成熟的,但是它对煤层赋存条件要求较高,因而适应性比较差。在工作面生产过程中,刨刀和刨头链消耗量比较大,而且各种配件只能从DBT公司购买,配件成本高。

黑龙江现有生产矿井中,小矿井数量所占比例达到了95.80%,且单井规模小。大型矿井总产量比重小,地方煤矿总产量比重大。例如,2008年黑龙江全省煤炭产量为9676万t,矿井平均每处产煤只有7万多t。煤炭产业组织结构不合理,高产高效矿井极少,产能高度分散。因此,在该地区技术改造难度较大,受资源、配套、生产、组织、管理等主客观条件的限制,最新技术的应用相对滞后。

(2)发展技术与装备

考虑到东北区煤炭资源的赋存情况,该地区的关键技术发展主要应从以下几个方面进行考虑:

1)薄煤层高产高效开采。研发全自动无人工作面配套装备;研发地质构造复杂煤层的机械化开采工艺与装备。

2)岩石巷道快速掘进技术及装备。

3)煤矿高效支护技术与装备。冲击地压厚煤层大断面锚网支护技术;大倾角薄煤层机采支护问题,支护系统机械化及高效推进技术与装备等。

(3) 储备技术与装备

研究适合矿区深部软岩巷道施工与支护技术理论体系；进行采掘作业机械化、智能化技术研究；进行特殊作业用机器人研制。

4.4.3.3 绿色开采技术与装备发展路线

(1) 推广技术与装备

东北区是我国最早进行瓦斯抽放的地区。近年来，在北票试验成功穿层网格式布孔大面积抽放突出煤层，鸡西城子河矿采用钻孔法多区段集中抽放上邻近层和采空区瓦斯，铁法晓南矿利用水平岩石长钻孔抽放邻近层瓦斯等技术。

东北区政府对土地沉陷情况进行了大量实测，掌握了较为详细的地表沉陷规律。东北区是我国较早进行充填开采技术研究的区域，在20世纪60~70年代进行过水砂充填、风力充填技术的研究和应用，但近年来在充填开采方面研究较少。

(2) 发展技术与装备

由于东北区为煤炭生产老区，煤炭开采对环境的影响较为严重，许多老矿区面临着资源枯竭、城市衰退的问题。当前急需进行生态环境的修复，大力发展循环经济。

1）研究采煤沉陷区的复垦技术，对沉陷土地进行恢复和利用。

2）加强综合机械化固体废弃物密实充填采煤技术研究，进一步回收"三下"压煤资源，提高资源回收率，延长矿井服务年限。

3）残留煤柱回收成套技术与装备。这包括残留煤柱回收专用掘采一体机研制、残留煤柱回收配套自移式履带行走式液压支架的研制、残留煤柱回收配套设备的研制。

4）研究矸石加工利用技术，建立矸石电厂和矸石砖厂，消灭地面矸石山，保护矿区环境。

(3) 储备技术与装备

1）地下煤炭气化、液化技术与装备。

2）可视化遥控充填装备研究。

3）地热综合利用技术。

4.4.3.4 东北区科学产能技术装备发展路线图

东北区目前煤炭资源赋存有限，薄煤层所占比例较大，单井规模小。该区域煤炭开采的主要难点是高瓦斯矿井多，煤和瓦斯突出严重；煤系岩体受构造扰动强烈，加之含煤岩系的成岩程度较低，煤层顶板稳定性较差，难以控制。为此，应重点探索地质构造复杂煤层的机械化开采工艺与装备、薄煤层高产高效开采技术与装备的试验应用；大力发展瓦斯抽采、沉陷复垦、综合机械化固体废弃物密实充填采煤、残留煤柱回收、矸石加工利用等绿色开采技术与装备；加强资源整合力度，推进兼并重组；加大区域资源勘查力度，增加资源储备。

东北区技术与装备发展路线，如图4-10所示。

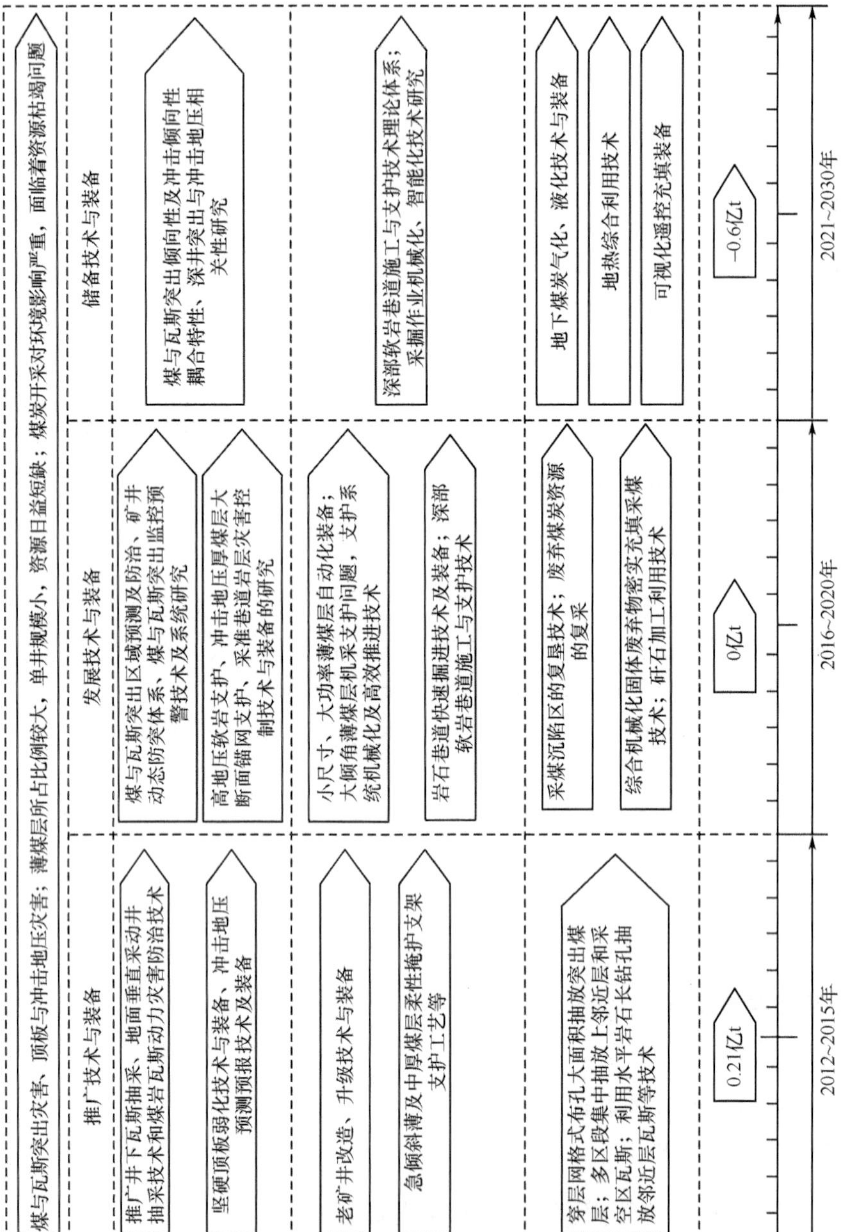

制约因素	煤与瓦斯突出灾害、顶板与冲击地压灾害；薄煤层所占比例较大，单井规模小，资源日益短缺；煤炭开采对环境影响严重，面临着资源枯竭问题		
	推广技术与装备	发展技术与装备	储备技术与装备
安全开采技术与装备	推广井下瓦斯抽采、地面垂直采动井抽采技术和煤矿瓦斯动力灾害防治技术 坚硬顶板弱化技术及冲击地压预测预报技术及装备	煤与瓦斯突出区域预测及防治、矿井动态防突体系、煤与瓦斯突出监测预警技术及系统研究 高地压板岩支护、冲击地压控制技术及装备 大断面锚网支护、采准巷道灾害控制技术及装备的研究	煤与瓦斯突出倾向性及冲击倾向性耦合特性、深井突出与冲击地压相关性研究
高效开采技术与装备	老矿井改造、升级技术与装备 急倾斜薄及中厚煤层柔性掩护支架支护工艺等	小尺寸、大功率薄煤层自动化装备 大倾角薄煤层支护问题；综机械化及高效推进技术 岩石巷道快速掘进技术及装备；深部软岩巷道施工与支护技术	深部软岩巷道施工与支护技术理论体系；智能化、采掘作业机械化
绿色开采技术与装备	穿层网格式布孔大面积抽放突出煤层；多区段集中抽放上邻近层和采空区瓦斯；利用水平岩石长钻孔抽放邻近层瓦斯等技术	采煤沉陷区的复垦技术；废弃煤炭资源的复采 综合机械化固体废弃物密实充填采煤技术、矸石加工利用技术	地下煤炭气化、液化技术与装备 地热综合利用技术 可视化遥控充填装备
增加的科学产能	0.21亿t 2012~2015年	0亿t 2016~2020年	−0.6亿t 2021~2030年

图 4-10 东北区技术与装备发展路线图

4.4.4 华南区

4.4.4.1 安全开采技术与装备发展路线

(1) 主要特点

华南区主要由上扬子地块、下扬子地块、海南地块和华南褶皱系组成。煤矿开采地质条件和煤矿灾害的主要特征是：煤田构造条件极为复杂，不具备建设安全、高效大型现代化矿井的资源条件和地质条件；煤系变形强烈，原地应力高，高瓦斯矿井多，煤中瓦斯含量高，煤的透气性差，煤和瓦斯突出是安全生产的主要威胁。

总体来说，华南区开采条件是我国最复杂的地区，该区域的瓦斯灾害是最主要的灾害，且灾害严重程度在全国范围内也较高。因此，该区在大力推广应用现有适合于该区条件灾害防治的技术与装备的同时，需要加强适用于防治该区主要灾害的新技术与装备的研发。

(2) 推广技术与装备

在瓦斯灾害防治技术及装备方面，主要有保护层开采技术；区域"三级"预测煤与瓦斯突出技术及装备；井下综合立体瓦斯抽采技术，采用邻近抽采专用巷提前预抽、本煤层区域瓦斯抽采、高位钻孔抽采、底板穿层网格预抽、上下邻近层卸压抽采、边掘边抽、掘进工作面超前深孔预抽、裂隙带顺岩层截流抽采、保护层工作面反向抽采、半封闭采空区抽采、全封闭采空区抽采、二次卸压抽采等综合立体抽采技术；煤矿井下瓦斯抽采钻孔施工装备；渐进式石门揭突出煤层技术；钻孔增透预抽瓦斯技术等。

在水害防治技术及装备方面，主要有疏干降压法水害防治技术；地面探测技术与装备等；井下探测技术及装备；水源快速判别技术及装备，包括突水前兆监测仪、数据采集仪及其软件系统等。

(3) 发展技术与装备

受地质条件影响，安全开采技术与装备在华南地区推广应用比较困难，严重影响了该地区科学产能的提高。因此，需要进一步发展相关的安全开采技术与装备。

瓦斯灾害防治发展技术及装备包括：煤层瓦斯压力直接测定技术及装备的改进，瓦斯含量快速测定技术及装备的改进，煤与瓦斯突出区域非接触式预测技术及装备研究，松软突出危险煤层顺煤层钻孔技术及装备研究，提高煤层透气性技术及装备研究，瓦斯抽采措施钻孔轨迹测量技术及装备研究，用化学、生物方法治理 H_2S 气体的研究等。

水害防治发展技术与装备包括：煤矿地质小构造和老窑采空区探测和软弱地层"跟管双管双动"双驱钻进技术。

(4) 储备技术与装备

储备技术与装备主要包括瓦斯赋存、运移和涌出规律研究，不同开采条件和瓦斯抽采条件下瓦斯涌出规律和分布特征、地应力和瓦斯运移（渗流）场的耦合关系研究等。

研制特殊作业机器人、安全监测机器人和矿山救援机器人等。

4.4.4.2 高效开采技术与装备发展路线

(1) 推广技术与装备

受地质构造影响，煤层赋存条件复杂，大倾角煤层、急倾斜煤层、高瓦斯等条件突出，装备能力相对较低，安全问题突出。除贵州、四川有部分综合开采设备外，该区域还广泛采用普采、炮采技术，井型大多为中小型矿井，机械化程度低。

四川华蓥山绿水洞煤矿倾角为35°~55°的煤层储量占75.23%，采用ZYJ2300/13/32型支架及配套设备，考虑了大倾角支架安装回撤方便及自稳，设计支架尽可能轻，并且具有完善的防倒、防滑及调架装置，支架上设有扶手，采用邻架控制的方式等措施，基本上解决了一次采全高大倾角综合开采难题。与刀柱式采煤方法相比，其回收率、工效、产量产值等指标有了明显的提高。目前综合开采已成为大倾角煤层开采的首选采煤方法。

大倾角（35°~45°）和急倾斜（≥45°）煤层由于厚度不同、倾角不同，目前采用的开采方法也不同，主要有大倾角综合开采和水平分层开采两种，总体来说，机械化程度低，年产量在10万t左右，安全性相对较差。

构造断层多、煤层薄、倾角变化大是四川南部矿区的整体特征。许多矿区的煤层都在0.8m以下，甚至0.4~0.65m的煤层也大量存在，属于极薄煤层。对极薄煤层开采，目前主要存在开采成本高、安全保障设备无法安装等问题。

(2) 发展技术与装备

1) 薄煤层高效开采、支护技术及装备。

2) 大倾角综合机械化开采。大倾角综合机械化开采根据煤层厚度和倾角可分为大倾角倾斜长壁综合开采、大倾角倾斜长壁综放、大倾角刨运机等。主要研究内容包括：大倾角煤层开采方法、开采工艺及工作面布置；综合开采工作面总体配套技术；液压支架、采煤机及刮板运输机研发等。

3) 急倾斜煤层水平分层综合开采。新型短壁工作面短机身单臂采煤机研制；急倾斜煤层水平分层开采技术与装备，包括急倾斜煤层水平分层综放液压支架、急倾斜煤层水平分层用通风立眼钻机研制等。急倾斜煤层用成套综合开采装备研制，包括应用于伪斜开采的综合开采液压支架、应用于煤炭自溜运输或陶瓷溜槽运输的特殊输送机、工作面自动化控制系统等。

4) 小型矿井综合机械化开采技术与装备。中小煤矿综合开采工作面参数优化与回采工艺、设备选型与配套技术研究；多功能组合式液压支架研制；适用于短长壁开采的大功率短机身单臂电牵引采煤机研制；急倾斜薄煤层综合机械化开采技术与装备研发；急倾斜特厚煤层水平分层放顶煤机械化开采装备研制。

5) 中小煤矿短壁机械化开采成套技术与装备。深入开展中、小型矿井连续采煤机短壁机械化开采工作面工艺技术研究、薄煤层短壁机械化开采工作面工艺技术研究、超厚煤层短壁机械化开采工作面工艺技术研究；进行4.5m以下巷道窄型连续采煤机短壁工作面开采技术与装备、薄煤层连续采煤机短壁工作面开采技术与装备、超厚煤层连续采煤机短壁工作面开采技术与装备、电牵引采掘一体机及后配套技术装备、带锚护装置连续采煤机的研制等。

(3) 储备技术与装备

1) 特复杂煤层新型开采技术与装备。大倾角、急倾斜煤层采用现有综合开采设备难以保证安全高效开采，需要研究适用该类煤层开采的新型技术与装备。

2) 薄和极薄煤层高产高效开采技术及装备。无论是从资源保护的角度，还是从提高华南煤炭机械化、综合机械化生产水平的角度，都需要研发1m以下薄煤层的机械化开采工艺与装备，研究薄、极薄煤层综合开采配套装备，研发全自动无人工作面配套装备，彻底解决薄煤层开采的安全和效率难题。

3) 复杂煤层采掘机器人。目前，一般都用综合机械化采煤机采煤，但对于极薄煤层、急倾斜煤层、厚度变化剧烈煤层等条件复杂的煤层，运用综合机械化采煤技术难以实现。可以研制适合不同复杂煤层条件的采掘机器人，通过安设探测传感器、自动适应功能等，经处理单元人工智能化处理，进行自主采掘作业。

4) 特殊作业用机器人。井下工作强度大、危险性高，人员难以操作的工作可交与特殊功能的机器人来完成。

4.4.4.3 绿色开采技术与装备发展路线

(1) 推广技术与装备

华南区由于煤田地质构造和地形复杂，因此煤矿开采技术的发展受到诸多限制，在绿色开采方面研究较少。受特殊的山地地表和复杂的地质构造等影响，目前对煤层开采后地表移动规律未能充分掌握，虽然有个别矿区进行了观测，但由于受复杂地形的限制，尚没有研究出合适的地表移动计算方法。目前在土地沉陷治理方面主要是有针对性地进行村庄等建筑物下压煤开采，采用条带开采等技术。

(2) 发展技术与装备

1) 加强煤矿瓦斯抽采和利用技术研究，在保障安全的同时减少碳排放。

2) 需要重点研究煤层开采后所引起的地质灾害的防治技术。

3) 研发适合小型矿井的充采一体化技术。为了煤炭生产的接续，需要在部分矿区实施充填开采。

4.4.4.4 华南区科学产能技术装备发展路线图

华南区开采条件是我国最复杂的地区，不具备建设安全、高效大型现代化矿井的资源条件和地质条件。该区域煤炭开采的主要难点是煤系变形强烈，原地应力高，高瓦斯矿井多，煤中瓦斯含量高且透气性差，安全生产难度大；大倾角、急倾斜条件突出，薄和极薄煤层比例大，难以实施大规模机械化开采。为此，应重点突破保护层开采、煤与瓦斯突出区域非接触式预测、煤层增透，以及大倾角、急倾斜煤层高产高效开采、小尺寸、大功率薄煤层自动化等关键技术与装备；探索井下综合立体瓦斯抽采、特复杂煤层高效开采技术与装备、特殊作业用机器人的试验应用。大力发展煤矿瓦斯抽采和利用、适合小型矿井的充采一体化等绿色开采技术与装备。

华南区技术与装备发展路线，如图4-11所示。

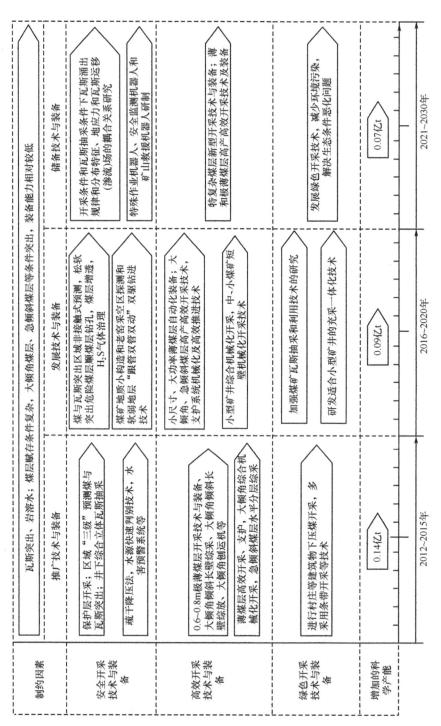

图 4-11 华南区技术与装备发展路线图

4.4.5 新青区

4.4.5.1 安全开采技术与装备发展路线

(1) 主要特点

新青区域包括新疆和青海。新青区煤矿开采地质条件和煤矿灾害的主要特征是：煤系地层一般埋藏浅，部分含煤盆地（煤田）（如塔里木、准噶尔、伊犁等盆地）上覆地层厚度较大，局部地区煤层具有一定的突出危险性；大多数矿井属容易自燃和自燃煤层矿井，自燃发火期一般为 3～5 个月，最短为 15～20 天；厚及特厚煤层储量大，煤层层数多。

总的来说，新青区开采条件较为简单，该区域的主要灾害为煤矿火灾。因此，该区在大力推广应用现阶段已有适合于该区条件的煤层自燃灾害防治的技术与装备的同时，需要加强适用于防治该区火灾的新技术与装备的研发。

(2) 推广技术与装备

推广的火灾防治技术及装备包括"浅部明火剥离，边界构筑隔离带，深部打钻注浆"的工程治理方式，注氮、注浆等防灭火手段。预测预报系统采取人工监测和安全监测相结合的手段，对井下的 CO 气体和温度进行监测。矿井的密闭以及堵漏措施主要以砖和料石等传统材料为主。

(3) 发展技术与装备

发展技术与装备包括大流量注氮、大口径束管预测预报等防灭火系统、煤自燃基础研究与监测监控平台、煤矿（田）火区煤地下气化应用技术、煤矿（田）火区 CO_2 及烟道气体长期封存与防自燃一体化应用技术等。

(4) 储备技术与装备

为有效解决影响该地区煤炭安全开采的煤层自燃发火等灾害，大幅度提升本地区安全约束下的科学产能，需要进行相关的基础理论研究以推动技术的不断进步，主要包括煤炭自燃发生、发展机理与阻化减弱原理技术研究，煤田（矿）煤自燃灾害演化与防治理论研究等。

4.4.5.2 高效开采技术与装备发展路线

(1) 推广技术与装备

该地区煤层赋存条件优越，储量丰富，是我国形成新的安全高效开采能力的重要区域，该区正在新建的大型和超大型现代化矿井具有技术后发优势和资源优势，超大采高综合开采装备和特厚煤层放顶煤工艺装备在该地区都有用武之地。

(2) 发展技术与装备

1) 超厚煤层综放开采工作面成套装备与技术。重点为大采高、高工作阻力的两柱式放顶煤液压支架，综放工作面支架自动化控制等。在工作面自动化控制技术方面，按安全智能工作面和无人工作面的要求配套设备监测、监控系统，实现矿井智能化管理。

2) 3.5~4.5m 煤层千万吨长壁综合开采工作面技术与装备。实现液压支架跟机自动控制，工作面压力检测预报，采用新的高效回采工艺及技术；研究开发大功率、长运距刮板运输机。

3) 急倾斜复杂难采厚煤层安全高效开采成套技术。

(3) 储备技术与装备

1) 超厚煤层开采技术与装备。超厚煤层开采没有先例，受自燃发火、开采效率、煤层回收率等各种条件制约，目前开采存在一定的难度，难以实现统筹兼顾。目前应统筹规划，首先进行基础工作研究，待超厚煤层开采技术成熟后在进行统一规划安排。

2) 无人工作面和智能化矿井。新青区域人员较少，地广人稀，储量丰富，资源条件好，具有后发优势，应采用先进的自动化、信息化技术，通过多行业联系，建立现代化的无人工作面和智能化矿井，大大减少人员使用，提高工效。

3) 大型露天煤矿开采技术与装备。进行露天与井工联合开采技术研究；千万吨级大型露天矿电驱动半连续开采工艺技术；露天矿用大型自移式破碎钻、转载机、带式输送机、排土机等关键装备研制；大型露天矿半连续工艺性匹配自适应集成控制系统；多台大型复杂装备性能匹配及移动中准确自动衔接技术等。

4.4.5.3 绿色开采技术与装备发展路线

该区为我国新兴的煤炭资源开发区域，绿色开采技术研究和应用的较少，可以在研究掌握煤层开采的基本规律的基础上，推广应用其他区成熟的技术。

该区的生态环境极为脆弱，亟待开发相应的煤矿绿色开采技术，重点是露天开采中的生态环境保护，如水资源保护、土地复垦、地理地貌、植物资源等。

4.4.5.4 新青区科学产能技术装备发展路线图

新青区开采条件较为简单，煤系地层一般埋藏浅，厚及特厚煤层储量大，煤层层数多。该区域煤炭开采的主要难点是多数矿井属易自燃和自燃煤层矿井，煤层火灾和地下煤矿火灾威胁严重；超厚煤层高效、高回收率开发难度较大；水资源较为缺乏，生态环境脆弱。为此，应重点突破火灾综合防治、煤田（矿）煤自燃灾害演化与防治理论、超大采高综合开采装备和特厚煤层放顶煤工艺、急倾斜厚煤层安全高效开采等关键技术、装备和基础理论研究，探索无人工作面和智能化矿井、大型露天煤矿开采技术与装备的试验应用，大力发展煤矿（田）火区煤地下气化应用、水资源保护、土地复垦等绿色开采技术与装备。

新青区技术与装备发展路线，如图 4-12 所示。

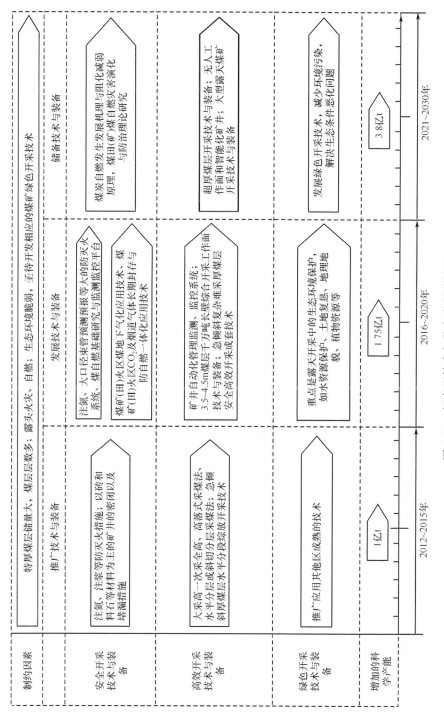

图 4-12 新青区技术与装备发展路线图

4.5 全国科学产能的技术与装备发展重点及路线图

影响科学产能的因素主要是安全、高效和绿色约束，三者之间是相互关联、相互影响的。例如，采用机械化和自动化开采技术与装备可提高开采效率，同时也可减少井下作业人员，从而提高安全性；采取开采保护层、瓦斯抽采等安全技术措施同时也是提高资源回收率、能源综合利用的过程。发展科学产能既要满足建设资源节约型、环境友好型社会的要求，更要体现科学发展、以人为本的理念。根据各区安全、高效和绿色发展技术路线图，结合各区技术与装备发展重点，本研究提出今后 20 年全国煤炭科技发展的技术路线图。

4.5.1 基础理论研究

1）深部煤炭资源开发的地质保障理论。研究深部煤层赋存的高地应力、高承压水、高地温等特殊地质环境在采矿扰动下的响应特征；研究深部煤炭资源开采地质条件的高分辨地球物理探测理论；研究深部矿井快速机械化采矿条件下矿井突水机理。

2）深部及高强度开采条件下的煤岩动力灾害防治理论。研究深部及高强度开采条件下的煤岩瓦斯动力灾害发生机理及耦合效应，研究煤体、岩体、瓦斯和应力场之间的时空能耦合关系及其动态演化规律、突出失稳激发条件和平衡终止条件；研究深部矿井围岩与支架相互作用理论；研究矿区深部软岩巷道施工与支护技术理论体系。

3）煤层气安全抽采理论。研究煤系地层煤岩特性、煤层气生储及煤层气赋存规律；研究层内原始煤体瓦斯抽采增透理论；研究采场不同采动裂隙发育区的卸压瓦斯流态特性；研究不同煤层赋存在不同首采层开采条件下煤层群卸压瓦斯流动与汇聚规律。

4）煤矿火灾和热害防治理论。研究煤炭自燃发生、发展机理与阻化减弱原理，火灾气体蔓延与继发性灾害的互转化机理、灾变时期采场风流流动规律及灾害控制机理，隐蔽火源探测机理。

5）深部矿井热害防治基础理论。

4.5.2 核心技术攻关与关键装备研发

4.5.2.1 地质保障技术与装备

在地面水平井定向钻进技术、井下地质导向钻进技术、采区高密度全数字三维地震勘探技术和井下孔巷联合物探技术等方面实现关键技术突破，建立井巷联合的采区三维地质体精细描述技术体系，开发出随采掘的机载连续超前地质灾害及构造探测的成套技术与装备，对掘进工作面前方灾害地质体超前 100m 预测和定位治理，对 300m 回采工作面上下 70m 内的地质异常体及采掘过程中的动力异常进行预报，对回采煤质进行随采动态检测，对回填区和采矿区进行多元灾害一体化连续监测和灾害预防，为煤炭高效开发和采掘作业安全提供地质保障。

4.5.2.2 煤炭安全开采技术与装备

深部矿井高强度开采条件下煤岩动力灾害防治技术及装备，主要开展深部矿井高应力、高温及高瓦斯条件下煤岩物理力学性质等岩石力学基础理论的研究。结合地质构造学、采矿学等多学科交叉理论，进一步研究深部矿井煤岩动力灾害的发生条件和发生规律，揭示深部矿井煤岩动力灾害发生机理和致灾过程，为深部矿井煤岩动力灾害相应的预测预报、防治措施提供新的方法和手段。探究煤与瓦斯突出、冲击地压、岩爆、矿震等典型动力灾害及其耦合现象的发生机理，探索冲击地压、岩爆、矿震与瓦斯灾害等多种致灾因子耦合致灾的机理和预防控制技术，深部矿井围岩与支架相互作用理论等，研究适合深部矿井软岩巷道施工与支护技术理论体系。开展深部矿井快速机械化采矿条件下矿井突水机理、水害探测技术及装备研究，深部矿井热害防治基础理论及高效降温装备等研究。

其他安全技术与装备主要有：煤矿应急通信、指挥决策、安全避险装备；灾区侦检探测可视化系统、应急救援模拟仿真与演练系统、飞行侦测技术装备；灾区探测救援机器人；深部矿井快速救援钻机及成套技术；矿井潜水救生装备；单兵轻型集成灾害防治和应急救援装备；粉尘毒物作业场所集成高效在线全过程监测监控系统；矿山新型湿喷作业机器人；便携灵敏、快速直读的职业危害监测仪器设备等。

4.5.2.3 煤炭高效开采技术与装备

首先，重点突破大型现代化矿井装备的信息化和智能化，包括：基于顶板压力预测的智能化液压支架支护系统；煤岩界面识别技术；生产信息化、动态信息监测及决策系统。研制具备信息感知、智能监测、远程控制和自动执行功能的、能够实现煤矿自动化生产的高效全矿井智能化系统，加快煤炭开采方式转变，实现煤炭生产与经济、社会发展的协调统一。

其次，研制薄煤层和复杂难采煤层机械化装备。薄煤层和复杂难采煤层地质条件复杂、人员安全难以保证，设备配套尺寸受空间制约严重，采煤、装煤、运煤以及设备安装操作困难，需采用机械化和自动化开采模式。与大型矿井设备相比，薄煤层和复杂难采煤层装备要求矮配套、小尺寸、大功率，急需开发相应的技术与装备。

再次，其他高效开采技术与装备，主要有：适合复杂条件煤层和特殊作业条件的采掘机器人；综合开采装备关键零部件新材料、新工艺和系统匹配技术；基于高可靠性的矿井一体化综合监测监控的煤矿物联网关键技术与装备；煤矿企业管理信息化和现代化的电子商务关键技术等。

4.5.2.4 煤炭绿色开采技术与装备

重点发展：煤层气高效抽采、煤层气与煤炭一体化开发技术与装备；固体废弃物充填采煤技术与装备；低浓度煤层气综合利用技术和装备；煤矿区煤层气就地发电利用技术；矿井乏风瓦斯利用技术；民用燃气安全集输和安全监测监控技术；深部矿井瓦斯抽采与热电冷联供技术；特殊煤种的直接气化技术；矿井水多元化利用成套处理技术；地下水人工补给技术和装备；饮用水深度净化专用活性炭生产技术及大型关键设备等。

煤炭安全高效绿色开采技术与装备重点发展方向和关键技术路线，如图 4-13 所示。

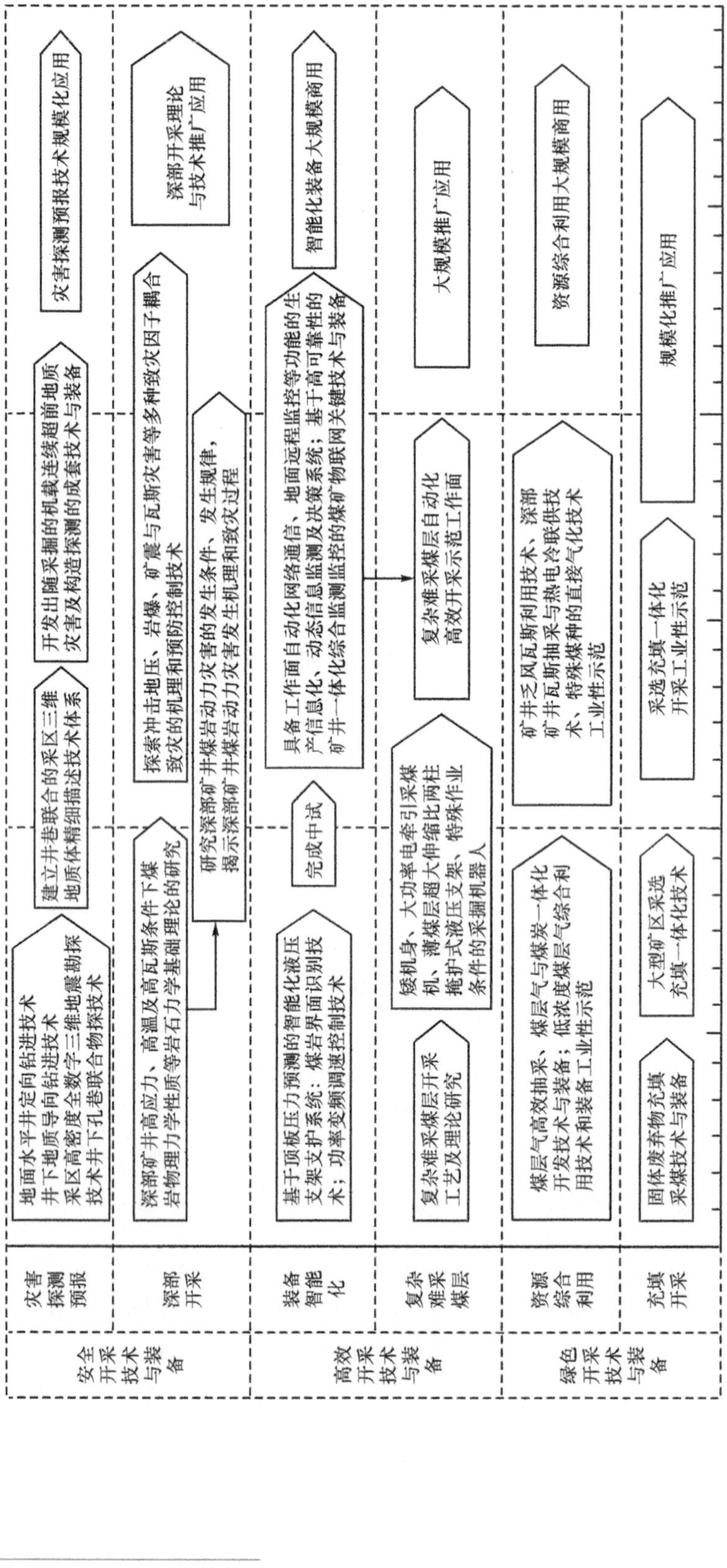

图 4-13　煤炭安全、高效、绿色开采技术与装备重点发展方向和关键技术路线

4.6 五大区科学产能开发布局

根据科学产能的战略目标和三步走的战略步骤,结合五大区煤炭开发现状和资源赋存特点,利用安全、高效和绿色开采技术与装备,科学、合理、有序地开发我国的煤炭资源。

4.6.1 晋陕蒙宁甘区

4.6.1.1 晋陕蒙宁甘区煤炭开发布局

晋陕蒙宁甘区是我国煤炭科学产能增长的主要区域,其煤炭开发应加强资源配置和整合力度,优先开发露天煤矿及变质程度较高的煤炭资源区。

1) 山西省:以兼并重组整合和技术改造为基础,加快建设煤电路港航为一体的晋北动力煤基地、煤焦电化为一体的晋中炼焦煤基地和煤电气化为一体的晋东无烟煤基地,发展煤层气产业,对优质炼焦煤和无烟煤资源实行保护性开发。

2) 陕西省:以陕北基地和关中能源接续区建设为重点,加快煤炭产能建设,推进资源深度转化,着力转变发展方式,优化产业结构,推进煤矿企业兼并重组,提升煤炭产业集约化程度和生产力水平。

3) 内蒙古自治区:形成以阿拉善盟、乌海市、鄂尔多斯市西部炼焦煤和无烟煤为主的特种煤基地,产能 7000 万 t/a;以准格尔煤田、东胜煤田和上海庙煤田为主的优质动力煤基地,产能 5 亿 t/a;蒙东锡林郭勒盟、通辽市、呼伦贝尔市等地的褐煤基地,产能 5 亿 t/a。鼓励煤炭就地转化,加快煤电一体化、煤化一体化建设的步伐。

4) 宁夏回族自治区:以建设宁东基地为中心,加快对煤炭资源的勘探力度,大力推进宁东煤炭基地建设,加快区内煤矿结构调整,加强小型煤矿整合重组,加快煤电、煤化工、煤炭深加工及综合利用等多元化发展,促进产业升级。

5) 甘肃省:以建设黄陇基地为重点,依托庆阳、平凉地区大型煤田,重点建设大型现代化煤矿,积极推进大型煤炭基地建设,加快煤电化冶路一体化进程,促进陇东煤电产业向规模化、集约化、输出型发展。

4.6.1.2 晋陕蒙宁甘区煤炭开发重点

山西省:大同、平朔、朔南、岚县、河保偏、离柳、乡宁、霍州、汾西、西山、阳泉、武夏、潞安、晋城等矿区。

陕西省:神府、榆神、榆横、府谷、彬长、吴堡等矿区。

内蒙古自治区:准格尔、东胜、万利、高头窑、呼吉尔特、塔然高勒、新街、上海庙、胜利、白音华、伊敏、宝日希勒等矿区。

宁夏回族自治区:鸳鸯湖、积家井、马家滩、韦州、红墩子等矿区。

甘肃省:华亭、宁正、沙井子、宁中等矿区。

按照上述产业布局和开发重点,依据情景 3 的分析加大资金投入和政策支持,预计晋陕蒙宁甘区科学产能能够实现以下目标:

到 2015 年，煤炭科学产能由目前的 6.48 亿 t 增加到 15.9 亿 t，科学产能占该区煤炭产能比例由目前的 35% 增加到 65%。

到 2020 年，科学产能增加到 20.86 亿 t，占该区煤炭产能比例达到 72%。

到 2030 年，科学产能增加到约 24 亿 t，占该区煤炭产能比例达到 83% 左右。

4.6.2 华东区

4.6.2.1 华东区煤炭开发布局

华东区是我国煤炭开采时间较长的区域，浅部煤炭资源逐渐变少，剩余资源逐步转向深部。因此，在煤炭开发方式上，应提高井工矿井的单井规模，优先建设大型矿井；加大区域资源勘查力度，增加资源储备。

冀中基地：稳定开滦集团炼焦精煤基地、邯邢炼焦煤和动力煤基地、张家口北方动力煤基地的煤炭生产，总产量稳定在 8000 万 t 左右。同时，促进大型煤炭企业集团建设，力争在 2015 年前形成 1~2 个亿吨级的大型企业集团，发展煤电化路港航为一体的跨行业集团公司。

鲁西基地：以稳定生产规模、调整产业结构为目标，继续实施好鲁西基地的开发建设，努力使基地内煤炭产量在 20 年内稳定在 1.5 亿 t 左右。进一步促进大型煤炭企业集团的发展，逐步建立煤电化路港航一体化经营的现代企业集团。

两淮基地：适度开发、可持续发展是基地煤炭产业发展的原则，使基地产能稳定在 1.8 亿 t 以内。发展大型煤炭企业和企业集团，加快结构调整，促进产业升级。

河南基地：加大深部资源勘查力度，有序推进重点矿区大型矿井项目建设。支持基地内骨干煤炭企业、重点铝企业和大型电力企业发展或联合发展煤-电、煤-电-建材、煤-电-铝等产业，实现煤电、煤钢、煤铝等联营合作。

4.6.2.2 华东区煤炭开发重点

山东省：巨野矿区外围、黄河北矿区。

河南省：郑州矿区、平顶山等其他矿区外围和深部。

安徽省：潘谢矿区、新集矿区和淮北矿区的深部。

河北省：张北矿区、开滦矿区的外围和深部。

江苏省、江西省、福建省：无新规划区。

按照上述开发布局和开发重点，依据情景 3 的分析加大资金投入和政策支持，预计华东区科学产能能够实现以下目标：

到 2015 年，科学产能由目前的 3.3 亿 t 增加到 3.6 亿 t，科学产能占该区煤炭产能比例由目前的 50.77% 增加到 52%。

到 2020 年，科学产能增加到 3.74 亿 t，占该区煤炭产能比例达到 66%。

到 2030 年，科学产能约为 3.28 亿 t，占该区煤炭产能比例达到 82% 左右。

4.6.3 东北区

4.6.3.1 东北区煤炭开发布局

东北区与华东区相类似,也是我国煤炭开采的老矿区,浅部煤炭资源较少,剩余资源逐步转向深部。

1)加快整合改造中小煤矿步伐。加快中小煤矿的整合改造,实行集约化开发经营。鼓励大型煤炭企业兼并改造中小煤矿。积极推进中小型煤矿的技术改造。争取到2020年,东北区域内基本解决小煤矿问题。

2)加强大型煤炭集团建设。在现有大型煤炭企业集团的基础上,以大型煤炭基地建设为契机,通过政府引导、市场运作,依照股份制经营模式,按煤种、按区域、按流向,加快集团化战略性重组步伐,以大基地建设促进大集团、大公司的形成,以大集团、大公司发展带动大基地建设,提高东北区域煤炭产业集中度。到2020年,大型煤炭企业集团煤炭产量应占区域产量的70%以上。

4.6.3.2 东北区煤炭开发重点

黑龙江省:鸡西、鹤岗、双鸭山、七台河四大矿区的深部资源。
辽宁省:沈阳、阜新、铁法矿区深部资源。
按照上述开发布局和开发重点,依据情景3的分析加大资金投入和政策支持,预计东北区科学产能能够实现以下目标:

到2015年,煤炭科学产能由目前的0.55亿t增加到0.76亿t,科学产能占该区煤炭产能比例由目前的28%增加到38%。

到2020年,科学产能增加到1.05亿t,占该区煤炭产能比例达到52%。

到2030年,科学产能增加到约1.25亿t,占该区煤炭产能比例达到83%左右。

4.6.4 华南区

4.6.4.1 华南区煤炭开发布局

华南区煤炭开发受自然赋存条件影响较大,资源主要集中在云贵基地,资源赋存深度均较浅。

1)建设以云贵基地为中心的国家大型煤炭基地。支持煤电、煤化、煤路等一体化建设,发展循环经济和加强环境保护,做好各矿区煤矿与运煤通道等基础设施的衔接和配套,形成稳定可靠的煤炭调出基地、电力供应基地、煤化工基地。

2)按照安全高效矿井模式,规划建设新矿井。华南区内可供新井建设的矿区主要集中在云贵大型煤炭基地,其中贵州省内主要在盘江、水城、织纳、黔北等矿区;云南省内主要规划在小龙潭、老厂、昭通等矿区。四川省主要在筠连、古叙矿区。鉴于矿区资源条件差异较大,且煤层均存在高瓦斯与双突、水灾等灾害影响,因此应充分分析资源条件,以安全高效矿井模式,从规划设计入手,以建设中型矿井为重点,建设安全、高效的现代化矿井。

4.6.4.2 华南区煤炭开发重点

贵州省：盘江、水城、织纳和黔北等矿区。
云南省：小龙潭、老厂、昭通区、恩洪和镇雄等矿区。
四川省：筠连和古叙矿区。
重庆市：松藻矿区。

按照上述开发布局和开发重点，按照情景3的分析加大资金投入和政策支持，预计华南区科学产能能够实现以下目标：

到2015年，煤炭科学产能由目前的0.2亿t增加到0.42亿t，科学产能占该区煤炭产能比例由目前的4.35%增加到8.7%。

到2020年，科学产能增加到0.5亿t，占该区煤炭产能比例达到11%。

到2030年，科学产能增加到约0.54亿t，占该区煤炭产能比例达到13.2%左右。

4.6.5 新青区

4.6.5.1 新青区煤炭开发布局

新青区是我国未来科学产能增长的重点区域，必须进行合理布局、科学开发。重点工作如下：

1）以市场需求为导向，以通道建设为关键，控制开发强度，循序渐进开发。由于该区煤炭资源的开发目前尚受外部通道条件、市场条件等因素的制约，初期转化需煤量有限，对于矿区建设规模和矿井的开发顺序，原则上应根据目标市场的需求量，以需定产（规模），以产定量（开发矿井数量），适时开发各矿区。

2）优先发展千万吨级的大型现代化露天煤矿，鼓励发展大型安全、高效矿井。"十二五"期间新开工煤矿建设规模原则上不得低于120万t/a。准东煤田、吐哈煤田以优先建设特大型现代化露天煤矿为主，伊犁煤田重点建设千万吨级矿井为主。

3）科学布局，有序开发。严格按照先规划、后开发的原则，合理安排、调整和优化矿业权设置，避免大矿小开，无序开发。

4.6.5.2 新青区煤炭开发重点

新疆维吾尔自治区：准东煤田先期重点开发五彩湾、大井、西黑山、将军庙矿区；吐哈煤田先期重点开发哈密大南湖、托克逊黑山、伊吾淖毛湖、哈密三道岭、巴里坤、沙尔湖等矿区；伊犁煤田先期重点开发伊宁、尼勒克矿区；库拜煤田先期重点开发库尔勒塔什店、库车阿艾、拜城矿区；准南煤田先期重点开发阜康、艾维尔沟、呼图壁白杨河、玛纳斯塔西河等矿区；准北煤田先期重点开发塔城托里铁喇、和什托洛盖、富蕴喀木斯特矿区。

青海省：鱼卡矿区、木里矿区。

按照上述开发布局和开发重点，依据情景3的分析加大资金投入和政策支持，预计新青区科学产能能够实现以下目标：

到2015年，煤炭科学产能由目前的1亿t增加到1.95亿t，科学产能占该区煤炭产能比例由目前的25%增加到78%。

到2020年，科学产能增加到4.25亿t，占该区煤炭产能比例达到85%。

到2030年，科学产能增加到约8.75亿t，占该区煤炭产能比例达到87.5%左右。

4.7 小结

1) 煤炭科学产能来自于三个方面：一是现有达到科学开采标准的产能；二是通过对现有未达标的矿井实施安全、高效和绿色开采技术与装备升级改造实现的科学产能；三是新建矿井直接实现的科学产能。设置三种情景对"十二五"（2015年）、"十三五"（2020年）和远期（2030年）三个时期的科学产能进行分析预测：情景1——自律投入、情景2——加强技术与装备改造、情景3——国家政策扶持及投入。

2) 在情景3的条件下，预计2015年、2020年、2030年的科学产能分别达到24.95亿t、32.31亿t和39.27亿t，分别占当时总产能的62.4%、71.8%和87.2%，实现煤炭的科学开采。

3) 晋陕蒙宁甘区在情景3情况下科学产能增加最为明显，应尽快制定区域性的煤炭资源开发与利用规划及科技研究发展规划；华东区和东北地区受资源条件限制，在情景3情况下科学产能无法继续提高，在政策上应关停无法改造的非科学产能矿井；华南区地质条件复杂，科学产能虽有提高的潜能，但无法利用现有技术改造来实现，需要国家在安全、开采装备等方面加强科技投入；新青区目前处于开发初期，今后将成为我国最重要的煤炭能源生产基地，其科学产能大部分都可以通过加强技术改造和投入来实现。

4) 提出了科学产能的"一个战略目标"、"两个发展阶段"和"三步走的战略部署"，即实现煤炭科学开采的"123"战略。

5) 提出了实现科学产能的技术路线图，其中重点发展的技术是：安全技术与装备中的地质灾害探测预报技术和深部矿井高强度开采条件下煤岩动力灾害防治技术及装备；煤炭高效开采装备与技术主要是大型现代化矿井装备的信息化、智能化和薄煤层与复杂难采煤层机械化装备研发两个方向；绿色开采技术与装备主要包括固体废弃物充填减沉开采技术，干旱/半干旱矿区水资源保护性采煤方法与技术，煤矿井排水、供水、生态环保三位一体优化模式及相关技术等，重点是发展循环经济和资源综合利用、充填开采两个方向。

6) 未来科学产能增长的重点是晋陕蒙宁甘和新青区；要加强规划和管理，制定相关法律法规，健全煤炭行业企业、人员、技术和设备的准入和退出机制，全面协调和推进以发展科学产能为目标的煤炭生产运行新机制；煤炭开发应着重提高井工矿井的单井规模，优先建设大型矿井；加强资源配置和整合力度，建大关小，资源配置重点向大型煤炭企业倾斜；对煤质较差、灾害较严重的矿区和深度1000m以深资源，暂缓开发。

第5章 实现科学产能的经济成本分析

煤炭开采要实现科学产能的目标,必须对开采过程中的各种耗费进行合理补偿,形成良性与长效的成本补偿机制。本章在分析我国煤炭成本现状及存在主要缺陷的基础上,充分借鉴世界其他主要产煤国的有益经验,构建实现科学产能的煤炭成本体系,预测"十二五"各年、2020 年和 2030 年煤炭成本,提出实现科学产能的煤炭成本补偿机制。

5.1 中国煤炭成本构成存在的主要缺陷

5.1.1 中国煤炭成本现状

1)煤炭成本呈上升趋势。根据中国煤炭工业协会统计与工业和信息化部提供的资料,1958 年以来我国原煤单位成本在经历了 40 多年的缓慢增长后,2003 年开始进入快速增长阶段。特别是在 2005~2009 年,原煤单位成本从 193 元/t 上升到 334.5 元/t,年均增长接近 15%。成本的上涨给煤炭企业生产经营带来了巨大的压力,也推动着煤炭价格的不断攀升(黄国良和罗旭东,2010)。我国原煤单位成本变化情况如图 5-1 所示。

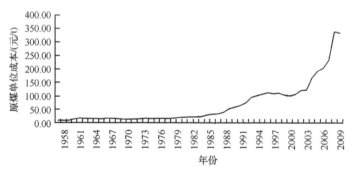

图 5-1 1958~2009 年我国原煤单位成本变化图

2)不同地区煤炭成本差异较大。由于各地区地质条件、开采工艺、劳动效率等不同,煤炭成本存在显著差异。根据《煤炭工业统计年报》资料计算整理,我国五大煤炭生产区的原煤单位成本情况如表 5-1 所示。可以看出,五大煤炭生产区的原煤单位成本有较大差异。华东区原煤单位成本最高,新青区最低。

表 5-1 我国五大生产区原煤单位成本

地区名称	原煤单位成本/（元/t）				
	2005 年	2006 年	2007 年	2008 年	2009 年
东北区	265.26	195.75	210.82	292.34	290.08
华东区	245.71	251.92	280.19	383.95	326.50
华南区	203.76	192.79	176.77	248.29	247.90
晋陕蒙宁甘区	142.78	131.25	147.92	206.67	225.33
新青区		97.40	98.40	124.50	124.00

资料来源：《煤炭工业统计年报》（2005~2009）。需要说明的是，由于《煤炭工业统计年报》只列出不到 100 家大型煤炭企业的详细数据，并未涵盖各地区所有的大型煤炭企业，因此分地区计算的原煤单位成本与基于行业口径统计的全国水平存在一定差异

5.1.2 中国煤炭成本构成的缺陷分析

我国现行煤炭成本框架源自 1991 年能源部颁布的《煤炭工业企业会计核算办法成本管理办法》。该办法将煤炭成本项目按经济性质划分为原料煤、材料、工资、提取的职工福利基金、电力、提取的折旧基金、提取的井巷工程基金、提取的大修理基金、地面塌陷赔偿费和其他支出。随着煤炭企业改革的不断深入，这一成本框架已经远不能适应市场经济新形势的要求。主要缺陷有：一方面，煤炭成本存在项目缺失，一些与实现科学产能相关的成本费用如安全成本、环境成本等，并未完全进入成本体系；另一方面，煤炭成本形成机制不合理，职工收入和社会保障低、技术创新投入低、高产高效装备投入低的"三低"问题严重制约了煤炭企业的健康发展。具体说明如下：

1）煤炭成本没有充分反映安全成本，不利于煤炭企业形成长期的安全投入动力机制。我国煤炭资源埋藏深度较大，大部分矿井仅适合井工开采，加之煤矿职工的劳动条件比较差，灾害发生的可能性和危害大大高于其他国家。煤炭开采的高风险性要求煤炭企业必须足额投入安全成本。虽然财政部、国家发改委和国家安全生产监督管理总局在 2005 年已专门出台安全生产费用的提取办法，但由于缺乏清晰的安全成本要素构成规定，在执行中缺乏统一的标准，不利于煤炭企业形成长期的安全投入动力机制（黄国良和罗旭东，2010；奚祖延等，2010a）。12 家大型煤炭企业的调研数据显示，安全成本在煤炭成本中所占比重平均在 7% 左右，与保障安全开采的实际需求还有一定差距。

2）煤炭成本没有充分反映环境治理恢复支出（包括弃置成本），不利于矿区可持续发展。煤炭开采对环境的破坏性主要表现在：煤矸石对环境的污染，开采对矿井水的污染、排放瓦斯对环境的污染，以及煤炭在储、装、运过程中的粉尘污染，地表土地塌陷、水土流失、土地沙漠化、固体废弃物占压和污染土地等。按照"谁污染，谁治理"的原则，煤炭企业应该承担相关的环境治理恢复费用，但是当前的煤炭成本并未完全涵盖这部分支出。根据 12 家大型煤炭企业的调研数据，环境成本在煤炭成本中所占比重平均只有 4% 的水平，难以有效满足矿区环境保护和破产、关停、弃置补偿的要求。

3）煤炭职工工资和社会保障水平低，不利于职工共享煤炭企业发展成果。煤炭职工长期在阴暗潮湿的井下从事体力劳动，工作环境差，苦、脏、累、险并存，同时承受

着噪声、高温、粉尘的侵害，劳动强度高。近几年，随着煤炭经济形势好转，职工收入有了一定的恢复性增长，但与煤炭基础产业地位和煤矿工人劳动贡献与强度不相称。根据中国煤炭经济研究会的调研资料和上市公司的公开数据，2010年，我国大型煤炭企业从业人员平均工资为4.52万元，只有石油和电力企业的2/3左右。煤矿职工的养老、医疗、工伤、失业等社会保障水平也很低，很多生产一线退休职工生活更是困难。针对安徽、江苏两省的调研资料表明（曹沉浮，2010），大型煤炭企业退休职工2010年平均工资只有2万元左右，尚未达到在岗职工的50%。

4）煤炭开采技术创新投入低，不利于煤炭企业竞争力的提升。技术创新投入是影响煤炭安全、高效、绿色开采的重要因素之一。掠夺式的开采缺少必要的安全技术措施和环保技术措施，会导致安全事故和环境污染。实现煤炭科学产能需要技术创新的支撑，但由于缺乏有力的财税支持措施和激励机制，我国煤炭开采的技术创新投入与产能扩张水平并未形成匹配。根据中国煤炭工业协会会长王显政在第七届煤炭工业科技大会披露的数据，"十一五"期间大中型煤炭企业研发经费投入约380亿元，占总产值的比重不到1%。而根据《全国科技经费投入统计公报》，2010年我国研发经费投入强度（与国内生产总值之比）为1.76%。与全国平均水平相比，煤炭开采技术创新投入的上升空间还很大。

5）高产高效装备投入低，不利于科学开采。高产高效装备是实现煤炭科学产能的重要载体。煤炭企业应以提高安全开采度、机械化开采度和绿色开采度为目标，逐步淘汰落后装备，加大高产高效装备的使用程度。但是受资金能力和技术水平等因素的制约，煤炭企业高产高效装备投入增长速度普遍低于营业收入的增长速度，有些年份甚至出现了下降。根据12家大型煤炭企业的调研数据，"十一五"期间，安徽、江苏的吨煤高产高效装备投入在15元左右，山东、河南的吨煤高产高效装备投入为5~10元（蒋大成等，2001；郑爱华等，2008）。高产高效装备投入偏低，会制约科学开采能力的提升。

5.2 国外煤炭成本现状及经验

5.2.1 国外煤炭成本现状

5.2.1.1 美国煤炭成本构成

美国煤炭开采条件优越，技术先进，开采成本较其他一些国家要低。开采成本主要包括基建费、营销费用、土地费和税金，税金中含法规费（因国家有关法规而发生的费用支出）。除开采成本外，劳动力成本、资源成本、安全成本和环境保护成本也占有很大的比重（何国家，2007；何国家等，2007）。

1）劳动力成本。由于煤矿工作条件艰苦，加之美国矿工工会组织的长期斗争，煤矿工人的工资待遇较为优厚，其中在1996年美国矿工年平均工资高居各行业之首。尽管基数较高，近年来美国煤矿工人的工资依然保持着一定幅度的增长，目前一般煤矿工人的生活水平已达到美国中产阶级收入家庭的生活水平。随着美国煤矿机械化开采水平的上升，劳动力成本在煤炭成本中所占的比重有所下降，但仍占到20%~30%。

2）资源成本。美国煤炭资源成本主要表现为两个方面：一是权利金，即绝对资源地租，与资源条件无关，按净收入的固定比例交纳，露天矿为12.5%，井工矿为8%；二是红利，即相对资源地租，主要用于资源级差收益调节，交纳数量视资源条件而定，优质资源多交，劣质资源少交或不交。综合而言，矿区使用费占到煤炭成本的4%左右。

3）安全成本。美国以法规的形式要求煤矿企业必须投入足额的安全与保健费，主要包括安全培训支出、生产率改进支出、设备改良支出、人员装备及安全设施支出、黑肺税、安全研究征税、煤矿塌陷和援救基金等，安全成本占到煤炭成本的10%左右。

4）环境保护成本。美国联邦政府主要根据《露天采矿控制与复田法》和《洁净空气法修正案》对煤炭企业进行环保监督和管理。以《露天采矿控制与复田法》为例，该法规定露天煤矿开采后要恢复原貌，如地形、表土层、水源、动植物生态环境等。对井工煤矿开采的要求是：防止地面下沉、不再使用的井口要封闭、矸石尽量回填井下、矸石山保持稳定等。而且规定了一系列基金，如废弃矿山复垦基金、水土保持基金、水质保护基金、能源研究生基金、能源研究实验室基金等。复田保证金占到煤炭成本的0.5%~1.5%。

5.2.1.2 澳大利亚煤炭成本构成

澳大利亚井工矿的原煤生产成本包括劳动力工资、设备及材料费用、电费、杂费和税费及保险费、公用设施费用及管理费等。一般的材料及备件费用吨煤大致为1.5澳元左右，每年的折旧费为整套设备固定资产投资的5%~10%。澳大利亚煤矿非常重视员工收入增长、环保投入和研发投入（何国家，2007；何国家等，2007）。

1）劳动力成本。进入21世纪以来，澳大利亚煤矿职工收入增长很快，有些年份甚至超过20%。雇佣的总费用包括工资、直接支付给雇员的奖励以及规定的其他项目，如每周35小时的工资、中班补贴（15%）、夜班补贴（25%）、产量奖、矿工抚恤金、法定养老金、公司养老金、工人赔偿金、医疗福利费、休假（包括病休、年休、公共假日、休假津贴、长期服务假）和加班费（前3小时为正常薪水的1.5倍，3小时后为2倍）。以隶属于必和必拓公司的Appin煤矿和隶属于力拓公司的Hunter煤矿为例，劳动力成本占到煤炭成本的30%~40%。

2）环境保护成本。与矿山有关的环境法由澳大利亚州（省）政府颁布。新南威尔士州《1992年矿业法》规定开采应符合环境要求，须进行复田。为确保露天开采后土地得到完全复原，开采商应缴纳一笔保证金，保证金数量是根据恢复情况和日常检查情况而定的。只有矿产资源部满意其复田工作后，才退还保证金。如果未履行好复田职责，保证金可能被罚没。

3）研发成本。澳大利亚煤矿在成本中以研究税费和科研费用的形式补偿研发投入。以Baal Bone煤矿和Dartbrook煤矿为例，研发成本占到煤炭成本的2%~3%。

5.2.1.3 德国煤炭成本构成

德国煤炭开采历史悠久。经过几个世纪的开采，煤炭生产矿区已进入衰老期，薄煤层多，开采深度大，开采条件越来越差，而且劳动力成本很高，导致煤炭生产成本大大高于进口煤炭价格，缺乏市场竞争力。考虑到矿工就业稳定和能源供应保障，德国政府对煤炭工业实行扶持政策，主要包括价格补贴和税收优惠（国家对煤炭企业所得税给予退还、豁免或扣除），同时还允许煤炭企业加速折旧、投资补助（对煤矿生产合理化、提高劳动生产率和安排转业人员等提供多种补助），并实施对矿工补助（主要是退休金补贴）、环保资助（为治理矿区环境提供资金）和研究与发展补助等。此外，德国还实施政府收购（政府收购一定的煤炭资源作为储备，其费用由联邦和州政府承担），建立"国家煤炭储备"，支持煤炭工业的生产和销售（何国家，2007；何国家等，2007）。

德国在煤矿安全投入、环保投入和转型发展方面取得了成功的经验，简要概括如下：

1）安全成本。德国政府重视煤矿安全，1995年德国颁布《联邦矿山安全法》，对矿山安全和保健做出规定，要求矿山企业根据工作条件，正确制定劳动保护措施，采取必要的技术和组织措施，并配备相应的人员。矿山企业必须制定有关安全和保健工作制度，特别是有对作业场所危险性的分析和评价。

2）环境保护成本。德国煤炭企业重视开采引起的环境问题，投入大量环保资金，尤其是在矸石山处理、老矿区地面整治和露天矿复垦方面成效显著。煤炭利用特别是燃煤造成的环境污染也是关注的焦点，德国已经制订了燃煤电厂新技术发展计划，以减少燃煤污染物排放量。

3）建立以政府推动为主导的矿区转型发展模式。20世纪中后期，当世界范围内的产业结构性大调整时，位于德国北部的鲁尔工业区的煤炭资源也步入枯竭期，许多矿井陆续关闭。鲁尔矿区循序渐进的实施转型调整，将采煤业集中到盈利多和机械化水平高的大矿井，提高产品的技术含量，提供多种补贴和税收优惠等予以扶持，与此同时，投入大量资金改善当地的交通设施，为矿区进一步发展奠定良好的基础。

5.2.2 国外煤炭成本构成的经验总结

总体而言，国外在煤炭成本构成方面，对职工薪酬、资源投入、安全投入、环境投入、技术创新投入、可持续发展投入等进行了充分的成本补偿，其中一部分成本由政府和企业共同承担。如表5-2所示。

表5-2 国外煤炭成本构成经验总结

序号	经验	具体表现
1	劳动力成本占较大份额，保障职工收入持续增长	美国：一般煤矿工人的生活水平已达到美国中产阶级收入家庭的生活水平。随着煤矿机械化开采水平的上升，劳动力成本在煤炭成本中所占的比重有所下降，但仍占到20%～30% 澳大利亚：职工收入有些年份增长超过20%，职工福利高。劳动力成本占煤炭成本的30%～40%
2	资源成本充分补偿	美国：针对煤炭资源征收权利金和红利，矿区使用费占到煤炭成本的4%左右 澳大利亚：缴纳资源出租费和基础设施使用费。资源成本占到煤炭成本的7%～8%

续表

序号	经验	具体表现
3	安全投入大，安全成本充分补偿	美国：矿主事前缴纳事故处理保证金，伤亡赔偿高。与安全相关的法规成本占到煤炭成本的10%左右 澳大利亚：实行潜在报告制度，鼓励工人和技术人员寻找事故隐患，加强安全培训 德国：出台《联邦矿山安全法》等，规定矿主的安全投入具体事项
4	环境治理投入大，环境成本充分补偿	美国：出台《露天开采控制与复田法》等，矿主事前需缴纳复田保证金。复田保证金占到煤炭成本的0.5%~1.5% 澳大利亚：出台《1992年矿业法》等，规定开采应符合环境要求，须进行复田，并缴纳保证金 德国：煤矿在矸石山处理、老矿区地面整治和露天矿复垦等方面投入大量资金
5	技术创新投入大	澳大利亚：研发成本占到煤炭成本的2%~3% 德国：深井凿井技术和井筒延深技术、薄煤层开采技术等投入巨额研发资金
6	政府扶持力度大	德国：政府出资用于矿区环境保护、补贴技术研发、出台税收优惠政策和完善矿区基础设施建设等，以推动煤矿企业高效发展和转型发展

5.3 实现科学产能的煤炭成本体系

5.3.1 实现科学产能对煤炭成本体系的要求

煤炭成本是开采煤炭资源所发生的耗费总和。根据科学产能特点，煤炭成本构成必须体现以下几个方面的要求（姜智敏，2009）。

1）煤炭成本构成应包括安全开采所发生的必要耗费。煤炭开采应根据科学产能，投入保障安全生产相关的资源，如生产工艺安全改造、安全宣传、安全管理培训等。这些在安全方面的支出表面上与煤炭产品实体无关，但实际上是保障物化劳动和活劳动发挥正常功能作用的必要成本，应该纳入煤炭成本体系。

2）煤炭成本构成应包括高效开采所发生的必要耗费。技术装备因素是影响煤炭开采效率的重要因素之一。如果将煤炭开采技术、开采装备的先进性用一个综合的"技术装备水平"来表示，那么较高技术装备水平必然需要较大的投资，这样又对应较高的生产成本。短期而言，采用较高水平的技术装备会使总成本增加，但从长远利益看，这部分投入的目的是为了间接降低成本。以机械化开采为例，不仅可以提高生产效率，还能降低劳动成本和百万吨死亡率。煤炭成本应该包括高效开采所发生的必要耗费。

3）煤炭成本构成应包括绿色开采所发生的必要耗费。煤炭开采应力求使环境损害最小。煤炭企业应当承担起环境治理恢复及衰老退出弃置的责任，合理筹集因采矿、煤炭加工和储运及废物排放而影响到的周边自然环境保护和治理资金，这部分投入应在煤炭成本构成中得到体现。

5.3.2 实现科学产能的煤炭成本体系架构

针对我国煤炭成本构成的缺陷，依据现有会计准则与相关制度的规定，充分借鉴国外有益经验（Bopp and Lady，1991；王立杰和刘志东，2001；高燕燕和黄国良，2009；黄国良和康艳玲，2010；李强和黄国良，2011；范轲和黄国良，2011；李寒俏和黄国良，2011），本研究认为，实现科学产能的煤炭成本体系应包括一般性成本项目和特殊性成本项目。一般性成本项目包括资源成本、材料、燃料及动力成本、职工薪酬成本、研发支出、折旧费、修理费和维简费等。特殊性成本项目包括安全成本和环境成本。高效开采的技术研发和装备投入在一般性项目中体现。

实现科学产能的煤炭成本体系如图 5-2 所示。具体项目说明如下。

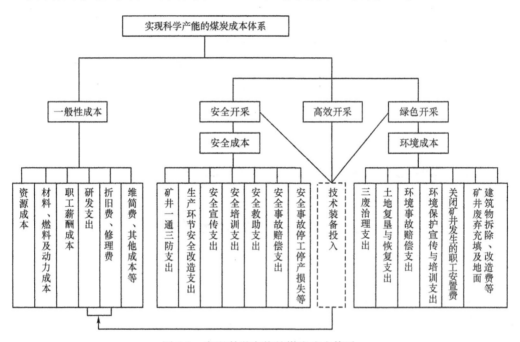

图 5-2　实现科学产能的煤炭成本体系

1）资源成本，指煤炭企业为取得矿业权（包括采矿权和探矿权）而发生的各种支出，包括采矿权价款、采矿权使用费、探矿权价款、探矿权使用费和勘探支出等。

2）材料、燃料及动力成本，指在煤炭开采过程中耗用的外购材料、燃料及动力支出。

3）职工薪酬成本，指煤炭企业为获得职工提供的服务而给予职工的各种形式的报酬，包括职工工资、奖金、津贴和补贴、职工福利费、社会保险费、住房公积金、工会经费、职工教育经费、非货币性福利和其他薪酬成本。

4）研发支出，指煤炭企业进行研究与开发无形资产过程中发生的各项支出。

5）折旧费、修理费，指固定资产在使用过程中因发生磨损或损耗而转移到成本费用中的那部分损耗价值，以及不满足固定资产确认条件的固定资产修理费等。

6）维简费，指计入成本的专项用于维持简单再生产和井下开拓延伸工程的支出。

7）安全成本，指为保障煤炭开采活动安全的各项支出，包括事故预防费用（"一通三防"支出、生产环节安全改造支出、安全宣传和安全教育培训支出等）、安全救助费用（矿井救护人员工资、救灾抢险的设备和材料投入等）、事故处理费用（事故造成的停工停产损失、受伤人员的医治及遇难人员的补偿等）。

8）环境成本，指为保护矿区环境而发生的各项支出，以及矿井的衰老、退出、弃置支出，包括环境污染预防性成本、环境损害补偿性成本、或有性环境成本、资源枯竭关闭矿井发生的职工安置费、矿井废弃充填及地面建筑物拆除改造使其恢复成可使用土地或其他可使用状态的环境恢复费用等。

9）其他成本。

5.4 实现科学产能的煤炭成本预测

5.4.1 实现科学产能的煤炭成本预测的思路和步骤

实现科学产能（即实现煤炭安全、高效、绿色开采）必然要造成煤炭成本的上升。本部分采用因素分析法，预测我国"十二五"各年、2020年、2030年的安全、高效、绿色开采原煤单位成本。

5.4.1.1 实现科学产能的煤炭成本预测的思路

根据属于科学产能矿井的煤炭成本构成项目情况，考虑各成本构成项目的影响因素，确定2011～2015年、2016～2020年、2021～2030年各成本构成项目的增长率，在此基础上预测"十二五"各年、2020年和2030年实现科学产能的煤炭成本。

5.4.1.2 实现科学产能的煤炭成本预测的步骤

1）科学产能矿井的成本资料调研整理。课题组调研了12家大型煤炭企业的24个科学产能矿井的"十一五"时期成本资料和生产经营状况。12家大型煤炭企业分别是潞安集团、阳泉集团、中煤平朔集团、冀中能源峰峰集团、金牛能源集团、淮北矿业集团、淮南矿业集团、新汶矿业集团、永煤集团、神火集团、徐州矿务集团和大屯煤电集团。这12家大型煤炭企业分别来自于山西省、河北省、安徽省、山东省、河南省和江苏省，隶属于晋陕蒙宁甘区和华东区，24个矿井在一定程度上能够代表这两大地区的科学产能矿井的基本情况。

2）预测样本矿井原煤成本构成项目在2011～2015年、2016～2020年、2021～2030年这三大时间段的增长率。以所调研的24个矿井为样本，分析样本矿井的原煤成本构成项目，考虑各成本项目变动的影响因素，确定样本矿井在2011～2015年、2016～2020年、2021～2030年各成本项目的增长率。

3）预测样本矿井原煤单位成本，计算2011～2015年、2016～2020年、2021～2030年这三大时间段的原煤单位成本年均增长率。根据各成本构成项目增长率，采用"分项预测、加总求和"的方法，预测各样本矿井"十二五"各年、2020年和2030年的原煤单位成本。在此基础上，计算各样本矿井原煤单位成本年均增长率。

4）分别确定晋陕蒙宁甘区与华东区 2011~2015 年、2016~2020 年、2021~2030 年原煤单位成本年均增长率。将样本矿井分别归类到晋陕蒙宁甘区和华东区，以样本矿井原煤单位成本年均增长率的平均数作为所在区的原煤单位成本年均增长率。

5）综合确定两区（晋陕蒙宁甘区和华东区）2011~2015 年、2016~2020 年、2021~2030 年的原煤单位成本年均增长率。将晋陕蒙宁甘区和华东区的原煤单位成本年均增长率进行平均，即可得到这两区的原煤单位成本年均增长率。

6）预测全国安全、高效、绿色开采的原煤单位成本。分析发现，"十一五"样本矿井煤炭成本的变动趋势与全国基本相似（图 5-3）。假定在 2011~2015 年、2016~2020 年、2021~2030 年这种相似性能够继续保持。这样可以用两区（晋陕蒙宁甘区和华东区）的原煤单位成本年均增长率作为全国安全、高效、绿色开采的原煤单位成本年均增长率。基于此，预测全国"十二五"各年、2020 年和 2030 年的原煤单位成本。

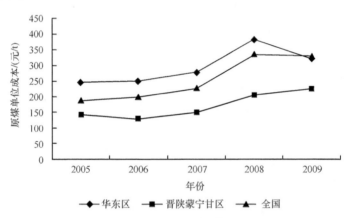

图 5-3 两大地区原煤单位成本和全国水平对比图

资料来源：《煤炭工业统计年报》（2005~2009）

5.4.2 样本矿井原煤成本构成项目增长率预测

5.4.2.1 样本矿井"十一五"原煤单位成本水平

根据调研资料，晋陕蒙宁甘区和华东区 24 个样本矿井"十一五"原煤单位成本水平，如表 5-3 所示。

表 5-3 样本矿井原煤单位成本水平

样本矿井	原煤单位成本/（元/t）				
	2006 年	2007 年	2008 年	2009 年	2010 年
	231.13	245.40	296.49	285.08	327.41

进一步分析样本矿井原煤成本项目的构成情况，如表 5-4 所示。

表 5-4 样本矿井原煤各成本项目在总成本中所占的比重　　　（单位:%）

年份	项目	资源成本	材料、燃料及动力成本	职工薪酬成本	研发支出	折旧费、修理费	维简费	安全成本	环境成本	其他成本
2006	最大值	5.31	52.89	45.93	5.62	20.57	21.23	24.70	9.72	49.13
	最小值	0	12.38	9.56	0	0	0	0	0	5.79
	平均值	0.28	21.49	26.57	0.58	7.70	5.64	7.12	3.00	27.06
2007	最大值	4.52	48.05	53.88	4.29	25.46	17.98	16.43	10.32	46.22
	最小值	0	13.76	1.36	0	0	0	0	0	6.23
	平均值	0.25	20.60	27.79	0.79	8.95	5.19	5.99	3.38	28.17
2008	最大值	4.25	53.49	63.24	4.89	21.37	15.04	20.12	12.67	41.97
	最小值	0	10.33	10.29	0	0	0	0	0	5.31
	平均值	0.29	19.03	33.23	0.84	8.35	4.69	7.60	4.05	22.81
2009	最大值	4.52	44.59	70.46	3.76	21.19	12.34	18.59	12.44	33.38
	最小值	0	9.33	10.11	0	0	0	0	0	7.85
	平均值	0.57	18.32	34.53	0.94	8.19	4.44	7.04	3.59	23.44
2010	最大值	6.78	50.01	67.87	3.31	22.26	9.70	17.57	17.76	35.03
	最小值	0	2.29	9.98	0	0	0	0	0	6.45
	平均值	0.94	19.26	34.29	0.82	9.93	3.70	6.74	4.37	22.20

5.4.2.2　样本矿井原煤成本构成项目增长率预测结果

(1) 资源成本增长率预测

2006年9月，国务院批复同意财政部、国土资源部与国家发改委提交的《关于深化煤炭资源有偿使用制度改革试点的实施方案》（国函〔2006〕102号），选择山西、内蒙古、黑龙江、安徽、山东、河南、贵州、陕西等8个煤炭主产省份进行试点，严格实行煤炭资源探矿权、采矿权有偿取得制度。2006年10月，财政部、国土资源部发布《关于深化探矿权采矿权有偿取得制度改革有关问题的通知》（财建〔2006〕694号），国家出让新设探矿权、采矿权，除按规定允许以申请在先方式或协议方式出让的以外，一律以招标、拍卖、挂牌等市场竞争方式出让。各煤炭主产省份也纷纷出台了相应的煤炭资源有偿使用办法。

可以预期，随着我国煤炭资源的逐渐耗竭和能源供求压力的加大，国家推行煤炭资源有偿使用的力度将会不断增强，资源成本在煤炭成本中所占的比重也会不断提高。根据样本矿井的调研资料，资源成本在煤炭成本中所占比重最高的达到6.78%，最低的为0，平均不到1%，远低于美国4%、澳大利亚7%~8%的水平。预计"十二五"期间吨煤资源成本将会翻一番，年均增长15%左右。2016~2020年继续保持这一增长水平。随着这两个时期资源成本的快速上涨，在煤炭成本中所占的比重将逐渐接近国外的平均水平，同时考虑到煤炭企业的承受能力，预计2021~2030年吨煤资源成本的增长速度将会放缓，大概用10年的时间翻一番，年均增长7%左右。

(2) 材料、燃料及动力消耗成本增长率预测

在历史数据的基础上，首先应考虑价格上涨因素，然后再考虑煤炭企业通过技术进步、科学管理、增产节约等措施，自行消化部分涨价因素的影响。根据国家统计局数据，2005～2009 年我国原材料、燃料及动力购进价格指数年均增长 3%。若煤炭企业自行消化涨价因素的 1/3，可以预计，"十二五"期间吨煤材料、燃料及动力消耗成本年均增长 2% 左右。假定 2016～2020 年和 2021～2030 年吨煤材料、燃料及动力消耗成本年均增长保持"十二五"增长水平。

(3) 职工薪酬成本增长率预测

煤矿职工工资和社会保障水平偏低。"十二五"期间将重点提高职工的收入，应努力将煤炭企业职工薪酬提高到能源工业企业的平均水平。考虑到其他能源工业企业职工薪酬的自然上涨，要实现上述目标，预计煤炭企业吨煤职工薪酬成本年均增长在 20% 左右。

2016～2020 年、2021～2030 年，煤炭企业职工薪酬将步入正常增长态势，结合国家提出的收入倍增计划，预计吨煤职工薪酬成本年均增长 15% 左右。

(4) 研发支出增长率预测

《煤炭科技"十二五"规划》（征求意见稿）指出，煤炭工业坚持依靠科技进步，加快培育煤炭科技创新能力。根据《中国煤炭工业协会关于推进煤炭工业"十二五"科技发展的指导意见》（征求意见稿），2015 年大中型煤炭企业科技投入力争达到当年营业收入的 3%。样本矿井的调研资料显示，目前这一比例平均不到 1%。预计"十二五"期间吨煤研发经费投入将有跨越式的增长，年均增长 25% 左右。

目前，我国煤炭企业研发投入偏低，无法满足安全、高效、绿色开采的技术创新需求，在"十二五"期间吨煤研发支出每年 25% 的增长速度基础上，2016～2020 年仍将保持高增长，预计吨煤研发投入将翻一番，年均增长 15% 左右。此后，随着煤炭产量逐渐稳定，研发投入进入平稳增长阶段，2021～2030 年吨煤研发投入年均增长 10% 左右。

(5) 折旧费、修理费增长率预测

折旧费、修理费支出金额与固定资产使用量存在显著的相关性，而固定资产使用量又取决于煤炭产量。根据本书第 3 章的研究结论，"十二五"时期煤炭产量年均增长 3%，2016～2020 年煤炭产量年均增长 2.34%，2021～2030 年煤炭产量基本保持不变。各时期的吨煤折旧费、修理费支出年均增长与煤炭产量增长保持一致。

但需要指出的是，我国国有重点煤矿的机械化水平为 82.72%，平均机械化程度仅有 45%。根据《煤炭工业发展"十二五"规划》，要求煤矿采煤机械化程度达到 75%以上。可以预期，在未来相当长一段时期内煤炭企业高产高效装备投入将会快速上升，相应地也会导致折旧费、修理费的增加。因此，折旧费、修理费增长率预测结果需要根据高产高效装备投入的增加而进行调整。预计吨煤折旧费、修理费年均增长率"十二五"时期为10%，2016~2020年为8%，2021~2030年为5%。

（6）维简费增长率预测

我国在"十二五"期间将进一步理顺和完善煤炭企业的维简费实施办法。维简费支出与煤炭产量密切相关。根据本书第3章的煤炭产量预测结果，预计"十二五"时期吨煤维简费年均增长3%，2016~2020年年均增长2.34%，2021~2030年基本保持不变。

（7）安全成本增长率预测

我国煤炭成矿地质条件复杂，煤矿开采条件差，适于露天开采的储量很少，与美、澳等主要产煤国相比，具有明显差异。地质构造复杂、煤层埋藏较深、瓦斯煤矿多、煤尘爆炸危险严重、冲击地压威胁大、水文地质条件复杂、煤层自燃发火多等开采特点，对煤炭安全开采提出了诸多挑战。根据样本矿井的调研资料，安全成本在煤炭成本中所占比重最高的略大于20%，最低的为0，平均在7%左右，与美国10%的水平相比偏低。进一步分析发现，样本矿井的吨煤安全成本在有些年份甚至下降。这显然不利于实现煤炭安全开采。

随着"以人为本"理念的日益深入人心，煤炭企业将更加重视安全投入，着力打造本质安全型矿井。预计"十二五"各年吨煤安全成本将以10%的速度增长，安全投入逐渐达到国外的先进水平。2015年之后，由于矿井安全建设已经有了良好的基础，对安全的投入将更多地体现在维持和细化方面，其增长速度将会适当放缓，预计吨煤安全成本每年以5%的速度增长。

（8）环境成本增长率预测

近年来，我国煤矿环保工作虽取得一些成绩，但由于矿山开采造成的生态破环和环境污染具有点多、面广、量大的特点，加上环境欠账多，治理进度缓慢，全国煤矿环境恶化趋势至今还没有得到有效遏制。根据样本矿井的调研资料，环境成本在煤炭成本中所占比重最高的达到17.76%，最低的为0，平均在4%左右。此外，样本矿井的吨煤环境成本在"十一五"期间总体呈上升趋势，但也有个别年份出现了下降，环境保护投入的连续性不够。

对于煤炭企业而言，绿色开采和安全开采同等重要。特别是在和谐矿区、人与自然共同发展的目标驱动下，煤炭企业将会均衡地实施绿色开采和安全开采战略，对绿色开采投入的增长速度不会慢于安全开采投入的增长速度，二者至少应是持平的。预计"十二五"各年吨煤环境成本将以10%的速度增长，2015年之后，吨煤环境成本每年以5%的速度增长。

（9）其他成本增长率预测

除上述成本项目以外的成本费用，如运输费、租金等，可参照物价上涨速度加以确定。根据国家统计局数据，2005~2009年，我国居民消费价格指数年均增长1.6%。假设"十二五"期间（2011~2005年）也将保持这一水平。

综上所述，样本矿井原煤成本构成项目增长率的预测结果如表 5-5 所示。

表 5-5 样本矿井原煤成本构成项目增长率的预测结果　　　　（单位:%）

原煤成本构成项目	年均增长率		
	2011~2015 年	2016~2020 年	2021~2030 年
吨煤资源成本	15	15	7
吨煤材料、燃料及动力消耗成本	2	2	2
吨煤职工薪酬成本	20	15	15
吨煤研发支出	25	15	10
吨煤折旧费、修理费	10	8	5
吨煤维简费	3	2.34	0
吨煤安全成本	10	5	5
吨煤环境成本	10	5	5
吨煤其他成本	1.6	1.6	1.6

5.4.3 实现科学产能的煤炭成本增长率预测

1) 晋陕蒙宁甘区和华东区原煤单位成本增长率预测。根据表 5-5 中确定的各煤炭成本构成项目的年均增长率情况，采用因素分析法预测各样本矿井的原煤单位成本，并计算各样本矿井在 2011~2015 年、2016~2020 年、2021~2030 年这三个时期的原煤单位成本年均增长率。在此基础上，将 24 个样本矿井分别归类到晋陕蒙宁甘区和华东区，以样本矿井原煤单位成本年均增长率的平均数作为所在地区的原煤单位成本年均增长率。两大地区原煤单位成本年均增长率预测结果如表 5-6 所示。

表 5-6 晋陕蒙宁甘区和华东区原煤单位成本年均增长率的预测结果　　（单位:%）

地区	原煤单位成本年均增长率		
	2011~2015 年	2016~2020 年	2021~2030 年
晋陕蒙宁甘区	12	6.9	4.8
华东区	12.5	7.3	5.2

2) 全国原煤单位成本增长率预测。根据前文分析，晋陕蒙宁甘区和华东区的原煤单位成本变动趋势与全国非常相似，因此将这两个区的原煤单位成本年均增长率的平均数作为全国原煤单位成本的年均增长率。结果如表 5-7 所示。

表 5-7 全国原煤单位成本年均增长率的预测结果　　　　（单位:%）

全国	原煤单位成本年均增长率		
	2011~2015 年	2016~2020 年	2021~2030 年
	12.3	7.1	5

5.4.4 实现科学产能的煤炭成本预测结果

根据表5-7,2011~2015年、2016~2020年、2021~2030年我国原煤单位成本的年均增长率分别为12.3%、7.1%、5%。以《煤炭工业统计年报》披露的2009年全国大型煤炭企业原煤单位成本为基数,可以得出各年的原煤单位成本预测结果(表5-8)。预计2015年我国大型煤炭企业原煤单位成本将达到670元/t左右,2020年达到945元/t左右,2030年达到1540元/t左右。

表5-8 我国大型煤炭企业原煤单位成本预测结果 （单位：元/t）

区域名称	2011年	2012年	2013年	2014年	2015年	2020年	2030年
东北区	365.83	410.83	461.36	518.10	581.83	819.87	1335.48
华东区	411.76	462.40	519.28	583.15	654.88	922.80	1503.15
华南区	312.50	351.09	394.27	442.77	497.23	700.65	1141.29
晋陕蒙宁甘区	284.17	319.12	358.38	402.46	451.96	636.86	1037.38
新青区	156.38	175.61	197.22	221.47	248.71	350.47	570.87
全国	421.85	473.73	532.00	597.44	670.93	945.41	1539.98

注：受资料限制,晋陕蒙宁甘区、华东区煤炭成本预测的基期数据是根据《煤炭工业统计年报》列出详细资料的大型煤炭企业数据计算得到的,并未涵盖该地区所有大型煤炭企业,所以与采用全部大型煤炭企业数据预测的全国水平存在一定差异。

进一步分别以晋陕蒙宁甘区、华东区这两大煤炭生产区2009年大型煤炭企业原煤单位成本为基数,根据表5-6的原煤单位成本年均增长率,预测"十二五"各年、2020年、2030年原煤单位成本,预测结果如表5-8所示。

5.4.5 实现科学产能引发的煤炭成本增加分析

根据表5-8,我国煤炭成本在未来一段时期内将会有显著的上升。需要指出的是,煤炭成本的增加可以细分为两部分:一是由时间推移、物价上涨、劳动力成本上升等因素造成的成本自然增长;二是煤炭企业为实现科学产能(即满足安全、高效、绿色开采要求)增加相关投入,进而造成的成本额外增长。为深入分析由于实现科学产能给煤炭成本造成的影响,本部分设置以下两种情景。

情景1:煤炭开采保持现有开采状态,煤炭成本上升是成本自然增长的结果。在此情景下,将1958~2009年我国煤炭成本数据作为时间序列资料,考虑到数据的线性增长趋势,采用二次移动平均法,移动间隔项数设置为5,预测成本自然增长状态下"十二五"各年、2020年和2030年煤炭成本。

情景2:煤炭处于安全、高效、绿色开采状态,煤炭成本上升是成本自然增长和满足安全、高效、绿色开采要求两方面共同作用的结果。在此情景下,上文已进行煤炭成本预测,见表5-8。

对比两种情景下的煤炭成本预测结果,并计算情景2相对于情景1的煤炭成本增加幅度,结果如表5-9所示。情景2的煤炭成本高于情景1,且两者间的差额呈现不断扩大趋势。相比于成本自然增长,实现科学产能所引发的煤炭成本增加幅度逐年提高,2015年接近30%,2020年接近40%,2030年超过50%。

表 5-9 实现科学产能引发的成本增加

项目	原煤单位成本						
	2011 年	2012 年	2013 年	2014 年	2015 年	2020 年	2030 年
情景 1：自然增长/（元/t）	391.18	423.8	456.42	489.04	521.66	684.76	1010.96
情景 2：安全、高效、绿色开采/（元/t）	421.85	473.73	532.00	597.44	670.93	945.41	1539.98
成本增加幅度/%	7.84	11.78	16.56	22.17	28.61	38.06	52.33

5.5 实现科学产能的煤炭成本补偿机制

从上述预测结果可以看出，我国原煤单位成本"十二五"期间年均增长 12% 左右，安全、高效、绿色开采对煤炭成本的推动作用日益显著。为确保煤炭成本得到有效补偿，应从"制度保障、市场环境和政策激励"三个层面构建实现科学产能的煤炭成本良性补偿机制。

5.5.1 健全煤炭成本核算制度，加强煤炭成本管理

5.5.1.1 制定《采掘会计准则》和《煤炭成本核算办法》，健全煤炭成本核算制度

国外有《采掘会计准则》，而我国只有《石油天然气开采会计准则》。由于煤炭在资产特性和开采方式上与油气资源有着巨大的差异，我国煤炭开采的会计核算及信息披露方面特有问题的处理不能完全参照现有的《石油天然气开采会计准则》。煤炭与石油天然气开采的会计核算与信息披露的区别主要体现在以下几个方面：

1) 煤炭资源和油气资源开采工艺的区别决定矿产资源资产范围存在重大差别。《石油天然气开采会计准则》借鉴国际石油天然气会计准则，并结合油气开采生产工艺本身的特点，定义油气资产属于递耗资产，是油气开采企业所拥有或控制的井及相关设施和矿区权益。从此定义可以看出，油气资产既包括属于自然生成物的油气资源本身，也包括用于开采这些自然生成物的"井及相关设施"等人工构筑物。这一定义符合油气资源的资产特性和开采工艺特点，但并不能完全适用于煤炭资源资产，因为煤炭资源的物质形态和开采技术与油气资源有着巨大的差异。根据煤炭资源的特征，煤炭资产应只包括所开采的自然生成物本身，而用于开采的地面建筑物、大型专用设备、井巷工程及地下建筑物等则属于固定资产的范畴。

2) 煤炭资源和油气资源开采工艺的区别决定了在矿井建设支出的会计处理不同。油气资源开采所需的钻孔及专用设备和输送管网只需一次钻成及铺设就可满足生产需要，其建设过程属于一次完成。煤炭需要深入地下开拓井巷或完全剥离地表土层才能开采，井巷及运输系统的建设较油气具有投资大、建设及生产周期长的特点。而且为保证煤炭生产的正常进行，需不断对井巷开拓延伸，基本建设不是一次完成，支出具有连续性。对连续不断的基建支出是否资本化，以及如何进行资本化，都是《石油天然气开采

会计准则》没有涉及的问题。

3）勘探与评价支出在成本中所占比重不同。石油天然气在地下的赋存形态主要是气态和液态，煤炭则主要以固态形式赋存于地下，复杂的地质构造对煤炭地质勘探工作的影响很大，对勘探水平要求也更高。因此与石油天然气相比，煤炭资源的勘探与评价支出可能在成本中占的比重更大，对勘探与评价支出如何资本化以及如何计入煤炭成本需要进一步探讨。

4）所需披露的关键信息不同。石油天然气是地表钻孔开采，带来的人身安全威胁小。而煤炭大多需要工作人员经过开拓井巷工程，深入到地下开采，地下生产的风险性更高。石油天然气的主要风险在勘探阶段，而煤炭资源开采风险主要在采掘阶段，包括不断开拓延伸问题、安全问题和环境破坏恢复问题等。因此，煤炭开采应重点披露安全投入、环境治理与恢复投入等相关内容。

由于煤炭开采问题的特殊性，煤炭企业和其他企业相同的业务可以参照《企业会计准则》处理，而对于其他一些特殊业务，有的目前仍采用计划经济时代的会计处理方法，原有的《煤炭工业企业会计核算办法》和《煤炭工业企业成本管理办法》中的一些规定已不符合新时代的要求，对于原有没有规范的业务，如资源成本、安全成本、环境成本等的会计处理则是参照财政部、国家税务总局等出台的一项项单独规定。这些各自独立的准则、办法、规定由于过于零散，增加了实际工作中执行的难度。

所以，要建立实现科学产能的成本补偿机制需要规范的成本核算制度与核算办法。财政部应在《石油天然气开采会计准则》的基础上加快制定《采掘会计准则》和《煤炭成本核算办法》，增加煤炭安全、环境治理恢复和衰老、退出、弃置等成本项目，完善资源成本、职工薪酬、维简费、研发支出、折旧费、修理费等成本费用核算。

5.5.1.2 提高煤炭职工薪酬水平

煤炭工业是高风险、高劳动强度的产业，《国务院关于促进煤炭工业健康发展的若干意见》明确提出，要提高矿工劳动保障和收入水平，是落实以人为本的科学发展观、促进煤炭工业健康发展的重要决策。应研究解决煤炭企业活劳动补偿不足问题的具体措施和政策。一是涉及职工待遇的现行政策要执行到位，足额进入成本和费用，如工资总额、社保费用、住房公积金等，不造成人为的成本缺失。二是提高煤矿职工艰苦岗位津贴标准，如煤矿井下津贴、班中餐、夜班费等，并考虑免征个人所得税的优惠政策。三是改革煤炭企业的分配制度，解决煤炭职工工资偏低和分配不合理问题，大幅度提高煤矿采掘工人、熟练技术工人和专业技术人员的工资水平，进一步提高煤矿职工队伍素质和人才凝聚力。四是提高煤矿职工社会保障水平，不断完善工伤保险制度和养老保险制度。

5.5.1.3 加强煤炭安全成本管理

落实以人为本的科学发展观，必须提高煤矿安全生产保障水平，增加煤炭生产安全成本势在必行。各类煤矿既要按财政部、国家发展和改革委员会、国家安全生产监督管理总局、国家煤矿安全监察局2005年颁发的《关于调整煤炭生产安全费用提取标准加强煤炭生产安全费用使用管理与监督的通知》（财建〔2005〕168号）有关规定，提取煤炭生产安全费用，增加煤矿安全设施的投入，又要在改善劳动环境、加强劳动保护、完善职工培训等方面增加安全投入，全面提高煤矿安全生产素质。同时应根据国家税务总局《关于煤矿企业维简费和高危行业企业安全生产费用企业所得税税前扣除问题的公告》（2011 年第 26 号）的相关规定，实际发生的维简费支出和安全生产费用支出，属于收益性支出的，可直接作为当期费用在税前扣除；属于资本性支出的，应计入有关资产成本，并按企业所得税法规定计提折旧或摊销费用在税前扣除。企业按照有关规定预提的维简费和安全生产费用，不得在税前扣除。

5.5.1.4　加强煤炭环境成本管理

按照《环境保护法》、《煤炭法》和《国务院关于促进煤炭工业健康发展的若干意见》，遵照"谁开发、谁保护，谁污染、谁治理，谁破坏、谁恢复"的原则，加强对开采煤炭资源造成的环境破坏的治理，建立矿区生态环境恢复补偿机制，逐步使矿区环境治理步入良性循环。加大对矿区环境保护和治理的投入，是建立煤炭成本补偿机制的重要组成部分。一是要在生产成本中增设"环境治理费"科目，按照企业治理责任和权责发生制原则，如实核算当期的环境治理和补偿费用，在煤炭成本中不欠新账，推进矿区环境保护和治理工作。二是建立矿区生态环境恢复补偿机制，由中央和地方政府、煤炭开采和消费企业，分渠道、分层次筹集煤炭开采生态补偿资金，主要用于矿区生态环境恢复补偿、煤矿历史形成的环境治理欠账和因资源枯竭关闭破产煤矿的生态环境恢复。

5.5.2　发挥市场定价职能，消除煤炭价格市场化的体制性障碍

我国煤炭价格经历了煤炭统购统销阶段（1953～1978 年）、煤炭价格调整阶段（1979～1984 年）、"调放结合，后期以放为主"阶段（1985～1992 年）、对电煤实行政府指导价的半市场定价阶段（1993～2002 年）和煤炭价格市场化改革阶段（2002 年至今）五个阶段。总体而言，我国煤炭价格的市场化改革进程明显快于石油、电力以及天然气等产业，基本实现了由市场发挥其配置资源的根本性作用。但是，由于我国正处于市场化改革进程中，煤炭价格形成机制还存在煤炭定价没有体现真实成本、煤炭价格没有完全市场化、煤炭价格与其他能源产品比价不合理、流通费用过高进一步扭曲煤炭价格、煤炭交易制度不完善等缺陷。长期以来的煤炭价格扭曲，不利于煤炭成本的充分补偿。必须改革煤炭价格形成机制，发挥市场定价职能，消除煤炭价格市场化的体制性障碍。

5.5.2.1　建立"以煤炭成本为基础，完全市场化"的价格形成机制

建立"以煤炭成本为基础，完全市场化"的价格形成机制，有利于补偿煤炭生产过程中发生的安全和环保等方面的耗费，有利于实现煤炭成本的充分补偿。国家应进一步减少对煤炭价格的行政干预，实现煤炭价格真正市场化。

根据上文煤炭成本预测结果，考虑煤炭产品税费和利润率，本部分采用成本加成法，对"十二五"期间各年、2020 年和 2030 年煤炭价格预测如下。

(1) 煤炭价格预测的参数设定

1）税费率。计入煤炭价格的税费包括资源税、矿产资源补偿费、城建税、教育费

附加、土地增值税、印花税、耕地占用税、房产税、土地使用税、车船税等。其中，资源税和矿产资源补偿费"十二五"期间预计占销售收入的2%~5%。对于其他税费占销售收入的比重，根据中国煤炭经济研究会2010年对神华集团、中煤集团、开滦集团、淮南矿业集团、淮北矿业集团、兖矿集团、晋煤集团、阳煤集团、铁煤集团、陕西煤化集团、义马煤业集团、中平能化集团和淄矿集团13家国内大型煤炭企业集团的调研数据（表5-10），预计"十二五"期间这一比重在3%~5%的水平。

表5-10 煤炭企业其他税费缴纳情况表

年度	煤炭产品销售收入/万元	其他税费/万元	其他税费占销售收入比重/%
2006	19 266 795	357 869	1.9
2007	22 918 248	403 765	1.8
2008	33 417 308	865 450	2.6
2009	34 561 521	1 235 097	3.6

资料来源：中国煤炭经济研究会《煤炭企业税费负担研究报告（2010）》并整理

将两类税费比重进行加总，在预测原煤价格时，设定"十二五"期间可计入价格的税费在5%~10%的区间变化。

2）成本费用利润率。煤炭价格中的利润，是煤炭产品价格与生产成本、税费之间的差额，是反映经济活动效果的重要指标，是市场供求关系的直接反映，能够体现国民经济增长、能源消费弹性、供给能力等因素的综合影响。成本费用利润率是衡量企业平均利润水平的一个重要指标，是企业全部生产投入与实现利润的对比关系。我国工业行业和煤炭开采、洗选业成本费用利润率如表5-11所示。

表5-11 工业行业和煤炭开采、洗选业成本费用利润率　　（单位：%）

项目	2005年	2006年	2007年	2008年	2009年
工业行业成本费用利润率	6.42	6.74	7.43	6.61	6.91
煤炭开采、洗选业成本费用利润率	10.93	10.57	12.49	18.67	14.79

资料来源：根据《中国统计年鉴》（2006~2010）整理

从表5-11中可以看出，我国煤炭开采、洗选业的成本费用利润率在2007年之前一直保持在11%左右，2007年以后出现快速上升，远高于整个工业行业成本费用利润率。这主要是由于2007年以来煤炭价格持续较快上升，同期煤炭成本项目的缺失导致利润率计算不实，煤炭开采和洗选业的利润空间被人为夸大。为防止采用不实的利润率测算原煤价格造成误差过大，本部分以能体现煤炭行业合理利润水平的工业行业平均成本费用利润率指标为基础进行原煤价格预测。

我国工业企业成本费用利润率一直比较稳定，维持在6%~7%水平。考虑到"十二五"期间我国煤炭产业快速发展，预测"十二五"期间原煤成本费用利润率将维持在6%~11%水平。2015年后，煤炭产业将从快速增长转入平稳发展时期，考虑到我国煤炭供应的紧张局面，假定2016~2020年原煤成本费用利润率为9%。2021~2030年由于煤炭产量基本保持不变，将进一步加剧我国的能源紧张局面，导致煤炭开采的利润率上升，假定2021~2030年原煤成本费用利润率为11%。

（2）煤炭价格预测结果

分别预测不同税费负担和不同成本费用利润率两种情景下的煤炭价格。

1）不同税费负担情景下的煤炭价格预测。在不同税费负担情景下，煤炭价格预测参数设定如下："十二五"期间各年原煤成本为421.85~670.93元/t，2020年原煤成本为945.41元/t，2030年原煤成本为1539.98元/t；可计入原煤价格的税费占价格的比重2011~2030年每年为5%~10%；原煤成本费用利润率"十二五"期间每年为8%，2016~2020年每年为9%，2021~2030年每年为11%。

不同税费负担情景下原煤价格预测结果如表5-12所示。

表5-12　不同税费负担情景下的原煤价格预测结果　　　（单位：元/t）

年份	不同可计入原煤价格的税费占价格的比重条件下的结果					
	5%	6%	7%	8%	9%	10%
2011	479.58	484.68	489.89	495.22	500.66	506.22
2012	538.56	544.29	550.14	556.12	562.23	568.48
2013	604.80	611.23	617.81	624.52	631.38	638.40
2014	679.19	686.42	693.80	701.34	709.05	716.93
2015	762.74	770.86	779.14	787.61	796.27	805.12
2020	1084.73	1096.27	1108.06	1120.11	1132.41	1145.00
2030	1799.35	1818.49	1838.04	1858.02	1878.44	1899.31

2）不同成本费用利润率情景下的煤炭价格预测。在不同成本费用利润率情景下，煤炭价格预测参数设定如下："十二五"期间各年原煤成本为421.85~670.93元/t，2020年原煤成本为945.41元/t，2030年原煤成本为1539.98元/t；可计入原煤价格的税费占价格的比重2011~2030年每年平均为8%；原煤成本费用利润率"十二五"期间每年为6%~11%，2016~2020年每年为9%，2021~2030年每年为11%。

不同成本费用利润率情景下原煤价格预测结果如表5-13所示。

表5-13　不同成本费用利润率情景下的原煤价格预测结果　　（单位：元/t）

年份	不同成本费用利润率情景下的结果					
	6%	7%	8%	9%	10%	11%
2011	486.04	490.63	495.22	499.80	504.39	508.97
2012	545.82	550.97	556.12	561.27	566.42	571.57
2013	612.96	618.74	624.52	630.30	636.09	641.87
2014	688.35	694.85	701.34	707.84	714.33	720.82
2015	773.03	780.32	787.61	794.91	802.20	809.49
2020				1120.11		
2030						1858.02

5.5.2.2 建立煤炭期货交易市场

期货市场是现代市场体系发展的必然产物,它具有"价格发现"和"规避风险"的功能。煤炭期货对于中国煤炭企业和相关行业的发展具有重要的作用,对国民经济的稳定和良好运行意义重大。建立煤炭期货市场,可以使价格表达双向化,可以为我国提供一个能真实反映国内煤炭市场客观供求关系的基准价格,提供可供参照的全国统一煤炭价格指标体系,从而使国家对煤炭市场的宏观调控通过现货和期货市场同时进行,提高调控的水平和效果,有利于稳定国内煤炭产品的市场价格。

5.5.2.3 建立煤炭价格指数

随着国民经济的快速发展,国家对煤炭等资源的依赖程度不断提高。在市场经济条件下,价格作为供求关系的"晴雨表",可以及时、真实地反映煤炭资源的生产、供应状况。建立我国煤炭价格指数,不仅能够指导煤炭实物交易,同时还可以引导生产者和消费者规避煤炭市场风险,防止煤炭市场大幅度的波动。建立煤炭价格指数后,煤炭实物交货价格既可以直接以煤炭价格指数为基准,也可以把它作为参照系,采用适当方式对价格作修正,以适应具体煤炭交易情况。

5.5.2.4 取消行业性建设基金和不合理收费

我国煤炭资源分布极不均衡,重点产煤地区和消费地区相距较远,中间环节多,流通成本高,严重制约着煤炭工业和整个国民经济的健康发展。随着我国煤炭生产基地的西移,这个问题就越来越突出。改革与发展使煤炭生产成本面临很大的上涨压力,而煤炭用户和国民经济对煤炭价格上涨承受能力有限。通过加快流通体制改革,减少中间环节,降低流通成本,这是煤炭成本改革和优化的重要途径。应取消铁路建设基金、港口建设费,取消运煤干线特殊价格、过口费和点装费,统一铁路、港口、海运等煤炭运输、装卸、储存价格,为煤炭企业公平竞争创造良好的外部环境。

5.5.3 制定财税优惠政策,推动煤炭安全、高效、绿色开采技术创新

据中国煤炭经济研究会2010年对神华集团等13个大型煤炭企业集团调查统计,被调查煤炭企业煤炭产品平均税负从2006年的13.90%提高到2009年的19.64%,上升了5.74个百分点,上升幅度为41.29%。2006~2009年,税负年平均为16.39%(不含煤炭产品负担的行政收费和政府性基金),比2004~2006年中国煤炭经济研究会调查的22家国有及国有控股大型煤炭企业集团年平均税负13.06%增长了3.33个百分点。被调查企业自2006年以来,随着煤炭市场需求的增加,煤炭销售收入快速增长,向国家缴纳的税款也显著增加。2006年被调查企业煤炭销售收入总额为19 266 795万元,到2009年煤炭销售收入总额为34 561 521万元,增幅为79.38%,而纳税总额由2006年的2 692 535万元增加到2009年的6 787 035万元,增幅为152.07%,纳税增幅超过销售收入增幅72.68个百分点。税负过重问题一直困扰着我国煤炭企业,而且还有进一步加重的趋势,已成为煤炭行业实现科学产能的绊脚石。因此,应加快制定煤炭安全、高

效、绿色开采的财税优惠政策。

5.5.3.1 所得税优惠政策

1) 安全、高效、绿色开采研发费用，在计算应纳税所得额时加计扣除。《中华人民共和国企业所得税法实施条例》第九十五条规定："研究开发费用的加计扣除，是指企业为开发新技术、新产品、新工艺发生的研究开发费用，未形成无形资产计入当期损益的，在按照规定据实扣除的基础上，按照研究开发费用的50%加计扣除；形成无形资产的，按照无形资产成本的150%摊销。"

煤炭企业从事安全、高效、绿色新技术、新产品、新工艺研发过程中发生的研究开发费用，应在50%加计扣除的基础上，享受更大幅度的优惠。

2) 综合利用煤矸石资源置换出的煤炭产品所取得的收入，减计所得税。利用"三废"（废气、废水、固体废弃物的总称）、变废为宝在节能环保工作中尤为重要，国家对企业综合利用"三废"、再生资源、共生伴生矿资源等，规定可以享受减计收入的税收优惠。《中华人民共和国企业所得税法》第三十三条规定："企业综合利用资源，生产符合国家产业政策规定的产品所取得的收入，可以在计算应纳税所得额时减计收入。"《中华人民共和国企业所得税法实施条例》第九十九条规定："企业以《资源综合利用企业所得税优惠目录》规定的资源作为主要原材料，生产国家非限制和禁止并符合国家和行业相关标准的产品取得的收入，减按90%计入收入总额。"

煤矸石是煤炭开发中的废弃物，符合《资源综合利用企业所得税优惠目录》（2008）中规定的"三废"中的废渣一类，虽然生产出来的产品不是《资源综合利用企业所得税优惠目录》中所列的"砖（瓦）、砌块、墙板类产品、石膏类制品以及商品粉煤灰"，但变废为宝，最终实现了安全、高效、绿色开采的目标。对于矸石充填开采方式置换出的煤炭产品所取得的收入，应减按90%计入税收收入总额。

5.5.3.2 增值税优惠政策

1) 矸石充填开采技术使用的充填材料视同外购予以退税。矸石作为采矿、选矿废渣已被《财政部、国家税务总局关于资源综合利用及其他产品增值税政策的通知》（财税〔2008〕156号）文件列入了享受增值税优惠政策的废渣目录，但未把矸石充填技术生产出的资源综合利用产品列入具体的增值税优惠范围。为实现税收公平原则，相关部门应对资源综合利用产品的增值税优惠范围加以更新，把矸石充填开采这一新兴的资源综合利用方式所生产的煤炭产品也纳入其中。

2) 薄煤层开采回采率达到清洁生产标准的予以低税率优惠。薄煤层开采技术提高了资源回采率，节约了煤炭资源。依据《节约能源法》、《煤炭法》、《清洁生产促进法》，应予企业一定的奖励。根据不完全市场理论和经济增长理论，均一的增值税会导致市场效率下降，差别税率可调动企业从事节能减排和生态保护活动的积极性，增强煤炭企业的经济实力，从而增加投资，促进经济增长。

应将生态化差别税率引入到煤炭产品增值税税率的设置中，对采区回采率达到《清洁生产标准：煤炭采选业》（HJ450—2008）中规定的，给予增值税税率优惠。

5.5.3.3 资源税优惠政策

根据《关于促进煤炭工业健康发展的若干意见》（国发〔2005〕18号）、《煤炭工业发展"十一五"规划》（国家发展和改革委员会，2007年1月）及《煤炭产业政策》（国家发展和改革委员会，2007年11月）中鼓励煤炭企业应用先进技术提高煤炭资源回采率的政策精神，应制定相关优惠、扶持政策。

对研发先进开采技术并付诸实践的企业，在征缴资源税和矿产资源补偿费时，将征缴额度与动用储量和回采水平挂钩，促进煤炭企业节约开发资源、提高煤炭开采效率。具体方案设计如下：

1）通过技术投入使开采回采率、选矿回收率和综合利用率高于国内同类企业水平的国内煤炭企业，应向主管税务机关提出申请，经审核同意后，超出同类企业回采水平采出的煤炭资源可享受减缴或免缴资源税的优惠。

2）通过技术投入使开采回采率、选矿回收率和综合利用率高于国内同类水平的煤炭企业，经省级人民政府地质矿产主管部门会同同级财政部门批准，享受矿产资源补偿费优惠费率或减缴优惠。

5.6 小结

1）针对我国煤炭成本存在成本项目缺失和成本结构中"三低"（职工收入与社会保障低、研发投入低、高产高效装备投入低）现象严重等问题，借鉴美国、澳大利亚、德国的煤炭成本构成有益经验，构建了实现科学产能的煤炭成本体系。煤炭成本项目应包括资源成本、材料、燃料及动力成本、职工薪酬成本、研发支出、折旧费、修理费、维简费、安全成本、环境成本和其他成本。

2）根据12家大型煤炭企业的24个科学产能矿井成本资料，采用因素分析法对实现科学产能的煤炭成本进行了预测。结果表明，要实现安全、高效、绿色开采，在2011~2015年、2016~2020年和2021~2030年原煤单位成本的年均增长率分别为12.3%、7.1%、5%。预计2015年原煤单位成本将会达到670元/t左右，2020年达到945元/t左右，2030年达到1540元/t左右。与成本自然增长相比，煤炭安全、高效、绿色开采对成本的推动作用逐年递增。

3）针对安全、高效、绿色开采的成本上升和成本项目变化问题，"从制度保障、市场环境和政策激励"三个层面提出了实现科学产能的成本补偿机制，具体包括：①健全煤炭成本核算制度，加强煤炭成本管理。针对安全、高效、绿色开采的成本项目变化情况，现有煤炭成本核算制度难以适应这种变化。应加快制定《采掘会计准则》和《煤炭成本核算办法》，健全煤炭成本核算制度。切实提高煤炭职工收入，"十二五"末达到各行业中上水平。理顺煤炭成本管理体制，确保煤炭安全生产和环境保护资金取之有道、用之有效。②发挥市场定价职能，消除煤炭价格市场化的体制性障碍，煤炭开采要实现科学产能，开采成本必然上升。要使开采成本得到合理补偿，必须消除煤炭价格市场化的体制障碍。应建立"以煤炭成本为基础，完全市场化"的价格形成机制，逐步建立煤炭期货交易市场和煤炭价格指数，取消行业性建设基金和不合理收费。③制定财税优惠政策，推动煤炭安全、高效、绿色开采技术创新。实现科学产能是解决煤炭开采负外部性的战略性举措，是煤炭行业勇于承担社会责任的壮举，也是实现煤炭产业可持续发展的必然选择。但当前煤炭企业税负不公平问题已成为煤炭行业实现科学产能的绊脚石，应加快制定煤炭安全、高效、绿色开采的财税优惠政策（包括所得税、增值税和资源税等优惠政策），推动煤炭安全、高效、绿色开采技术创新，为形成科学产能的良性成本补偿机制提供政策引导。

第 6 章 实现科学产能的保障措施和政策建议

6.1 将煤炭科学开采作为煤炭开发的基本国策

要将安全、高效、绿色作为煤炭行业可持续发展核心,将煤炭"以需定产"的开发模式转变为"科学开采"模式,加快制定煤炭科学开采的国家宏观政策。加快建立和完善以科学开采为最终目标的资源管理、产能布局、产业规划、矿井设计建设、技术装备支撑等系列政策体系,全面提升科学产能在整体产能中的比重。

6.2 以科学产能指标体系为依据确保长期性

要将科学产能指标体系作为关停并转、新建矿井准入依据,确保科学产能的长期性和可持续性。全面推行科学产能的理念,建立基于煤炭科学开采的标准体系,规范和约束煤炭生产与供应。提高煤炭开采行业准入门槛,限定煤炭开采的资源、安全、装备、环境等条件,设定科学产能的综合评价指标体系和评价标准,符合条件的准予开采,达不到国家规定科学产能标准的企业强制退出煤炭生产,对资源浪费严重、安全生产条件不达标、瓦斯防治能力不足的煤矿坚决予以关闭,引导煤矿向高效、绿色、安全方向发展。按照保持已有、改造一批、以新建矿井为主的原则全面推进科学产能的发展,保持已有 1/3 科学产能的稳定生产;新增产能严格按科学产能标准开工建设;争取对另外 1/3 未达标的煤矿,从科技上进行攻关和技术改造,使其达到科学产能的要求;剩下 1/3 落后和不可改造的部分逐步予以淘汰。新增产能严格按科学产能标准开工建设。通过增加投入,使科学产能与国民经济发展相一致,改变煤炭行业高危、粗放、无序的形象。

6.3 加大科研力度,形成科学产能支撑保障体系

要加大基础性、前瞻性、战略性煤炭科学技术研究力度,加强技术攻关和装备研发,形成科学产能支撑保障体系。围绕我国煤炭向安全、高效、绿色发展的主攻方向,继续增加科技投入,建立稳定、合理的科技投入渠道,国家应设立煤炭科学开采技术研发专项,为煤炭科学研究提供必要的支持。整合优势科技资源,建立政、产、学、研、用一体化的科技创新模式,健全煤炭行业科技创新体系;制定煤炭科技发展规划,对相关的重大科研和技术性问题,开展基础性研究和先进适用技术的推广示范工作;建立国家煤矿专业人才教育培养基地和人才吸引及激励机制,加大煤炭教育投入,以高校和煤炭企业为主体,培养高级专门人才和应用性技术人才,加强对科技创新人才的培养和引

进,尽快使煤炭企业走出人才短缺的困境。

1)加强煤炭开发前瞻性、战略性基础研究,提高煤炭开采的科学化水平。
2)加强煤炭资源勘探和地质保障技术研究,提高煤炭地质条件认知程度。
3)加强煤矿井下智能化采矿技术与装备研究,实现采掘工作面无人化。
4)加强煤层气与煤炭资源共采技术研究,实现瓦斯治理和采煤气一体化。
5)加强深部矿井开发技术研究,提高煤炭开发的科学产能。
6)加强煤矿灾害监控预警和防范技术研究,保障煤矿安全生产。
7)探索1500m以下煤炭资源开发技术,提高煤炭后续供给能力。
8)加强煤炭开发技术与装备的适应性研究,提高煤矿企业技术装备水平。

6.4 建立煤炭安全高效绿色开采体系,提升煤炭开发的科学化水平

结合国家重大需求和行业发展需要,把实现煤炭科学开采作为有潜力的战略性新兴产业的重点和发展方向。大力发展煤层气开发利用技术、煤炭洁净利用技术、现代煤化工技术、先进的系统节能节水及减碳技术、煤炭智能化开采设备、煤矿区生态修复和治理技术、地下选煤及井下充填关键技术、煤炭地下气化(UCG)及地热利用技术等。加大投入,提高我国煤炭安全、高效、绿色开采比重,全面提升煤炭开发科学化水平,使我国煤炭工业的发展处于国际领先水平。

6.5 建立统一、权威、高效的行业管理体制和运行机制

进一步理顺煤炭管理职能,加强相关部门的协调配合,建立全国统一、协调、权威的部际行业协调管理机制。建议研究组建能源部,并下设煤炭生产管理总局,统一行使产业政策、发展规划、科技进步、行业标准、生产安全等管理职能。

恢复主要产煤省份煤炭行业管理机构,充实煤炭管理人员,加强行业管理与协调。对煤炭产量在5000万t/a以上的省份,应设立专门的煤炭管理机构。对煤炭产量在1000万~5000万t/a以下的省份,在综合管理部门内应设专门的煤炭管理机构。对煤炭产量在1000万t/a以下的省份,在综合管理部门内配置专门的煤炭管理人员。

6.6 完善煤炭完全成本体系,改革煤炭价格形成机制

完善煤炭成本项目构成,健全煤炭成本核算制度,逐步完善煤炭成本项目构成,加快制定《采掘会计准则》和《煤炭成本核算办法》,健全煤炭成本核算制度;改革煤炭价格形成机制,消除煤炭价格市场化的体制性障碍,建立"以煤炭成本为基础,完全市场化"的价格形成机制,逐步建立煤炭期货交易市场和煤炭价格指数,取消行业性建设基金和不合理收费;加快制定煤炭安全、高效、绿色开采的财税优惠政策(包括增值税、所得税和资源税等优惠政策),为形成煤炭安全、高效、绿色开采的良性成本补偿机制提供法律制度保证。

参 考 文 献

曹沉浮. 2010. 我国煤炭价格变动趋势及其影响因素的实证研究. 西安：西安科技大学硕士学位论文.
崔瑛. 1998. 中国煤炭工业经济分析. 辽宁：东北财经大学.
范轲, 黄国良. 2011. 促进节能减排的煤炭企业所得税优惠设计. 中国矿业, (2)：46-48.
冯宇峰, 徐建文, 郭树栋. 2010. 解析煤炭绿色开采技术体系. 陕西煤炭, (6)：52-54.
高燕燕, 黄国良. 2009.《煤炭开采会计准则》应研究的主要问题. 中国煤炭, (10)：22-26.
何国家. 2007. 国外煤炭行业管理和政策对我国的启示. 中国煤炭, (1)：18-20.
何国家, 石砺, 白建明. 2007. 国内外煤炭产业的税收优惠及税费政策比较. 中国煤炭, (8)：14-16, 19.
黄国良, 康艳玲. 2010. 煤炭开采企业勘探阶段会计问题探讨. 煤炭工程, (5)：127-128.
黄国良, 罗旭东. 2010. 煤炭企业会计信息披露问题研究. 财会通信, (2)：34-37.
姜智敏. 2009. 建立中国煤炭价格形成机制的基本思路. 中国煤炭, (10)：9-11.
蒋大成, 胡社荣, 李泽光. 2001. 煤炭企业的内化成本及其对煤炭价格的影响. 煤炭学报, (4)：41-43.
康红普, 王金华. 2007. 煤巷锚杆支护理论与成套技术. 北京：煤炭工业出版社.
李寒俏, 黄国良. 2011. 科学采矿理念下煤炭企业增值税问题探讨. 中国煤炭, (6)：31-33.
李强, 黄国良. 2011. 促进采掘业资源节约与环境保护的税收优惠政策探讨. 税务研究, (10)：86-88.
李晓红. 1994. 矿产资源的合理开发与利用. 重庆：重庆大学出版社.
马蓓蓓, 鲁春霞, 张雷. 2009. 中国煤炭资源开发的潜力评价与开发战略. 资源科学, 31 (2)：224-230.
钱鸣高. 2003. 绿色开采技术的概念与技术体系. 煤炭科技, (4)：1-3.
钱鸣高. 2006. 煤炭产业特点与科学发展. 中国煤炭, 32 (11)：5-8.
钱鸣高. 2008. 煤炭的科学开采及有关问题的讨论. 中国煤炭, 34 (8)：5-10.
钱鸣高. 2010. 煤炭的科学开采. 煤炭学报, 35 (4)：529-534.
钱鸣高, 缪协兴, 许家林. 2006. 资源与环境协调（绿色）开采及其技术体系. 采矿与安全工程学报, 23 (1)：1-5.
钱鸣高, 缪协兴, 许家林. 2007. 资源与环境协调（绿色）开采. 煤炭学报, 32 (1)：1-7.
钱鸣高, 缪协兴, 许家林, 等. 2008. 论科学采矿. 采矿与安全工程学报, 25 (1)：1-10.
钱鸣高, 许家林, 缪协兴. 2003. 煤矿绿色开采技术. 中国矿业大学学报, 32 (4)：5-10.
申宝宏, 雷毅, 刘见中. 2011. 中国煤矿灾害防治战略研究. 徐州：中国矿业大学出版社.
王国法. 2008. 高效综合机械化采煤成套装备. 徐州：中国矿业大学出版社.
王立杰, 刘志东. 2001. 经济时间序列分析技术在煤炭价格预测中的作用. 煤炭学报, (2)：109-112.
奚祖延, 黄国良, 彭仓石. 2010a. 煤矿安全生产费用会计问题研究. 会计之友, (3)：64-66.
奚祖延, 黄国良, 彭仓石. 2010b. 现行煤矿维简费计提与管理存在的问题及改进. 财务与会计, (2)：51.
谢和平, 刘虹, 吴刚. 2012. 我国 GDP 煤炭依赖指数概念的建立与评价分析. 四川大学学报, 5：89-94.
谢和平, 钱鸣高, 彭苏萍, 等. 2010a. 煤炭科学产能及发展战略初探. 中国工程科学, (6)：46-50.
谢和平, 钱鸣高, 彭苏萍, 等. 2010b. 中国煤炭向科学产能发展的战略研究//杜祥琬. 科技创新促进中国能源可持续发展. 北京：化学工业出版社.
谢和平, 王金华, 申宝宏, 等. 2012. 煤炭开采新理念——科学开采与科学产能. 煤炭学报, 37 (7)：1070-1079.
谢和平, 周宏伟, 薛东杰, 等. 2012. 煤炭深部开采与极限开采深度的研究与思考. 煤炭学报, 37 (4)：

535-542.

薛友兴. 2010. 汾西矿区煤炭采出率模糊综合评价. 煤矿开采, 15 (3): 118-121.

杨东平. 2011. 中国环境发展报告 (2011). 北京: 社会科学文献出版社.

郑爱华, 许家林, 钱鸣高. 2008. 科学采矿视角下的完全成本体系. 煤炭学报, (10): 1196-1200.

中国工程院项目组. 2011. 中国能源中长期 (2030、2050) 发展战略研究, 煤炭·洁净煤·节能战略卷. 北京: 科学出版社.

Bopp A E, Lady G M. 1991. A comparison of petroleum futures versus spot prices as predictors of prices in the future. Energy Economics, (13): 274-282.